21世纪高职高专规划教材
电子商务系列

E-commerce
Website Operation
and Management

电子商务网站运营与管理

/ 第2版 /

主　编◎陈孟建

副主编◎陈奕婷　刘家晔

中国人民大学出版社
·北京·

图书在版编目（CIP）数据

电子商务网站运营与管理/陈孟建主编 . —2 版 . —北京：中国人民大学出版社，2018.1
21 世纪高职高专规划教材·电子商务系列
ISBN 978-7-300-24897-4

Ⅰ.①电… Ⅱ.①陈… Ⅲ.①电子商务-网站-高等职业教育-教材 Ⅳ.①F713.361.2②TP393.092

中国版本图书馆 CIP 数据核字（2017）第 213245 号

21 世纪高职高专规划教材·电子商务系列
电子商务网站运营与管理（第 2 版）
主　编　陈孟建
副主编　陈奕婷　刘家晔
Dianzi Shangwu Wangzhan Yunying yu Guanli

出版发行	中国人民大学出版社			
社　　址	北京中关村大街 31 号		**邮政编码**	100080
电　　话	010 - 62511242（总编室）		010 - 62511770（质管部）	
	010 - 82501766（邮购部）		010 - 62514148（门市部）	
	010 - 62515195（发行公司）		010 - 62515275（盗版举报）	
网　　址	http://www.crup.com.cn			
	http://www.ttrnet.com（人大教研网）			
经　　销	新华书店			
印　　刷	北京密兴印刷有限公司		**版　次**	2015 年 1 月第 1 版
规　　格	185 mm×260 mm　16 开本			2018 年 1 月第 2 版
印　　张	19.75 插页 1		**印　次**	2018 年 1 月第 1 次印刷
字　　数	382 000		**定　价**	38.00 元

前　言（第 2 版）

本书第 1 版于 2015 年 1 月出版，至今已近三年了。三年来，本书经全国各地广大读者的使用，受到了好评。在这期间，我们也收到了不少读者的来信，在多位教师、读者以及出版社提出的宝贵意见和建议之下，我们对本书第 1 版进行了修订。

随着互联网技术的不断发展，网页制作及网站建设也变得日益流行，甚至成为一种基本技能。进行网站设计和开发的工具很多，如何从这些繁多的工具和技术中选择适合自己的，是很多网站设计初学者面临的首要问题。

电子商务的快速发展在给企业带来挑战的同时也带来了机遇。对现代企业而言，电子商务网站起着重要作用。其开发要符合互联网的特点，但更重要的是要充分满足企业有效的业务应用、网上交易信息的管理、保证网上数据安全以及互联网业务进一步发展的要求。为了使广大学生能适应新形势下的新要求，我们在本次修订工作中做了以下几个方面的调整。

（1）系统地修改和完善了原书中的习题；

（2）删除了项目四电子商务动态网站开发的全部内容；

（3）删除了项目五电子商务网站后台管理的全部内容；

（4）新增了项目四电子商务静态网站设计；

（5）新增了项目五电子商务动态网站设计；

（6）对本书中的案例做了相应的调整；

（7）新增了电子商务网站运营与管理课程学习指南（电子资源）；

（8）新增了电子商务网站运营与管理课程考试试卷（电子资源）；

（9）新增了各项目的技能拓展教学视频（电子资源）。

总之，我们尽量保持原书的固有风格，既能方便学生的学习，又能方便教师的教学，希望能够给广大读者带来更大的帮助。

　　本书第 2 版由浙江经贸职业技术学院陈孟建、杭州艺术学校陈奕婷、上海沃森房地产有限公司总经理刘家晔共同编写。在编写过程中，我们得到了沈美莉、李锋之、刘逸平、李沛星等专家、教授的帮助，在此表示衷心的感谢！

　　由于编者水平有限，加之时间仓促，书中难免还存在错误和不妥之处，恳请读者批评指正。

编　者

2017 年 10 月于杭州

前　言（第1版）

随着互联网技术的不断发展，网站建设也变得日益流行，甚至成为一种基本技能。电子商务的快速发展给企业带来挑战的同时也带来机遇，对现代企业而言，电子商务网站起着重要作用。其开发要符合互联网的特点，更重要的是要充分满足企业有效的业务应用、网上交易信息管理、保证网上数据安全、快速反映市场变化以及互联网业务进一步发展的要求。

本书的特色是以职业能力培养为目标，注重实用性和可操作性，坚持基于工作过程的课程开发理念和模式，以项目为依托，以案例为载体；采用任务驱动的方式，将电子商务网站运营与管理知识、技能和方法转化为学习任务，为教师进行"教学做一体化"的行动式导向教学提供操作蓝本。

本书包括认识电子商务网站、电子商务网站规划、电子商务网站运营环境架构、电子商务动态网站开发、电子商务网站后台管理、电子商务网站运营管理和电子商务网站运营维护七个项目，每个项目设置了相应的学习任务，项目后安排了项目训练等。

本书内容丰富，论述深入浅出，可读性好，实践性强，特别适合高职高专学校电子商务专业、工商管理专业学生作为教材，也可以作为电子商务和工商管理领域研究人员和专业技术人员的参考用书。

本书由浙江经贸职业技术学院陈孟建，杭州科学技术职业技术学院李华、刘昀，上海基殿实业发展有限公司陈孟达等人共同编写。在编写过程中，得到了刘逸平、李锋之、张寅利、袁志刚、熊传光、王雪梅等专家、教授的帮助，在此对他们表示衷心的感谢！

由于编者水平有限，书中不当之处敬请读者批评指正。

编　者

2014 年 5 月于杭州

目　录

项目一
认识电子商务网站

【项目介绍】

　　电子商务网站是企业与消费者进行信息交流与沟通的纽带。对于企业来说，电子商务网站既是商务企业发布产品信息、推出服务内容的窗口，又是企业从消费者那里获取产品及服务反馈意见及消费需求的渠道。对于消费者来说，电子商务网站是获取企业产品与服务详细资料的重要渠道。本项目以当前最好的几大购物网站为例，引出电子商务网站的概念、网站价值链模型、企业网站应用体系结构等。通过对典型网站的分析，使读者掌握网站开发需求分析、网站管理与业务流程、网站结构等内容。

【学习目标】

1. 掌握构成电子商务网站的基本要素；
2. 掌握电子商务网站的基本概念、特征和功能；
3. 掌握典型的电子商务网站分析；
4. 掌握企业电子商务网站应用体系结构。

【引导案例】

当前最好的几大购物网站

1. 图书和音像制品：亚马逊和当当网

　　如今，很多消费者会在亚马逊和当当网上购买图书和音像制品。亚马逊和当当网的产品差不多，消费者可以比较价格后，选择同类产品中价格最优的。当然，与新华书店等线下书店相比，亚马逊和当当网在图书价格方面有着明显的优势，而且可以货到付款，送货速度也比较快，非常方便。目前，这两家网站各有优势，在图书和音像制品销售方面处于相对垄断地位。

2. 服装服饰：唯品会

　　广州唯品会信息科技有限公司成立于2008年8月，总部设在广州，旗下网站于同年12月8日上线。唯品会主营业务为互联网在线销售品牌折扣商品，涵盖名品服饰鞋包、美妆、母婴、家居家电等各大品类。唯品会合作品牌有18 000多个，其中超过1 800个为全网独家合作品牌。截至 2015 年年底，唯品会注册会员 1 亿人，全年订单超 2 亿单，2015 年净营收 402 亿元。

唯品会采取了一种非常特殊的商业模式——会员制＋折扣＋奢侈品牌。唯品会采取限时销售，一个品牌一年进行 4～5 次销售，一次销售限时 8～11 天。将对传统渠道的冲击消减到最低程度的原因是，唯品会瞄准的是品牌商及其代理的库存难题，而且唯品会的主要商品是为中国消费者所知的中高档品牌。帮这些品牌解决库存难题，同时从中获取收益达到双赢，对品牌商来说，这种销售模式对其回笼资金、提高处理库存的效率有着良性循环的作用，这也是唯品会的合作品牌持续增长的原因。相比于在实体卖场销售要先付出高额的入场费，销售收入进入卖场收银，直至与品牌商结算需要将近 3 个月的时间，在唯品会销售虽然要交 30％的押金，但由于是限时抢购，基本在 1 个月左右的时间就能够完成结算。

3. 电脑数码产品：京东商城、新蛋网

当消费者要购买台式机、笔记本、手机、数码相机等电子产品时，首选就是上京东商城和新蛋网比较一下产品的价格，然后作出一个比较实惠的选择。当然，这两家网站的数码产品的价格优惠，质量可靠，物流配送及时，售后服务完善。相比之下，京东商城在价格上可能更有优势，实力更为强大。

京东商城这两年成长速度非常快，目前在数码产品销售方面已经占据第一的位置。

4. 仪器类产品：IT88 仪器商城

IT88 网上商城主要销售望远镜、夜视仪、激光测距仪、测温仪、地下金属探测器等仪器类产品。对仪器类有需求的消费者可选择上 IT88 仪器商城，其产品种类齐全，价格适中，质量可靠，并且支持全国货到付款，应该是购买仪器的首选。

5. 购物平台：淘宝网、天猫、1 号店

这三个购物平台大家都比较熟悉：淘宝属于集市，可比喻为农贸市场，什么都卖；1 号店属于超市；天猫相当于购物中心。

淘宝网由阿里巴巴集团于 2003 年 5 月创立，是深受欢迎的网购零售平台，拥有近 5 亿的注册用户数，每天有超过 6 000 万的固定访客，同时每天的在线商品数超过 8 亿件，平均每分钟售出 4.8 万件。

"天猫"原名淘宝商城，是一个综合性购物网站。2012 年 1 月 11 日上午，淘宝商城正式宣布更名为"天猫"。

1 号店是电子商务型网站，上线于 2008 年 7 月 11 日，开创了中国电子商务行业"网上超市"的先河。该公司独立研发出多套具有国际领先水平的电子商务管理系统并拥有多项专利和软件著作权，而且在系统平台、采购、仓储、配送和客户关系管理等方面大力投入，打造自身的核心竞争力，以确保高质量的商品能以低成本、快速度、高效率流通，让顾客充分享受全新的生活方式和实惠方便的购物。

资料来源：http：//trade.phb168.com/list3920/295321.htm.

思考与讨论：购物网站有哪些特点？其竞争优势是什么？

【学习指南】

一、电子商务网站概述

（一）网站的基本概念

我们在互联网上打开浏览器所看到的文字、图形、图像、表格、视频等的总称就是网页，而网站就是由若干网页所组成的一个平台。如果把网页看成一个文件的话，那么网站就是一个文件夹。网页文件存放在世界某个角落的某一台计算机中，而这台计算机必须是与互联网相连的。网页经由网址来识别与存取，当我们在浏览器的地址栏中输入网址后，经过一段复杂而快速的程序，网页文件会被传送到我们的计算机，然后通过浏览器解释网页的内容，再展示到我们眼前。网页通常可分为静态网页和动态网页两种。

1. 静态网页

静态网页是指使用超文本标记语言（HyperText Markup Language，HTML）格式编写的网页，即纯粹 HTML 格式的网页通常被称为静态网页。早期的网站一般都是由静态网页组成的。静态网页都有一个固定的统一资源定位符（Uniform Resource Locator，URL），而且 URL 以 ".htm" ".html" ".shtml" 等常见形式为后缀，不含有 "?"。静态网页是实实在在保存于服务器上的文件，每个网页都是一个独立的文件。

静态网页具有以下特点：

（1）静态网页内容一经发布到网站服务器上，无论是否有用户访问，每个静态网页的内容都是保存在网站服务器上的；

（2）静态网页的内容相对稳定，因此容易被搜索引擎检索；

（3）静态网页没有数据库的支持，在网站制作和维护方面工作量较大，因此当网站信息量很大时，完全依靠静态网页制作方式比较困难；

（4）静态网页的交互性交流，在功能方面有较大的限制。

2. 动态网页

动态网页是针对静态网页而言的，即使用 ASP 或 JSP 等语言编写的网页。动态网页

URL 的后缀不是".htm"".html"".shtml"".xml"等静态网页的常见形式,而是以".asp"".jsp"".php"".perl"".cgi"等形式作为后缀,并且其中有一个标识性的符号——"?"。

动态网页具有以下特点:

(1) 动态网页以数据库技术为基础,可以大大降低网站维护的工作量;

(2) 采用动态网页制作的网站可以实现更多的功能,如用户注册、用户登录、在线调查、用户管理、订单管理等;

(3) 动态网页实际上并不是独立存在于服务器上的网页文件,只有当用户请求时服务器才返回一个完整的网页;

(4) 动态网页网址中的"?"对搜索引擎检索存在一定的问题,搜索引擎一般不可能从一个网站的数据库中访问全部网页,或者出于技术方面的考虑,搜索引擎不会去抓取网址中"?"后面的内容,因此采用动态网页制作的网站在进行搜索引擎推广时,需要做一定的技术处理,才能适应搜索引擎的要求。

这里说的动态网页,与网页上的各种动画、滚动字幕等视觉上的动态效果没有直接关系。动态网页可以是纯文字的,也可以包含各种动画内容,这些只是网页具体内容的表现形式。无论网页是否具有动态效果,采用动态网站技术生成的网页都称为动态网页。

从网站浏览者的角度来看,无论是动态网页还是静态网页,都可以展示基本的文字和图片信息,但从网站开发、管理、维护的角度来看,两者有很大的差别。

3. 动态网页和静态网页的判断

判断网页是否属于动态网页的关键是看程序是否在服务器端运行。在服务器端运行的程序、组件等属于动态网页,它们会随不同客户要求、不同时间返回不同内容,如ASP、PHP、JSP、ASP.NET、CGI 等。运行于客户端的程序、插件、组件等属于静态网页,如 html、Flash、JavaScript、VBScript 等,它们是永远不变的。

无论是静态网页还是动态网页都有其特点,网站是采用静态网页还是动态网页制作主要取决于网站的功能需求和网站内容的多少。如果网站功能比较简单,内容更新量不是很大,采用静态网页的方式制作会更简单,反之一般要采用动态网页技术来实现。

静态网页是网站建设的基础,静态网页和动态网页之间并不矛盾。网站为了适应搜索引擎检索的需要,即使采用动态网页技术,也可以将网页内容转化为静态网页发布。网站也可以采用静动结合的原则,适合采用动态网页的地方用动态网页,如果有必要使用静态网页,则可以考虑用静态网页的方法来实现。在同一个网站上,动态网页内容和静态网页内容同时存在也是很常见的。

（二）网站的分类

按照不同的分类方法，可以将网站分为不同的类型。

1. 按照商务目的和业务功能分类

按照商务目的和业务功能，可以将网站划分为基本型网站、宣传型网站、客户服务型网站和完全电子商务运作型网站等。

（1）基本型网站。这类网站建立的目的是通过网络媒体和电子商务的基本手段进行公司宣传和客户服务。这类网站适用于小型企业，以及想尝试网站效果的大、中型企业。

这类网站的特点是：网站构建的价格低廉，性价比高，具备基本的商务网站功能。这类网站可以搭建在公众的网络基础平台上，外包给专门公司来构建比自己建设的成本低。

（2）宣传型网站。这类网站建立的目的是通过网站宣传公司产品或服务项目。不同的产品类型和服务方式需要用不同的表现形式来传达，以提升公司形象，扩大品牌影响，拓展海内外潜在市场。这类网站适用于各类企业，特别是已有外贸业务或意欲开拓外贸业务的企业。

这类网站的特点是：具备基本的网站功能，突出企业宣传效果。一般是将网站构建在具有很高知名度和很强伸展性的网络基础平台上，以便在未来的商务运作中借助先进的开发工具并增加应用系统模块，升级为客户服务型或完全电子商务运作型网站。

（3）客户服务型网站。这类网站建立的目的是通过网站宣传公司形象与产品，并达到与客户实时沟通，以及为产品或服务提供技术支持的效果，从而降低成本，提高工作效率。这类网站适用于各类企业。

这类网站的特点是：以企业宣传和客户服务为主要功能，可以将网站构建在具有很高知名度和很强伸展性的网络基础平台上，如果有条件，也可以自己构建网络平台和电子商务基础平台。这类网站通过简单的改造即可升级为完全电子商务运作型网站。

（4）完全电子商务运作型网站。这类网站建立的目的是通过网站宣传公司整体形象与推广产品及服务，实现网上客户服务和产品在线销售，为公司直接创造利润、提高竞争力。这类网站适用于各类有条件的企业。

这类网站的特点是：具备完全的电子商务功能，并突出公司形象宣传、客户服务和电子商务功能。

随着网络购物环境的日渐成熟，越来越多的消费者开始在网上购物，社会商业交易环境突破了商家传统的营销模式。互联网时代的进步促使产生了新的营销模式——电子商务。如果电子商务运作得好，那么网站不仅可以作为商家/厂家销售产品的网络平台，而且可以作为商家/厂家售后服务的沟通平台。

图 1-1 所示的是京东商城的网站主页。京东商城是中国 B2C 市场中较大的网购专业平台，是中国电子商务领域受消费者欢迎和具有影响力的电子商务网站之一。

图 1-1　京东商城网站主页

2. 按照构建网站的主体分类

按照构建网站的主体，可以将网站划分为企业网站、行业网站、政府网站、服务机构网站等。

（1）企业网站。这类网站是指以企业为主体构建网站来实施电子商务活动。根据企业生产的主导产品和提供的主要服务的不同，可进一步分为各种不同类型的网站。

（2）行业网站。这类网站是以行业机构为主体构建一个大型的电子商务网站，以便为本行业内的企业和部门进行电子化贸易提供信息发布、商品订购、客户交流等活动的平台。

图 1-2 所示的是衣联网主页。如今，创新的服装网站呈现出增速迅猛、主体多样且互相融合的趋势，传统企业从幕后走向台前，将"一对多""多层渠道""单向"的产品和信息流动模式改造成"多对多""扁平化""双向"的产品和信息流动模式。借助这种模式，传统企业可加深对终端消费者的理解，并对其需求进行快速、有效的响应和满足。

图 1-2　衣联网主页

（3）政府网站。这类网站是指以政府机构为主体构建网站来实施电子商务活动，其在国际化商务交流中发挥着重要的作用，为政府税收和政府公共服务提供网络化交流的平台。

（4）服务机构网站。这类网站是指以服务机构为主体构建网站来实施电子商务活动，包括商业服务机构的电子商务网站、金融服务机构的电子商务网站、邮政通信服务机构的电子商务网站、家政服务机构的电子商务网站、休闲娱乐服务机构的电子商务网站等。

3. 按照网站拥有者的职能分类

按照网站拥有者的职能，可以将网站划分为生产型网站和流通型网站两类。

（1）生产型网站。这类网站是由生产产品或提供服务的企业建立的，其主要目的是推广、宣传其产品和服务，以便生产企业直接在自己的网站上开展在线产品销售和在线技术服务。作为最简单的商务网站形式，企业可以在自己网站的产品页面上附上订购单，浏览者如果对产品比较满意，可直接在页面上下单后汇款，企业发货，即完成整个销售过程。这种电子商务网站页面较实用，主要特征是信息量大，并提供大额订单。

生产型企业要在网络上实现在线销售，必须与传统的经营模式紧密结合，分析市场定位，调查用户需求，制定合适的电子商务发展战略，设计相应的电子商务应用系统架构，在此基础上设计好企业电子商务网站页面，并使用户界面友好、操作简便。

（2）流通型网站。这类网站是由流通企业建立的，其主要目的是通过网站宣传、推广所售产品与服务，以便客户在网上也能很好地了解产品的性能与用途，从而促使客户在线购买。这类网站着重对产品和服务的全面介绍，较好地展示产品的外观和功能，页面制作精美、动感十足，很容易吸引浏览者，能达到较好的广告效果，有利于促销产品及服务。

流通型企业要在网络上实现在线销售，也必须与传统的商业模式紧密结合。在做好充分的研究、分析与电子商务应用系统架构设计的基础上，设计与构建电子商务网站的页面，并充分利用网络的优越性，为客户提供丰富的商品、便利的操作流程和友好的交流平台。

图 1-3 所示的是中国林业电子商务网站主页。该网站提供了供应、采购、公司、产品、指南、资讯、人才、专项、商机、木业流通等多项模块。

图 1-3 中国林业电子商务网站主页

4. 按照产品线的宽度和深度分类

按照产品线的宽度和深度，可以将网站划分为水平型网站、垂直型网站、专门网站、公司网站等。

（1）水平型网站。这类网站是指致力于某一类产品的网上经营的网站，类似于网上购物中心或网上超市。

水平型网站的优势在于产品线的宽度，客户在这类网站上不仅可以买到自己所能接受的价格水平的商品，而且可以很容易实现"货比三家"。其不足在于产品线的深度和产品配套性的欠缺。由于该类网站充当的是中间商的角色，因此在产品价格方面处于不利地位。

（2）垂直型网站。这类网站是指提供某一类产品及其相关产品（互补产品）的一系列服务的网站，即从网上交流到广告、网上拍卖、网上交易、信息反馈等。该类网站的优势在于产品的互补性和购物的便捷性。客户在这类网站中可以实现一步到位的采购，因而客户的平均滞留时间较长。

垂直型网站集中关注某些特定的领域或某种特定的需求，提供有关这个领域或需求的全部深度信息和相关服务。作为互联网的新亮点，垂直型网站正引起越来越多人的关注。

图1-4所示的是伊果网主页。该网站就是一个典型的垂直型网站，中国中小企业供应商通过伊果网在乌克兰、波兰海外公司业务的开展和伊果网英、俄文平台的宣传，订单数量和质量都有明显提升。其中，以建筑材料、机械设备、电子元器件、办公用品及家私家具等行业最为突出，这也是近年来东欧贸易的主要出口方向。伊果网贸易服务部提供给中国中小企业供应商从报价、谈价、验货到运输、清关和支付全过程的贸易出口服务。

图1-4　垂直型网站——伊果网主页

（3）专门网站。这类网站是指能够提供某一类最优秀产品的网站，类似于专卖店，其优势在于提供高档、优质的商品。该类网站专门经营、销售特定商品，这些商品具有极强的关联度，或者为同一个品牌的商品，或者为一个系列的商品。专门网站非常讲究店面装饰，给人以精品的感觉。

专门网站必须具有以下几大特征：

① 着眼于特定客户群的需求。

② 商品成系列、紧凑，且有品质保证。

③ 实施特色经营，讲求个性化。

④ 与客户有较强的联系，并能加以控制。

⑤ 提供专业化的服务，包括提供购买建议、实施概念营销、提供售后服务等。

⑥ 销售员有丰富的商品知识，有较强的亲和力。

（4）公司网站。这类网站是指以销售本公司产品或服务为主的网站，相当于公司的"网上店面"，其致命的缺点在于可扩展性不足。除了少数品牌度极高、市场份额较大的公司网站外，这类网站的发展空间非常有限。公司网站的一个出路在于朝其他类型的网站发展。从产品的形态看，金融服务、电子产品、旅游、传媒等行业在开展电子商务方面拥有较明显的优势。由于这些行业的一个共同特点是产品的无形化，不存在实物的流动，不需要相应的配送体系，因此特别适合于在网上开展业务。

5. 按照电子商务的应用程度分类

商品交易涉及三个方面的要素，即交易商品、交易过程和交易场所，每个要素既可以是实物的，也可以是数字化的。因此，从三个要素维度的不同来取值，可以得到如图1-5所示的电子商务类型。

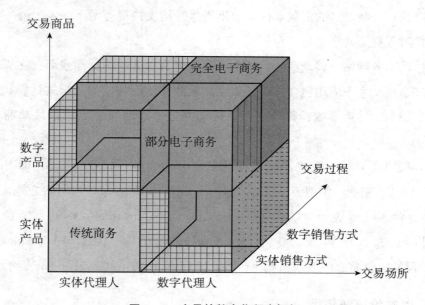

图1-5 交易的数字化程度框架

按照电子商务的应用程度，可以将网站划分为不完全电子商务网站和完全电子商务网站。

（1）不完全电子商务网站。不完全电子商务网站又称部分电子商务网站，在这类网站中，交易商品、交易过程、交易场所三者中至少有一个是数字化的，同时至少有一个是实体的，是一种"鼠标＋水泥"组织。例如：在淘宝网上购买服装、玩具就是不完全电子商务行为。

（2）完全电子商务网站。完全电子商务网站的交易商品、交易过程和交易场所都是数字化的。例如：在边锋、联众上玩游戏，在中国电影网上看电影，通过网易邮箱发送邮件等都是完全电子商务行为。

6. 按照电子商务所使用的通信技术分类

企业或个人开展电子商务可以使用不同的网络环境和通信技术，因此，我们可以根据电子商务所使用的通信技术对网站进行分类。

（1）互联网电子商务网站。通常我们所说的电子商务一般都是指基于互联网的电子商务，即电子商务业务是在互联网平台支持下完成的。

（2）非互联网电子商务网站。非互联网电子商务是借助其他计算机网络实现的电子商务，如基于局域网、广域网、专用网的电子商务。

（3）P2P电子商务网站。P2P是一种对等网技术，它使得网络上各节点计算机之间能够共享数据和处理。例如：C2C对等网应用中，人们可以共享音乐、视频、软件和其他数字化产品；一些著名的下载软件（如迅雷等）均支持对等网下载，另外一些在线服务商也提供对等资源共享。

（4）移动商务网站。移动商务是指电子商务交易和活动的全部或部分在无线网环境下完成。许多移动商务应用包含能够接入互联网的移动设备，如便携式计算机、移动电话等。短信服务、铃声下载、移动支付、移动办公、移动导游等都是移动商务类型的一种。

此外，按照电子商务模式，可以将网站划分为企业—企业（B2B，即 Business to Business）网站、企业—消费者（B2C，即 Business to Consumer）网站之外，还有人提出可分为消费者—消费者（C2C，即 Consumer to Consumer）网站、消费者—企业（C2B，即 Consumer to Business）网站、企业—政府机构（B2G，即 Business to Government）网站、消费者—政府机构（C2G，即 Consumer to Government）网站等。

（三）网站价值链模型

网站价值链模型包括四大部分：运行环境、支撑环境、虚拟核心价值链与消费者的消费观（见图1-6）。

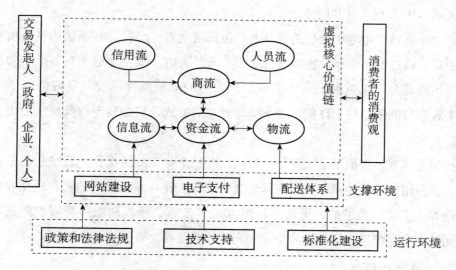

图 1-6 网站价值链模型

1. **运行环境**

运行环境包括以下几部分内容：

(1) 政策和法律法规。指与电子商务相关的公共政策和法律法规等内容，如消费者权益保护、网络隐私权、知识产权、网络税收、电子合同等。它们是维持电子商务应用顺利开展的社会规范，一般由政府和行业组织制定并监督实施，以及由立法和司法部门监督实施，以确保电子商务健康、有序运行。

(2) 技术支持。指对于电子商务影响重大的加密技术、认证技术。加密技术是为了防止信息被偷看和被篡改情况的发生；认证技术是用来确保电子商务信息的真实性、安全性，即信息确实是属于信息发送者，而不是冒充他人的名义发出的。

(3) 标准化建设。为确保整体网络的兼容性，在发展各项基础建设及各项电子商务应用时，对各种应用工具、用户界面与传输协议等技术进行标准化建设十分必要。

2. **支撑环境**

支撑环境包括以下几部分内容：

(1) 网站建设。电子商务网站建设是电子商务系统构建中最核心的部分，要把企业的商务需求、营销方法和网络技术很好地集成在一起，就涉及网站的软硬件环境建设和网站的内容建设。

电子商务网站建设是从企业的定位考虑，从营销角度立意而进行一个网站建设的过程，包括前期网站定位、内容差异化、页面沟通等战略性调研，这些确定后，再去注册域名、租用服务器、设计网站风格、制作网站代码等。这个过程需要网站策划人员、美术设计人员、Web 程序员共同完成。

（2）电子支付。指电子交易的当事人，包括消费者、厂商和金融机构，使用安全电子支付手段，通过网络进行的货币支付或资金流转。电子支付是电子商务活动的关键环节和重要组成部分，也是电子商务能够顺利发展的基础条件。没有良好的电子支付环境，网上客户只能采用网上订货、网下结算货款的方式，只能实现较低层次的电子商务应用。

（3）配送体系。指根据电子商务的特点，对整个物流配送工作实行统一的信息管理和调度，按照用户订货要求，在物流基地进行理货工作，并将配好的货物送交收货人的一种物流方式。这一先进的、优化的物流方式对流通企业提高服务质量、降低物流成本、优化社会库存配置，从而提高企业的经济效益及社会效益具有重要意义。

3. 虚拟核心价值链

虚拟核心价值链包括以下几部分内容：

（1）信息流。包括商品信息的提供、促销行销、技术支持、售后服务等内容，是从电子商务数字世界回到现实中的主要途径之一。

（2）资金流。主要指货币的转移过程，包括付款、转账等过程。

（3）物流。指物质实体（商品或服务）的流动过程，具体包括运输、储存、配送、装卸、保管、物流信息管理等。

（4）商流。指商品在购、销之间进行交易和商品所有权转移的运动过程，具体指商品交易的一系列活动。

（5）信用流。指电子商务活动是通过计算机网络开展的，交易参与方互不见面，需要互相提供信任，以保证其他各流的顺利实现。因此，电子商务诚信体系的建立至关重要。

（6）人员流。指电子商务是一个社会系统，其核心是人，商务系统实际上是由围绕商品贸易活动代表着各方面利益的人所组成的关系网。

信息流、资金流、物流、信用流和人员流的畅通，最终将实现商流，完成商品所有权的转移。

4. 消费者的消费观

只有消费者的消费观发生转变，才能实现互联网规模经济，才有足够的上网购物用户和足够的网上交易额。因此，企业应加强宣传和正面引导，转换观念，适应数字生活环境。另外，相关人员要不断学习，掌握电子商务技能。

以上这四大部分相互分离又相互支撑，通过它们之间循环不断地提升价值从而带来了价值的增值，它们构成了完整的网站虚拟价值链体系。

（四）构成网站的基本要素

网站是企业向用户表达企业信息所采用的网站布局、栏目设置、信息平台和表现形式。用户通过企业网站可以看到的所有信息，也就是企业希望通过网站向用户传递的所有信息。网站内容包括所有可以在网上被用户通过视觉或听觉感知的信息，如文字、图片、视频、音频等，一般来说，文字信息是企业网站的主要表现形式。

一个企业网站应该具备什么样的功能，以及采取什么样的表现形式，并没有统一的模式。不同形式的网站，其内容、实现的功能、经营方式、建站方式、投资规模也各不相同。一个功能完善的电子商务网站可能规模宏大，耗资几百万元；而一个最简单的企业网站也许只是将企业的基本信息搬到网上，将网站作为企业信息发布的窗口，甚至不需要专业人员来维护。一般来说，企业网站建设与企业的经营战略、产品特性、财务预算以及当时的建站目的等因素有着直接关系。

尽管每个企业网站规模不同，表现形式各有特色，但从经营的实质来说，不外乎信息发布型和产品销售型两种，一个综合性的网站可能同时包含了这两种基本形式。下面对构成一般企业网站的基本要素逐一介绍。

1. 公司简介

公司简介的写法没有固定的形式，主要取决于企业希望达到的效果。但首先要明确：

（1）公司简介是写给什么人看的？可以写给投资者、客户、应聘者等，对象不同，侧重点也不一样。

（2）目标对象关注的重点是什么？例如：投资者关注公司的资质、资金、项目的运营情况等，有时候也关心股权结构等；客户关心公司在某业务领域的资质和信誉度；应聘者则更关心公司的人力资源规划和发展规划等。

（3）所使用的期限。这点主要考虑到公司简介中时效性的问题，如果使用期限较长，则应尽可能避免使用不确定时间和具有时效性的名词等。

另外，公司简介要介绍公司背景、发展历史、主要业绩及组织结构等，让访问者对公司的情况有一个概括的了解，作为在网络上推广公司的第一步，亦是非常重要的一步。

2. 产品目录

产品目录是提供公司产品和服务的目录，公司可根据需要决定资料的详简程度，或者配以图片、视频和音频，以方便客户在网上查看。但在公布有关技术资料时应注意保密，避免资料被竞争对手利用，造成不必要的损失。

3. 公司动态和媒体报道

通过公司动态可以让客户了解公司的发展动向，加深对公司的印象，从而达到展示企业实力和形象的目的。因此，如果有媒体对公司进行了报道，应及时转载到网站上。

4. 产品搜索

如果公司产品种类比较多，无法在简单的目录中全部列出，那么，为了让客户能够方便地找到所需产品，除了设计详细的分级目录之外，增加搜索功能不失为有效的措施。

5. 导航条

在一个企业网站上有许多内容，一般客户初次进入不一定能准确地找到他所需要的信息，因此，需要在企业网站上设置一个导航条，就像商场里的导购、医院里的导医一样，帮助客户尽快地找到他们所需要的信息。

6. 产品价格表

客户浏览网站的部分目的是希望了解产品的价格信息。对于一些通用产品及可以定价的产品，企业应该提供产品价格；对于一些不方便报价或价格波动较大的产品，也应尽可能为客户了解相关信息提供方便。例如：设计一个标准格式的询问表单，客户只要填写简单的联系信息，点击"提交"就可以了。

7. 网上订购

即使没有像淘宝网那样方便的网上直销功能和配套服务，企业针对相关产品为客户设计一个简单的网上订购程序仍然是必要的，因为很多客户喜欢提交表单而不是发电子邮件订购。

当然，这种网上订购功能和电子商务的直接购买有本质的区别，它只是客户将一个在线表单提交给网站管理员，最后的确认、付款、发货等仍然需要在网下完成。

8. 网上支付

除交易外，网上支付是一个重要的环节。网上支付是电子支付的一种形式，它是通过第三方提供的与银行之间的支付接口进行的即时支付方式。其好处在于可以直接把资金从客户的银行卡中转账到网站账户中，汇款马上到账，不需要人工确认。客户和商家之间可以采用信用卡、电子钱包、电子支票和电子现金等多种电子支付方式进行网上支付，网上支付方式节省了交易费用。

9. 信息管理

完全电子商务网站还包括销售业务信息管理功能。客户信息管理是反映网站主体能否以客户为中心、能否充分利用客户信息挖掘市场潜力的有重要利用价值的功能，是电子商务中主要的信息管理内容。网络的连通使企业能够及时地接受、处理、传递与利用相关的数据资料，并使这些信息有序而有效地流动起来，为企业其他信息管理系统（如 ERP、SCM 等）提供信息支持。

10. 信息反馈

一个成功的网站必须是交互性的、多点信息互动的。企业电子商务网站对于收集客户的反馈信息尤为重要。企业网站的发布功能包括新闻的动态更新、新闻的检索、热点问题的追踪，行业信息、供求信息、需求信息的发布等。企业可以利用网站收集客户反馈的信息，然后根据这些信息作出自己的决定。

11. 销售网络

实践证明，客户直接在网站订货的并不一定多，但网上看货网下购买的现象比较普遍。尤其是对于价格比较贵重或销售渠道比较少的商品，客户通常喜欢通过网络获取足够信息后，在本地的实体店购买。为了充分发挥宣传作用，企业网站应尽可能详尽地告诉客户在什么地方可以买到他所需要的产品。

12. 售后服务

售后服务是指商品售出后，销售者对消费者承担合同约定的有关内容和履行有关法律责任的活动。售后服务的内容包括维修、提供合理的维修零配件、解答咨询、指导或培训消费者、定期巡回检查或访问、客户跟踪服务、退换货、处理消费者投诉等。

其中，客户跟踪服务具体包括收集客户资料、建立客户档案、定期进行回访、为客户提供新到货品提示、发送重要节日祝福等。

处理退货服务时，应注意处理问题的顺序和逻辑，注意服务中的语言技巧，绝不能对客户无理，尽量坚持最初的说法、兑现承诺等。

二、典型网站分析

（一）网站开发需求分析

1. 企业网站的综合要求

企业网站的综合要求有以下几个方面：

（1）网站的功能要求，是指企业网站必须完成企业在电子商务中的所有功能。例如：商品展示、信息检索、商品订购、网上支付、信息管理、信息反馈、形象宣传、售后服务等。

（2）网站的性能要求，是指网站在处理各种业务功能时所具有的本领。例如：联机系统的响应时间，处理的商业事务的实时性要求，系统需要的存储容量及后援存储容量，整个电子商务网站所要求的健壮性、容错程度、网络安全性等。

（3）网站的运行环境要求，是指网站在正常工作状态时所需要的支持物件和要素。例如：使用哪种网络操作系统，采用哪种管理信息系统（MIS），是否与企业原有的网络兼容等。

（4）网站系统进行软件或硬件升级、换代等的要求，是指网站的适应能力。这些用户需求虽然不属于网站系统当前开发阶段的任务，但是属于用户对网站系统生命周期的要求。要保证企业网站的可扩充性和可维护性，在设计网站系统时应兼顾这类需求。

2. 企业网站建设的目的

企业网站是企业在网上展示形象的门户，是企业开展电子商务的基地，是企业网上的"家"。设计和制作一个优秀的网站是建站企业成功迈向互联网的重要步骤。在当今互联网时代，一个企业没有自己的网站就像一个人没有住所、一个商店没有门面。企业网站建设具有以下几个目的：

（1）竞争的需要。随着市场经济的不断深入发展，国际互联网用户在迅猛增长，中国互联网用户人数由1995年的1万速增至2016年年底的7.21亿。在世界许多发达国家，网站已经成为组织机构不可或缺的组成部分，90%以上的企业、学校、政府机关都设法在网络上设立自己的网站，供用户参观、浏览和查询。世界范围内互联网用户在未来几十年内还会迅速增加。企业要为众多网民服务，就必须建立自己的网站，从而在信息的"高速公路"上宣传自己。企业网站给现有客户、潜在客户，特别是大客户及海外客户带来了便利，增加了他们对公司的了解，增强了他们对公司的信任感。没有网站的企业将失去越来越多的机会而最终被淘汰。

（2）提升企业形象的需要。如今，互联网已成为高科技和未来生活的代名词，要显示公司的实力，提升公司的形象，没有什么比在员工名片、企业信笺、广告及各种公众能看得到的东西上印上自己公司独有的网络地址和专有的电子邮件地址更有说服力了。

企业网站的作用类似于企业在报纸和电视上所做的宣传公司本身及品牌的广告，不同之处在于企业网站的容量更大，企业几乎可以把任何想让客户及公众知道的内容放到网站上。此外，相对来说，建设企业网站的费用比其他广告方式要低得多。

（3）与客户建立联系的需要。这是企业网站最重要的功能之一，也是为什么那么多的国外企业非常重视企业网站建设的根本原因。现在，世界各国大的采购商主要都是利用互联网来寻找新的产品和新的供应商，因为这样做费用最低、效率最高。原则上，全世界任何地方的人，只要知道了某公司的网址，就可以看到该公司的产品。企业管理者通过企业网站也可以及时地了解客户的需求，及时改变企业的战略。

（4）企业电子商务战略管理的需要。互联网技术的日新月异使得很多人习惯利用互联网来搜索信息、与人沟通和交流，也有不少企业已经尝试开展电子商务活动。

企业网站一般是以企业自身的产品或服务等为主要内容的网站，根据不同需要，网站的功能会有很大的不同。有的纯粹是发布企业信息，有的还开展网上订货等商务活动，但基本上都是为企业自身服务的。因此，企业电子商务网站不仅要展示与推广企业的产品与服务，达到与用户及合作伙伴实时的信息交流与沟通，实现信息流、资金流和物流协调有序的快速流动，而且要体现企业的管理理念、组织文化和品牌形象。电子商务技术和应用工具的支持固然重要，但是对于一般的企业而言，技术的实现完全可以外包给专门的公司，电子商务战略的规划、商业经营模式的策划、企业网站架构的设计、企业网站运行中信息资源的管理却是公司外部人员无法决定和替代的。

建设网站涉及技术设计、资金投入、人员投入、进度控制、日常工作安排等众多问题，网站规划的目标在于减少盲目性，使企业以最大效率、采用最适当的方法建立及运营企业网站。因此，企业网站的规划不仅是电子商务发展的战略需要，而且是企业经营管理的需要，是企业电子商务战略管理的重要内容。通过规划，要明确实行电子商务的目的和要求，制定切实可行的电子商务实施方案，按照制定的方案逐步实施电子商务战略。

（5）提供全面服务的需要。大家都曾有这样的经历：与大洋彼岸约定通话时间不是太早就是太晚，这样的情况难免让人觉得尴尬。因为双方存在时间差。你的业务也许遍布全球，但你的当地标准时间并非如此，你睡觉的时候正是客户的工作时间，怎么办？企业网站为企业及其客户提供了每周 7 天、每天 24 小时的不间断服务，无论什么时候企业总能抢在竞争对手之前为客户提供他们需要的信息，甚至可以在客户上班之前拟定好一份计划书，当客户早上打开邮箱时，计划书就会呈现在他眼前。

（6）开拓国际市场的需要。企业在建设网站时，需要对国际潜在市场有所了解。通过访问某国的一些企业网站，就可以方便地了解国际市场。事实上，当某企业想利用互联网进入国际市场之前，外国的公司可能已经通过互联网了解过该企业的情况。当企业收到一些外国公司的电子询问函时，就会意识到国际市场已为其打开大门，而这一切都是企业以前认为难以办到的。

（7）实现电子商务功能的需要。实现电子商务功能是每一个企业所期望的，也是企业网站建设成功的关键因素。一个具有电子商务特色的网站需要包含以下几个部分：

① 实时新闻发布系统：在线发布公司新闻及各种行业新闻、动态等。

② 实时报价系统（如运输行业）：提供海运整柜报价、海运散货报价、空运报价、拖车报价、快件报价；在线订舱系统（客户订舱→订舱接收→订舱反馈）、货物跟踪查询系统。

③ 在线下载系统：包括在线管理、在线发布等。

④ 电子商城系统：可以在网上开家自己的商店。

⑤ 客户留言板、在线调查、招聘系统、邮件列表、BBS论坛等。

（二）网站管理与业务流程分析

随着计算机技术和网络技术的不断发展和用户对网站功能的要求不断提高，当今网站项目的设计已经不能再仅仅简单地利用静态网页来实现。与前几年网站设计由一两名网页设计师自由创作相比，如今网站项目的设计和开发越来越像一个软件工程，越来越复杂，网站项目的设计和开发进入了需要强调流程和分工的时代。只有建立规范的、有效的开发机制，才能适应用户需求的不断变化，达到预期的计划目标。

网站项目管理（Web-based Project Management，WPM），即以Web应用程序为主要表现方式的架构来进行的项目设计及管理，这样的架构中包含了浏览器、网络和Web服务器等关键主体，主要体现在网站设计、以浏览器为客户端的Web应用程序开发等项目管理中。网络技术的应用所产生的电子流程工作方式并不能彻底改变传统的工作流程，也不是对传统工作流程的简单复制，而需要对传统的工作流程进行合理的优化、改进和重组。

1. 编写项目模型文档

通常客户提出的需求是凌乱的、不完整的，甚至是不正确的，更细致的需求经常是在项目开发过程中才被发掘的，这令开发人员极为困扰。在进行需求分析后制作项目模型文档，能在项目开发前，使双方对即将开始的项目结果有共同的认识，并提前获知可能出现的需求变更，将大大提高项目开发的效率和质量。

缺乏经验的项目开发人员往往在接受任务后迫不及待地进行系统分析和开发，而不愿意多花一点时间与客户反复推敲项目需求和模型，开发过程中想当然地凭空为客户做了很多假想，费了九牛二虎之力却得不到好的效果。

因此，在确认了客户的初步需求以后，业务人员应该进行项目模型的设计描述。首先要定义词汇表，并非每个客户或项目小组成员都能够明白"用户""角色""用例"之间的差别，也不见得都能很好地理解"通道""前台""后台"到底是什么含义。为了让每个客户正确地理解项目模型文档，定义词汇表是非常重要的，尤其是面对传统行业初次进行信息化设计的客户。

模型应采用最自然的语言进行描述，这也是对需求分析的进一步描述，使得客户代表、项目经理、开发人员对即将展开的项目通过项目模型的描述产生最直观的印象，并针对关键问题进行讨论并达成统一认识，如功能要求、性能指标、运行环境、投资规模等。

2. 设计业务流程

业务流程分析人员应善于简化工作，担任此角色的人员必须具备广博的专业知识，并且具有良好的沟通技巧。

业务流程分析人员应重点协助客户进行需求分析，查找出所有的业务主角，确定业务主角后，每个主角的相关活动及流程应清晰地制定出来，最终设计出逻辑视图、用户界面示意图。例如：一个电子商务系统，除了系统管理员、业务经理、业务员、物流配送员、客户服务人员等角色以外，可能还存在外部协作单位的不同角色，如供应商、分销商、广告客户和购买用户，甚至可再细分为普通消费用户、VIP消费用户、集团消费用户等。每一类角色参与系统活动时的入口和流程都有所不同，通过逻辑视图和用户界面示意图，业务流程分析人员要将系统的机构简要、明确地进行描述。

在设计业务流程时，需要注意以下事项：

（1）调查用户的网络环境和系统配置，使架构设计师能够制定合理、可行的系统架构。

（2）调查用户的偏好和技能水平，这将直接影响项目开发的深度和用户界面的设计。虽然开发人员和管理人员经常自认为他们了解用户需求，但实际情况并非如此。人们往往关注于用户应该如何执行任务，而不是用户偏好如何执行。多数情况下，偏好问题不仅仅是简单地认为已掌握了用户需求，尽管这本身就很值得研究。偏好还要由经验、能力和使用环境决定。

（3）预测并制定系统的性能指标，为测试人员编写测试计划提供依据。许多项目设计中比较重视功能的实现，测试阶段看似满足了客户的需求，但一旦投入使用，便会发现性能上面临一个个瓶颈。客户由于对专业知识的了解程度有限，也往往忽略了这方面的要求，因此为了避免日后陷入纠纷，事先预测并制定系统的性能指标是非常重要的。

3. 创建用户界面原型

在实际系统投入开发之前，创建用户界面原型是非常重要的，因为开发原型的成本远远低于实际开发的成本。在项目初期，创建完整的用户界面原型，揭示和测试系统的所有功能和可用性，并能够使客户代表参与讨论及修改，可以大大提高项目成功的概率。

创建正确、可行的原型以后，系统分析、设计及代码的编写都必须遵照原型进行，确保构建的系统是正确的，测试人员和客户代表也能够在开发过程中实时地参与检查，这有效地保证了项目的质量。

根据业务流程分析人员所提供的逻辑视图及用户界面示意图，界面设计工程师开始设计和制作用户界面原型。目前这个阶段，对于界面设计人员来说还没有进入精细设计的阶段，所以最重要的是将业务流程完整地表现出来，并和客户代表就设计风格、设计规范进行确认和定义。

界面设计工程师在充分理解客户需求和所有的业务流程之后，利用合理的布局设计用户界面。如网站的首页风格、首页需要显示的元素、导航的分类和表现方法、各类业务角色的入口等。

需要注意的是，用户界面不仅是网站访问者所浏览的界面，而且包括特殊用户、管理员、业务伙伴等不同的用户界面，甚至包括提示界面、警告界面、出错界面等。设计完整的用户界面原型不仅能够使客户及测试人员更容易明确需求，而且对项目的质量起到了不可忽视的作用。

4. 以用户为中心进行设计思考

无论项目设计、开发人员的水平多么精尖，毕竟他们不是系统的最终用户，最大限度地满足客户的需求才是关键。系统设计人员往往口头上喊着"以用户为中心"的口号，而实际工作中又存在大量的假想，或是出于懒惰或是出于条件限制，这对于将来使用系统的不同用户来说可能产生意想不到的障碍。

真正做到以用户为中心，就要先放弃沉淀在脑子里的经验和想象，到客户工作的地方去观察、记录客户如何工作，然后与客户谈论他们的工作和需求。

项目设计人员只有仔细观察和沟通，才能制定出真正符合用户需求的计划。

开发人员应决定用户的组成，让用户尽可能较早地涉入，并提出几种熟悉用户、熟悉用户的任务和需求的方法。具体做法是：

（1）与用户交谈；

（2）到办公地点拜访用户；

（3）观察用户工作；

（4）将用户工作录像；

（5）了解用户工作组织；

（6）进行自我尝试；

（7）使用用户在工作时边想边说；

（8）让用户参与设计；

（9）设计小组中包括专家级用户；

（10）执行任务分析；

（11）利用调查问卷；

（12）制定可测试的目标。

可能的话，在需求和流程设计中努力做到精确、客观和细致，这样不但能保证系统开发的质量和成熟度，而且能得到客户高度的满意和信任，为今后更多的业务合作奠定基础。

5. 制作设计计划书

到了这个阶段，可以说掌握了客户的需求并对计划实施的系统开发有了清楚的认识，与客户之间达成了共识，那么在开始下一阶段的工作之前，制作设计计划书是非常必要的。

设计计划书全面描述了整个系统的全貌，是系统分析、测试人员工作的基础，同时是客户验收的标准和业务合同的内容之一，因此，应仔细、谨慎地撰写设计计划书。

（三）网站主要功能分析

企业网站不仅代表企业的品牌形象，而且是开展网络营销的根据地，企业网站建设的水平对网络营销的效果有着直接影响。有调查表明，许多知名企业的网站设计水平与企业的品牌形象很不相称，网站功能也很不完善，甚至根本无法满足网络营销的基本需要，这种状况在一些中小企业网站中表现得尤为突出。那么，怎样才能建设一个真正有用的网站呢？

要回答这个问题，首先应该对企业网站可以实现的功能有一个全面的认识。建设一个企业网站，不是为了赶时髦，也不是为了标榜自己的实力，而在于让企业网站真正发挥作用，让网站成为有效的网络营销工具和网上销售渠道。企业网站的功能主要表现在以下几个方面：

1. 树立企业形象，展示或提高企业竞争力

正如利用各种传统媒介发布的企业形象宣传广告，企业网站最初始层面的作用就是展示企业形象，所不同的是企业网站的费用低廉、有效时间长、速度快、更新便捷。企业应仔细考虑自身的竞争优势在哪里，如企业获得过什么奖励、产品的突出优点、客户服务的优势等，认真对待这项工作，多准备一些相关的资料，并且要了解为什么访问者会到你的网站来而不是去竞争者的网站。此外，企业应该对竞争者的网站进行比较细致的分析，看看该网站提供了什么样的内容、针对的访问对象和自己的网站有什么不同等。通过这样的分析，企业就能更加清楚自己网站的优点和不足，从而做到扬长避短。实际上，对竞争者网站的分析应该贯穿企业网站建设的整个过程中。因此，仅考虑"我的产品与竞争者产品的差异"已不够，还必须对"我的网站与竞争者网站有哪些差异"等问题了然于胸。企业应努力收集相关资料，将之投放到网站上，于无形中塑造企业形象，提高企业知名度，一定能为本企业赢得更多的客户。

2. 塑造网络品牌

塑造网络品牌就是企业如何在互联网上建立并推广自己的品牌。知名企业的网下品牌可以在网上得以延伸，一般企业则可以通过互联网快速树立品牌形象，并提升企业整体形象。网络品牌建设是以企业电子商务网站建设为基础，通过一系列的推广措施，达到客户和公众对企业的认知和认可的目的。从一定程度上说，网络品牌的价值甚至高于通过网络获得的直接收益。

技术的进步和互联网的发展不仅给品牌带来了新的生机和活力，而且推动和促进了品牌的拓展和扩散。实践证明，互联网不仅拥有品牌、承认品牌，而且对于重塑品牌形象，提升品牌的核心竞争力，打造品牌资产具有其他媒体不可替代的效果和作用。

3. 发布信息

网站是一个信息载体，在法律许可的范围内，可以发布一切有利于企业形象、客户服务及促进销售的企业新闻、产品信息、促销信息、招标信息、合作信息、人员招聘信息等。因此，拥有一个网站就相当于拥有一个强有力的宣传工具。

网络营销可以将信息发布到全球任何一个地方，既可以实现信息的广覆盖，又可以形成地毯式的信息发布链；既可以创造信息的轰动效应，又可以发布隐含信息。其信息

的扩散范围、停留时间、表现形式、延伸效果、公关能力、穿透能力等都是最佳的。特别要提出的是，在网络营销中，网上信息发布以后，可以能动地进行跟踪，获得回复，可以进行回复后的再交流和再沟通。因此，信息发布的效果明显。

4. 网站推广

所谓网站推广，是指企业利用网络的各种服务和功能，在互联网上向新老客户推广本企业的网址，以便让更多的人来访问企业网站，了解企业的各种信息，达到网络营销的目的。相对于其他功能来说，网站推广显得更为迫切和重要，网站所有功能的发挥都要以一定的访问量为基础，所以，网站推广是网站建设后的核心工作。

5. 网上商品订购

在电子商务网站中，企业通过 Web 服务器电子邮件的交互传送实现用户在网上的商品订购。企业的网上商品订购系统通常都是在商品介绍页面提供十分友好的订购提示信息和订购交互式表格，并可以通过导航条实现所需功能。当用户填完订购单后，系统回复确认信息表示订购信息已收悉。电子商务用户的订购信息采用加密的方式传送和保存，使用户和商家的商业信息不会被泄露。

6. 网上支付

在电子商务网站中，实现网上支付是电子商务交易过程中的重要环节。对于网上支付的安全问题，现在已有实用的 SET 协议等来保证信息传输的安全性。电子账户交易的网上支付由银行、信用卡公司及保险公司等金融单位提供电子账户管理等网上操作的金融服务，用户的信用卡号或银行账号是电子账户的标识。电子账户通过用户认证、数字签名、数据加密等技术措施的应用来保证操作的安全性。

7. 销售渠道

一个具备网上交易功能的企业网站本身就是一个网上交易场所，网上销售是企业销售渠道在网上的延伸，网上销售渠道建设也不限于网站本身，还包括建立在综合电子商务平台上的网上商店，以及与其他电子商务网站不同形式的合作等。

网络具有极强的进击力和穿透力，传统经济时代的经济壁垒、地区封锁、人为屏障、交通阻隔、资金限制、语言障碍、信息封闭等，都不能阻挡网络营销信息的传播和扩散。新技术的诱惑力、新产品的展示力、图文并茂和声像俱显的昭示力、网上路演的亲和力、信息地毯式发布和爆炸式增长的覆盖力，将整合为一种综合的信息进击力，快速打通封闭的坚冰，疏通种种渠道，实现和完成市场的开拓使命。这种快速、坚定、神奇、生动等是其他任何手段都无法比拟的。

8. 客户关系

所谓客户关系，是指通过网站的交互性、客户信息反馈表、客户调查表、对客户的承诺以及客户的参与等方式在为客户开展服务的同时，增进与客户的情感关系。

在传统的经济模式下，由于认识不足或自身条件的局限，企业在管理客户资源方面存在较为严重的缺陷。针对这种情况，在网络营销中，通过客户关系管理，将客户资源管理、销售管理、市场管理、服务管理、决策管理等融为一体，将原本疏于管理、各自为战的计划、销售、市场、售前和售后服务与业务统筹协调起来。这样既可以跟踪订单，帮助企业有序地监控订单的执行过程，规范销售行为，了解新老客户的需求，提高客户资源的整体价值；又可以避免销售隔阂，帮助企业调整营销策略，收集、整理、分析客户的反馈信息，全面提升企业的核心竞争力。客户关系管理还具有强大的统计分析功能，可以为企业提供决策建议书，以避免决策失误而造成的损失，为企业带来可观的经济效益。

9. 客户服务

客户服务是体现网站建设效果的重要手段。网站建设不是提供一般的服务功能，而是提供一种特色的服务功能，使服务的内涵和外延都得到扩展和延伸。互联网提供了非常方便的在线客户服务手段，客户不仅可以获得形式最简单的 FAQ（常见问题解答）、邮件列表、BBS、聊天室等各种即时信息服务，获取在线收听、收视、交款等选择性服务，而且可以享受无假日的紧急需要服务，信息跟踪、信息定制服务，智能化的信息转移、手机接听服务以及网上选购、送货到家的上门服务等。这种服务以服务之后的跟踪延伸，不仅极大地提高了客户的满意度，使以用户为中心的原则得以实现，而且使客户成为商家的一种重要的战略资源。

10. 网上联盟

为了获得更好的网上推广效果，需要与供应商、经销商、客户网站以及其他内容互补或相关的企业建立合作关系，没有网站，合作就无从谈起。目前的网上联盟者数目众多，企业要找到适合自己的联盟者，利用页面空间、页面关键词广告、文本链接广告等进行网上联盟。

11. 咨询洽谈

在电子商务网站中，企业可借助非实时的电子邮件、新闻组和实时的讨论组来了解市场和商品信息，洽谈交易事务，如有进一步的需求，还可用网上的白板会议（Whiteboard Conference）、公告板 BBS 来交流即时信息。网上咨询洽谈能超越人们面对面洽谈的限制，提供多种方便的异地交谈形式。

（四）网站结构分析

一个网站的结构代表着这个网站的性质，每种类型的网站都有独特的结构模式。例如：政府和行政机构性质的网站应简单明了，突出重点，不需要过多的美化工作，网站头部通常设置一个通栏 Logo，以代表形象。如果网站结构设置不好，会严重影响网站的效果。但并不是网站结构设计得好，就什么问题都解决了。只有融合运用网站优化理念，才能设计出一个成功的网站结构。

大多数企业的网站建设其实都是由一些专门的网站建设公司来做的，他们在建站的时候很少考虑优化方面的问题。而企业管理者也都只停留在页面美观方面，因为专业能力有限，他们不可能对网站的内部结构做什么要求。因此，很多企业网站都是外部界面绚丽无比，内部结构惨不忍睹。

在开发网站的时候，一定要好好设计网站结构，要把行业结构和网站优化（搜索引擎优化）技术相结合，做好网站结构优化工作。

一般网站结构可以由以下几个部分构成：

（1）主页。主页可以有两种形式：Splash Page（封面页）和 Main Page（完整的信息和导航页）。

（2）分类页。分类页没有具体内容，只有分类信息，是仍可以继续点击下去的页面。

（3）内容页。不要忘记把指向其他网页的导航按钮也包含进去。

（4）站点地图页。可有可无，通常针对结构复杂的网站而设置。

（5）附加页。可有可无，但可以增加网站的附加价值。

（6）Logo 或网站标识。有图形和文字两种形式。

（7）文本。根据需要，应做到言简意赅。

（8）图形或动画。重点分析首页和内页在图形处理上的不同。

（9）导航按钮。这是每一页都不可少的，否则网页就进入死胡同了，除非这个页面是弹出式的，打开就等待着关闭。

（10）页脚。可以包含版权、浏览建议、设计人等内容。

（11）色彩。是设计元素。

（12）构图。也是设计元素。

企业网站结构方面有很多的考虑因素，上面所说的只是其中一部分，但是企业网站结构要以优化为前提，从细节入手，这样的企业网站结构才可能是一个合理、美观的企业网站结构。

三、企业网站应用体系结构

（一）三层体系结构

1. 三层体系结构概述

三层体系结构如图1-7所示。

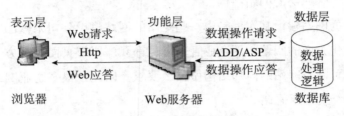

图1-7　三层体系结构

　　三层体系结构是指在客户端与数据库之间加入一个中间层，也叫功能层。这里所说的三层体系，不是指物理上的三层，不是简单地放置三台机器，也不仅仅有B/S应用就是三层体系结构。三层是指逻辑上的三层，即使这三个层放置在一台机器上。三层体系的应用程序将业务规则、数据访问、合法性校验等工作放到中间层进行处理。通常情况下，客户端不直接与数据库进行交互，而是通过COM/DCOM通信与中间层建立连接，再经由中间层与数据库进行交互。

　　开发人员可以将应用的业务逻辑放在中间层应用服务器上，把应用的业务逻辑与用户界面分开，在保证客户端功能的前提下，为用户提供一个简洁的界面。这意味着如果需要修改应用程序代码，只需要对中间层应用服务器进行修改，而不用修改成千上万的客户端应用程序，从而使开发人员可以专注于应用系统核心业务逻辑的分析、设计和开发，简化了应用系统的开发、更新和升级工作。

2. 各层的作用

　　（1）数据层。主要是对原始数据（数据库或者以文本文件等形式存放的数据）的操作层，而不是指原始数据。也就是说，数据层是对数据的操作，而不是数据库，具体为表示层提供数据服务。

　　（2）功能层。主要是针对具体问题的操作层，也可以理解成对数据层的操作。如果说数据层是积木，那么功能层就是对这些积木的搭建。

　　（3）表示层。主要是把数据转换成一种能被计算机以及运行的应用程序相互理解的约定格式，还可以压缩或扩展并加密或解密数据。

3. 各层的区分方法

（1）数据层。主要看里面有没有包含逻辑处理，实际上它的各个函数主要完成各个对数据文件的操作，而不必管其他操作。

（2）功能层。主要负责对数据层的操作，也就是说把一些数据层的操作进行组合。

（3）表示层。主要负责接受用户的请求，以及数据的返回，为客户端提供应用程序的访问。

（二）企业网站模式

目前，根据所采用技术的不同，企业网站模式可分为基于 ERP 的内联网网站模式、基于 EDI 的外联网网站模式和基于 Web 的互联网网站模式三种。

1. 基于 ERP 的内联网网站模式

该企业网站模式主要是基于增值网络和内联网（Intranet）而实现电子商务活动。ERP（Enterprise Resources Planning，企业资源计划）系统是指建立在信息技术应用基础上，结合系统化的管理思想，为企业决策层及员工提供决策手段的管理平台，是整合了企业管理理念、业务流程、基础数据、人力物力、计算机硬件和软件的企业资源管理系统。ERP 系统集信息技术与先进的管理思想于一身，成为现代企业的运行模式，反映时代对企业合理调配资源、最大化地创造社会财富的要求，成为企业在信息时代生存、发展的基石。

基于 ERP 的内联网网站模式是一种封闭模式，企业内联网是使用互联网的协议与技术创建的一个协作网。与服务器上的共享文件夹类似，企业内联网能让企业及其合伙人在一个中心单元上存储文件、发布内容或信息，以便大家都能够查找、浏览或修改它。除此之外，企业内联网还能使员工快速搜索大量文档并找到信息，提供从一个资源到相关资源的超链接等。

2. 基于 EDI 的外联网网站模式

该企业网站模式主要是基于外联网（Extranet）而实现电子商务活动。它将互联网的组网技术应用到企业间网际互联，克服了过去增值网络的专用性和复杂性的缺点，采用标准化的协议和通用软件实现企业间的互联，同时它还通过防火墙（Firewall）隔断外联网与其他无业务往来网站的信息交换。在外联网中，一般允许网内访问外部的互联网信息，但不允许非法和身份不明的访问者进入网内，因此这种模式是一种半封闭的企业网站模式。企业进行外联网连接，由于是近似封闭式的，网内信息之间传输比较安全。同时，由于联网的企业是业务合作单位和合作伙伴，它们可以通过联网实现信息共享和共同发展的目的。

EDI（Electronic Data Exchange，电子数据交换）是较早应用而且使用比较普遍的企业间电子商务形式，它从开始的专用封闭式发展成为开放的标准协议，传输也从过去专用的增值网络向开放的互联网络转移。为规范和统一格式，国际互联网的标准将MINE 格式定义为传输 EDI 报文格式。

目前，EDI 技术比较成熟，使用成本也非常低廉，系统的安装和使用比较简单，因此 EDI 的使用是最广泛的。它不但可以进行企业间电子商务的交易，而且可以与政府机构进行数据传输，如海关报关、政府采购和招标等。其缺点是，通过 EDI 传输的数据有限，对于交易前进行大量信息查询和提供交易后的结算，以及提供网上售后服务难以胜任，因此，EDI 一般主要用于交易过程中商务函件的传输，数据量不能很大。

3. 基于 Web 的互联网网站模式

该企业网站模式主要是通过建设 WWW 网站，使访问者在网站规定的权限内，通过标准化的、支持超文本多媒体的浏览器访问企业网站。访问是交互式的，访问者一方面可以从网站获取需要的信息，另一方面可以直接发送信息（如订单、要求）给网站。由于该模式有标准的软件支持平台，对使用者要求非常低，但对企业提出了很高要求，企业建设的网站必须有丰富的产品信息和提供相关支持服务，因此要建设一个功能比较完善的企业网站需要投入很大费用。目前，基于 Web 的互联网网站模式有联机商店型、专业服务型、混合型和中介型。

（1）联机商店型。这种方式是一些大型企业经常采用的，因为这种方式投入比较大，但企业节约的成本和增加的销售收入也是非常可观的。

（2）专业服务型。由于服务已经成为国际贸易和商务活动中的重要部分，加之许多企业对服务要求越来越高，因此服务成本上升非常快。专业服务型电子商务网站就是为满足这种需要建设的。建设这种网站的费用比较高，技术支持和运转费用也比较高，但比传统依赖人工方式实现服务的成本要低得多。

（3）混合型。许多企业在提供产品的同时还要涉及服务，因此上面两种类型的电子商务网站经常是融合在一起的，即在提供产品网上销售的同时，还提供技术支持和售后服务。

（4）中介型。对于许多小型企业来说，由于其无法单独承担昂贵的网络建设和维护费用，因此要想利用互联网进行电子商务活动，这些小型企业可以借助一些提供中介服务的电子商务网站实现。这类中介网站一般是将相关的供应商和采购商汇集在一起，客户只需要向网站交纳一定的费用即可。

以上几种不同的企业网站模式，不管采用的技术如何不同，共同之处是可以通过网络实现企业间的交易，实现企业间信息流、资金流和物流的高效率流通和自动化运转，只是不同模式对信息流、资金流和物流支持的方式和程度不同。

【任务实施】

任务一　从网上寻找资料

■ 任务目的

学生能了解网站建设的一些基本要素，学会如何从网上搜索对自己有用的信息；从网上寻找有用的信息并下载到自己的电脑中，以备后用。

■ 任务要求

（1）了解网上资源搜索的过程。

（2）掌握网上资源搜索的操作和技巧。

（3）体验网上资源搜索的特点和问题。

■ 任务内容

（1）从"搜狐"网站寻找信息。

（2）从"阿里巴巴"网站寻找信息。

（3）从其他途径寻找信息。

■ 任务步骤

1. 从"搜狐"网站寻找信息

（1）进入互联网后，直接在浏览器的 URL 地址栏中键入"搜狐"网站主页地址（http：//www. sohu. com）后，将出现该网站主页内容。

（2）按部门分类的方式查找电子商务网站的站点，直接在网站主页上用鼠标点击来完成所需信息的查找。

（3）按搜索引擎的方式查找电子商务网站的站点，直接在搜索表单中输入关键字，让系统自动完成搜索。

（4）从网站上获取信息（包括图片、文字、表格、表单、动画、脚本文件等），并将它们下载到本地硬盘创建的文件夹中。

2. 从"阿里巴巴"网站寻找信息

（1）进入互联网后，直接在浏览器的 URL 地址栏中键入"阿里巴巴"网站主页地址（http：//www.1688.com）后，将出现该网站主页内容。

（2）观看该主页的整体布局、框架等情况。

（3）观看该主页的颜色搭配情况。

（4）观看电子商务网站的具体内容、结构及链接方法。

（5）实际感受一下网上购物的整体过程。点击某一个需要的商品，并对该商品进行网上交易。

（6）寻找有用的信息（包括图片、文字、表格、表单、动画、脚本文件等），并将它们下载到本地硬盘创建的文件夹中。

3. 从其他途径寻找信息

（1）从"百度"搜索网站上寻找相关的信息。

（2）从"搜狗"搜索网站上寻找相关的信息。

（3）从"搜搜"搜索网站上寻找相关的信息。

■ 任务思考

（1）比较几个搜索网站各有哪些特点。

（2）在使用这些网站搜索信息时，哪些比较方便、操作简单？

（3）"百度"搜索引擎会是你日常生活、学习的首选吗？为什么？

■ 任务报告

1. 任务过程

目的要求：

任务内容：

任务步骤：

网上搜索信息流程：

2. 任务结果

结果分析：

（可以使用表格方式、图形方式或者文字方式。）

3. 总结

通过任务一的实施，总结自己对网上搜索引擎的掌握程度，分析出错的原因，提出改进措施。

任务二　体验网上购物

■ 任务目的

通过网上购物的体验，进一步理解电子商务的内涵；能够分析电子商务的物流、资金流和信息流；会利用电子商务标准对 B2C 网站进行全面的比较分析。

■ 任务要求

（1）了解网上商店的结构特点。

（2）掌握网上购物的运作环节。

（3）体验网上购物的特点和问题。

■ 任务内容

（1）进入相关的电子商务网站。

（2）熟悉电子商务网站的结构和功能。

（3）查询、选择和购买商品。

（4）注册成为新会员。

（5）网上支付、结算货款。

（6）查询订单状态。

（7）修改会员信息。

（8）反馈购物信息。

（9）绘制购物流程图。

■ 任务步骤

（1）进入相关的电子商务网站，或在地址栏中输入 http：//www.taobao.com，登录淘宝网。

（2）如果使用手机购物就可以直接单击导航条，选择商品。可以直接在分类栏中进行查询，或者直接在宝贝栏中进行模糊查询或快速查询。

（3）单击"对比选中的宝贝"。

（4）选择价格最低的，单击"立即购买"。

（5）如果没有注册，则先注册，单击"免费注册"。

（6）激活邮件、注册成功后，确认购买信息。

（7）等待买家付款。

（8）付款给支付宝，确认到货，支付宝打款给卖家，完成交易。

■ 任务思考

（1）请用流程图描述淘宝网的交易流程。

（2）完成本次任务后，你是否对网络营销与策划有了更深的了解？此次交易中至少涉及了哪些交易对象？

（3）在交易中，你选择的是什么支付方式和配送方式？淘宝网提供了哪些支付方式和配送方式？

（4）你认为支付宝完全安全吗？为什么？

（5）对照网络营销与策划的相关内容进行全面的比较分析。

（6）自己寻找、浏览三个典型的电子商务网站，谈谈其特色与存在的问题。

■ 任务报告

1. 任务过程

目的要求：

任务内容：

任务步骤：

网上购物流程：

网上交易流程图：

2. 任务结果

结果分析：

（可以使用表格方式、图形方式或者文字方式。）

3. 总结

通过任务二的实施，总结自己对网上购物的掌握程度，分析出错的原因，提出改进措施。

【项目训练】

一、填空题

1. 所谓静态网页，是指使用_____语言格式编写的网页。静态网页具有_____、_____、_____等特点。

2. 所谓动态网页，是指使用_____语言格式编写的网页。动态网页具有_____、_____、_____等特点。

3. 企业网站的综合要求有_____、_____、_____、_____。

4. 按照商务目的和业务功能，可以将网站划分为_____、_____、_____、_____等。按照构建网站的主体，可以将网站划分为_____、_____、_____等。

5. 一般企业网站的基本要素有_____、_____、_____、_____、产品价格表、_____、_____、_____、_____、售后服务等。

6. 企业网站的功能主要表现在：树立企业形象，展示或提高企业竞争力；_____；_____；_____；_____；销售渠道；_____；_____；_____；_____。

7. 一般网站结构可以由_____、_____、_____、站点地图页、_____、_____、_____、导航按钮、_____、_____、_____等构成。

8. 目前，企业网站模式根据所采用的_____的不同，可分为_____网站模式、_____网站模式和_____网站模式三种。

二、思考题

1. 简述静态网页的概念。
2. 按照构建网站的主体，可以将网站分为哪几种类型？
3. 简述企业网站的综合要求。
4. 简述三层体系结构。

项目二
电子商务网站规划

【项目介绍】

　　电子商务网站规划是以完成企业核心业务转向网站服务为目标，提供一个可以达到目标的行动计划，即在搭建电子商务平台之前所做的一些准备工作，既包括战略计划（该平台的发展方向）、组织架构（网站的框架、后台管理、数据库等），又包括行业标杆研究和竞争对手分析、目标客户行为分析、平台效能测试、平台建设初步规划等。本项目以电子商务网站策划书范文为例，引出电子商务网站规划的基本概念，接着讲述包括网站资源规划、网站建设规划、网站规划的基本内容、网站建设的工作流程、电子商务网站域名等。通过电子商务网站总体设计，使读者了解网站总体设计原则，掌握网站 CIS 概念，熟练掌握网站的 Logo 设计，学会网站的色彩设计及网站的布局设计等。

【学习目标】

1. 掌握网站规划的定义；
2. 熟悉网站规划的原则；
3. 掌握网站建设的工作流程；
4. 掌握网站域名的概念和域名注册的方法。

【引导案例】

电子商务网站策划书范文

1. 建设网站前的市场分析

　　在国内电子商务发展不成熟的现实情况下，各类电子商务网站服务并不规范，没有一个统一的电子商务网站标准，特别是本地区基本没有成熟的电子商务网站。

　　本公司在这种情况下进军电子商务市场，能在竞争并不激烈的情况下占领市场，扩大市场份额，以最快的速度实现盈利。

2. 市场定位，功能定位

　　前期类型：C2C，B2C，服务对象基于本地区市民，经营小商品、食品、书籍、软硬件等，类似于传统仓储型超市的网上超市，另建立小型二手市场平台。

后期类型：B2C，B2B，增强交易平台功能，增加企业交易、产品发布平台，扩大网上超市产品内容，经营范围从低价商品扩充到大件商品，乃至高产值、高利润产品。

3. 竞争对手分析

（1）关键字，软文的把握。

（2）信息平台的选择。

（3）付费推广：

① 资讯类推广；

② 搜索引擎做点击推广；

③ 在商贸网站和行业网站做会员推广。

（4）SWOT 分析：

① 优势（Strength）分析；

② 劣势（Weakness）分析；

③ 机会（Opportunity）分析；

④ 威胁（Threat）分析。

4. 发展目标

初期：申请域名，申请贷款，吸收风险投资，制作网站；联系互联网服务提供商（ISP），申请网络介入，购买服务器等硬件设备。

6个月：建立网站，扩充网站内容，规范网站服务，吸引加盟经销商，使网站在本地区有一定的知名度；建立服务网络、产品采购网络、产品配送网络，培训员工，产品采购、配送依托连锁超市等传统物流网络。可以采用合作加盟等方式，可作为一个传统零售商的从属企业。

1年：在本地区有较高的知名度，能打造出自己的品牌，进一步充实网站内容，争取更多的加盟经销商，丰富网上超市的产品，并向高端产品发展；吸纳投资，扩大经营范围，着手建立 B2B 商业交易平台；实现网站盈利。

2年：成为本地区较大的几个电子商务网站之一，巩固市场份额，集成 B2B、B2C、C2C 三种经营方式为一体，建设独立的物流体系，降低经营成本；在巩固低端产品市场的同时，重心转向高端产品，建立以高利润、高附加值产品为主的经营体系。

3年：收购产品供货企业，建设自己的产销体系，进一步降低产品成本；完全脱离传统零售商、物流公司，建立更便捷、更优惠的产品营销网络。

3年以后：视情况再定。

5. 网站板块、风格定位

网站初期分为产品索引、在线交易、新品发布、BBS、二手市场五大部分，之后逐渐增加企业产品发布板块和会员板块，对付费会员实行优惠政策。

风格定位为简洁明快，图片和文字相结合，以淡色做基调，产品网页形式采用统一模块，突出产品图片。

二手市场平台的产品名到产品备注都采用统一格式，并建立信用制度，鼓励网下同城交易，避免不必要的纠纷。

6. 网站维护

初期聘请专门的数据库操作员，每天更新网站内容，制定网站规范。

7. 网站推广

加入大型网站的搜索引擎，如新浪、搜狐、百度等。

初期由于和传统零售商联合，可以在连锁零售商店内做广告，并在零售商店内采取诸如购买一定额度商品送会员资格的推广优惠活动。

等网站有了一定的点击率之后，可以找专门的策划公司对网页、宣传口号等进行包装，以打响品牌，进一步开拓市场。

8. 技术解决方案

（1）租用虚拟主机/自购服务器主机。

（2）操作系统：Window 7/NT。

（3）采用系统性的解决方案，如 IBM、HP 公司提供的电子商务解决方案。

（4）网站的安全既包括防止病毒的袭击、防止黑客的入侵、防止因为意外事件导致数据的丢失，又包括在交易过程中不泄露客户的信息，如用户的银行账号、个人信息等。使用著名公司设计的杀毒软件，并且经常定时升级，不使用来历不明的软件，注意移动存储设备的安全使用，这些可以有效地防止病毒的袭击。使用网络防火墙、定期扫描服务器，发现漏洞即打补丁，可以有效防止黑客入侵。为了防范意外事故的发生，必须每天备份数据，如果有可能，使用 RAID 冗余磁盘列阵进行同步备份。保证客户的信息安全是最重要的，在交易时要注意提醒客户提高警惕，在传输数据的过程中要对数据进行加密，如使用密钥加密数据和数字签名技术等，保证客户的权益不受到损害。

（5）相关程序开发。如网页程序 ASP、JSP、CGI，数据库程序等。

9. 网站财务预算

除了上述各种技术解决方案、内容、功能、推广、测试等应该在网站策划书中详细说明之外，网站建设和推广的财务预算也是一项重要内容。网站建设和推广在很大程度上受到财务预算的制约，所有的规划都只能在财务预算许可的范围内进行。财务预算应按照网站的开发周期，包含网站所有的费用明细清单。

思考与讨论："竞争对手分析"是电子商务网站策划的关键内容吗？为什么？

【学习指南】

一、电子商务网站规划概述

（一）网站规划的相关概念

1. 定义

在建设电子商务网站时，网站规划的工作在网站建设的全过程得以体现，是网站建设中最重要的环节，也是最容易被忽视的环节。

网站规划是指在建设网站前对市场进行分析，确定建设网站的目的和功能，并根据需要对网站建设中的技术、内容、费用、测试、维护等作出规划。

网站规划既有战略性的内容，也包含战术性的内容。网站规划应站在企业战略的高度来考虑，战术是为战略服务的。网站规划是网站建设的基础和指导纲领，决定了一个网站的发展方向，同时对网站推广具有指导意义。

2. 任务

网站规划的主要任务包括以下几个方面：

（1）制定网站的发展战略。网站服务于组织管理，其发展战略必须与整个组织的战略目标协调一致。制定网站的发展战略，首先要调查、分析组织的目标和发展战略，评价现行网站的功能、环境和应用状况，在此基础上确定网站的使命，制定网站统一的战略目标及相关政策。

（2）制定网站的总体方案，安排项目开发计划。在调查分析组织信息需求的基础上，提出网站的总体方案，根据发展战略和总体方案，确定系统和应用项目开发次序及时间安排。

（3）制定网站建设的资源分配计划。提出实现开发计划所需要的硬件、软件、技术人员、资金等资源，以及整个系统建设的概算，进行可行性分析。

3. 特点

由于电子商务网站建设耗资巨大，历时较长，技术复杂且涉及面广，网站规划是这一复杂工作的起始阶段，这项工作的好坏将直接影响整个网站建设的成败。因此，我们应该充分认识这一阶段工作所具有的特点和应该注意的一些关键问题，以提高规划工作的科学性和有效性。网站规划具有以下几个特点：

（1）规划工作是面向长远的、未来的全局性和关键性的问题，因此具有较强的不确定性，且非结构化程度较高。

（2）其工作环境是组织管理环境，高层管理人员（包括高层信息管理人员）是工作的主体。

（3）由于规划不在于解决项目开发中的具体业务问题，而是为整个网站建设确定目标、战略、总体方案和资源计划，因而整个工作过程是一个管理决策过程。同时，网站规划也是技术与管理相结合的过程，它利用现代信息技术有效地支持管理决策的总体方案。

（4）规划人员对管理与技术环境的理解程度、对管理与技术发展的见解以及开创精神与务实态度是规划工作的决定因素。目前，尚无可以指导网站规划全过程的适用方法，因此必须采用多种方法相互配合，取长补短。

（5）规划工作的结果是要明确回答规划工作中提出的问题，描绘出网站的总体概貌和开发进程，但宜粗不宜细，要给后续各阶段的工作提供指导，为网站的开发制定一个科学、合理的目标和达到该目标的可行途径，而不是代替后续阶段的工作。

（6）电子商务网站规划必须纳入整个企业的发展规划，并随企业的发展定期更新。

4. 原则

电子商务网站规划应具有以下几个原则：

（1）目的性和用户需求原则。电子商务网站设计是展现企业形象、介绍产品和服务、体现企业发展战略的重要途径，因此必须掌握目标市场的情况，受众群体是否喜欢新技术、需求范围、受教育程度、是否经常上网等，从而做出切实可行的设计计划。企业应围绕消费者的需求、市场状况、企业自身的情况等进行综合分析，牢记以消费者为中心，而不是以美术为中心进行设计。电子商务网站建设的目的性应该经过深思熟虑，主要包括：①目的性定义明确；②从实际出发；③主次分明，循序渐进。

（2）总体方案主题鲜明原则。在目的性明确的基础上，企业应完成电子商务网站的构思创意，即总体方案设计。对网站的整体风格和特色作出定位，规划网站的组织结构。

电子商务网站针对所服务对象（机构或个人）的不同而具有不同的类型。在实际应用中，很多网站往往不能简单地归为某一种类型，无论是建站目的还是表现形式都可能涵盖两种或两种以上类型。不管哪种类型的电子商务网站，都要做到主题鲜明突出、要点明确，以简单明确的语言和画面体现网站的主题，调动一切手段充分表现网站的个性和情趣，办出电子商务网站的特点。

（3）企业对外介绍专业信息的原则。对外介绍专业信息，最主要的目的是向外界介绍企业的业务范围、性质和实力，从而创造更多的商机。企业在对外介绍专业信息时，应注意：①应该完整无误地表述企业的业务范围（产品、服务）及主次关系；②应该齐备地介绍企业的地址和性质；③应该提供企业的年度报表，以助于浏览者了解企业的经营状况、方针和实力；④如果是上市企业，应该提供企业的股票市值或者链接到专门的财经网站，以助于浏览者了解企业的实力。

（4）企业对内提供信息服务的原则。对内提供信息服务时，应该注意以下几点：①信息的全面性。对所在行业的相关知识、信息的涵盖范围应该全面，尽管内容本身不必做到百分之百全面。②信息的专业性。所提供的信息应该是专业的、科学的，并有说服力的。③信息的时效性。所提供的信息必须是在效力范围内的，这保证了信息是有用的。④信息的独创性。具有原创性、独创性的内容更能得到重视和认可，有助于提升浏览者对企业本身的印象。

（5）网站版式设计原则。网页设计作为一种视觉语言，要讲究编排和布局，虽然主页的设计不等同于平面设计，但它们有许多相似之处，应充分加以利用和借鉴。

版式设计通过文字与图形的空间组合，表现出和谐之美。一个优秀的网页设计者应该知道哪一段文字或图像落于何处，才能使整个网页生辉。对于多页面网站，编排设计页面时，要把页面之间的有机联系反映出来，特别要处理好页面之间和页面内的内容的关系。为了达到最佳的视觉表现效果，应讲究整体布局的合理性，使浏览者有一个较好的视觉体验。

色彩是艺术表现的要素之一。在网页设计中，应根据和谐、均衡和重点突出的原则，将不同的色彩进行组合、搭配来构成美观的页面。设计者应根据色彩对人们心理的影响，合理地加以运用。按照色彩的记忆性原则，一般暖色较冷色的记忆性强。色彩还具有联想与象征的意义，如红色象征血液、太阳，蓝色象征大海、天空等。

网页的色彩应用并没有数量的限制，但不能毫无节制地运用多种色彩。一般情况下，先根据总体风格的要求定出一至两种主色调，有CIS（企业形象识别系统）的更应该按照其中的视觉识别系统（VI）进行色彩运用。在色彩的运用过程中，还应注意的一个问题是：由于国家和种族、宗教和信仰的不同，以及生活的地理位置、文化修养的差异等，不同的人群对色彩的喜恶程度有着很大的差别。例如：儿童喜欢对比强烈、个性鲜明的颜色。在网页设计中要考虑主要使用人群的背景和构成，从而选择使用不同的颜色。

（6）网页形式与内容相统一原则。要将丰富的意义和多样的形式组织成统一的页面结构，形式语言必须符合页面的内容，体现内容的丰富含义。运用对比与调和、对称与平衡、节奏与韵律以及留白等手段，通过空间、文字、图形之间的相互关系建立整体的均衡状态，以产生和谐的美感。例如：在页面设计中，对称的均衡有时会使页面显得呆板，但如果加入一些富有动感的文字、图案，或采用夸张的手法来表现内容往往会达到比较好的效果。点、线、面作为视觉语言中的基本元素，要使用点、线、面的互相穿插、互相衬托、互相补充构成最佳的页面效果。网页设计中点、线、面的运用并不是孤立的，很多时候需要将它们结合起来，以表现完美的设计意境。

（7）实用性功能服务应切合实际需要原则。网站提供的功能服务应该切合浏览者的实际需求且符合企业特点。例如：网上银行提供免费电子邮件和个人主页空间，既不符合浏览者对网上银行网站的需求，也不是银行的优势。网上银行提供这样的功能服务不仅会削弱浏览者对网站的整体印象，而且浪费了企业的资源投入，有弊无利。

因此，网站提供的功能服务必须保证质量，并且应注意以下几点：

① 每个服务必须有定义清晰的流程，每个步骤需要什么条件、产生什么结果、由谁来操作、如何实现等都应该是清晰无误的。

② 实现功能服务的程序必须是正确的、健壮的（防错的）、能够及时响应的、能够应付预想的同时请求服务数峰值的。

③ 需要人工操作的功能服务应该设有常备人员和相应责权制度。

④ 用户操作的每一个步骤（无论正确与否）完成后应该被提示当前处于什么状态。

⑤ 服务成功递交以后的响应时间通常不应超过整个服务时间周期的 10%。

⑥ 当功能较多的时候应该清楚地定义相互之间的轻重关系，并在界面上和服务响应上加以体现。

（8）多媒体技术的合理利用原则。网站资源的优势之一是多媒体功能。要吸引浏览者的注意力，页面的内容可以用三维动画来表现。但要注意，由于网络带宽的限制，在使用多媒体技术表现网页的内容时应考虑客户端的传输速度，要时刻记住互联网的用户掌握着主动权，是他们在作选择。如果网站下载的速度太慢，浏览者很可能就没有耐心而点击"退出"。因此，在设计时应充分了解用户的兴趣所在，用一些吸引人、下载速度尽可能快的东西抓住客户。永远记住，用户方便快捷地得到所需的信息是至关重要的。

（二）网站资源规划

我们知道任何一种工程都需要有一定的资源，电子商务网站作为一种工程进行规划也不例外，必须对建站所需的人力、物力、财力等进行分析和规划，以保证建站目标的顺利实现。

1. **人力资源规划**

人力资源规划是一种战略规划，着眼于为未来企业的生产经营活动预先准备人力，持续和系统地分析企业在不断变化的条件下对人力资源的需求，并开发、制定出与企业长期效益相适应的人事政策的过程。它是企业整体规划和财务预算的有机组成部分，因为对人力资源的投入和预测与企业长期规划之间的影响是相互的。一个完整的电子商务网站建设所需要的人力资源规划如下：

（1）系统策划师，即网站策划人员。主要任务是对网络市场和竞争对手进行详细的比较和分析，确定网站建设的目标、策略及总体规划，并编制网站建设目标书、策划书等。

（2）网站设计师。主要任务是按照策划书对网站进行总体设计，搭建系统架构，安装服务器系统及相关的软件，并编制网站总体设计书。

（3）程序设计师。主要任务是按照网站总体设计书的要求完成程序的编写、调试、运行、维护等工作，并根据企业的需要不断地研究和开发新的软件，并编制程序运行情况文档。

（4）美工师。主要任务是按照网站总体设计书的要求做出漂亮、实用的网页页面，并设计出具有企业特色的、色彩适合的网页。

（5）录入员，即信息编辑处理人员。主要任务是输入、编辑和处理大量的用户信息、商品交易信息等。

（6）项目经理。主要任务是负责电子商务网站建设项目的管理，包括人员分配和组织、资源规划、进度控制、质量审核等。

2. **费用预算**

一般电子商务网站建设的总体费用包括以下几个方面：

（1）域名费用。域名是企业进入互联网时给人们留下的第一印象，同时反映了网站的文化层次、服务对象定位等，所以，域名的选用和确定对企业电子商务网站来说是一件非常重要的事情。域名有英文域名和中文域名之分。注册域名后，每年需要缴纳一定的费用以维护该域名的使用权。不同层次的域名收费不同，表 2-1 所示的是 2014 年上半年某公司域名价格表。

表 2-1　域名价格一览表

域名名称	价格（元/年·个）
CN 行政域名	26
CN 姓名域名	9
CN 中文域名	200

续前表

域名名称	价格（元/年·个）
. 中国域名	320
. 网络域名	320
. 公司域名	320
.com 英文域名	48
.net 英文域名	48

（2）服务器硬件设备费用。如果是租赁专线自办网站，还需要路由器、调制解调器、防火墙等接入设备及配套软件，采用主机托管或虚拟主机则可免去这一部分费用。表2-2提供了几个租用服务器的参考数据。

表2-2 服务器租用参考数据表

参数名称	云计算服务器Ⅰ型	云计算专享主机Ⅰ型	云计算VPS主机Ⅰ型
操作系统	Windows/Linux 多系统自选	Windows/Linux 多系统自选	Windows/Linux 多系统自选
产品规格	DELL R710/E5620＋，250G 硬盘，四核 CPU，独享带宽 6M，一个 IP	DELL R710/E5620＋，150G 硬盘，两核 CPU，独享带宽 3M，一个 IP	DELL R710/E5620＋，20G 硬盘，一核 CPU，独享带宽 3M，一个 IP
内存大小	2G	1.5G	512M
线路选择	上海电信/上海双线	上海电信/上海双线	上海电信/上海双线
价格	358 元/月，3 580 元/年	268 元/月，2 680 元/年	128 元/月，1 280 元/年

（3）线路接入费用和合法的地址费用。不同的 ISP，不同的接入方式和速率下的费率不相同，速率越高，月租费越昂贵。IP 地址一般和线路一起申请，也需要缴纳一定的费用，具体费率可以向当地的 ISP 咨询。表2-3所示的是网通和铁通宽带通信费用一览表。

表2-3 宽带通信费用一览表

电信宽带		网通宽带	
速率	包年（元/年）	速率	包年（元/月）
20M	1 000	10M	680
50M	1 220	20M	880
100M	1 328	50M	990
200M	1 900	100M	1 580
联通宽带		移动宽带	
速率	包年（元/年）	速率	包年（元/月）
10M	400	50M	980
20M	500	100M	1 380
50M	600	50M	1 500（2 年）
100M	1 180	100M	1 800（2 年）

（4）主机托管费用。主机托管（Server Colocation）是指用户提供自己的硬件服务器，并可选择自行提供软件系统或者由企业来提供，享受专业的服务器托管服务，包括稳定的网络带宽、恒温、防尘、防火、防潮、防静电。用户拥有对服务器完全的控制权限，可自主决定运行的系统和从事的业务。

如果进行主机托管或租用虚拟主机，那么可能要支付托管费用或主机空间租用费。表 2-4 所示的是某 ISP 的主机托管费用一览表。

表 2-4　主机托管费用一览表

名称	服务范围	费用
电信线路主机托管	尺寸：1U 标准机架式服务器托管； 宽带：200M 独享专用宽带； 硬防：10G～240G 硬防集群防御； 标准：四星级数据中心； 适用用户：企业网站、音乐、视频、下载、流媒体等	23 000 元/年
联通线路主机托管	尺寸：1U 标准机架式服务器托管； 宽带：200M 独享专用宽带； 硬防：10G～240G 硬防集群防御； 标准：四星级数据中心； 适用用户：企业网站、音乐、视频、下载、流媒体等	23 000 元/年
VIP 双线路主机托管	尺寸：1U 标准机架式服务器托管； 宽带：200M 独享专用宽带； 硬防：10G～240G 硬防集群防御； 标准：T3+数据中心； 适用用户：企业网站、大型社交平台、CDN 加速、云存储等	45 000 元/年
绿谷云三线路主机托管	尺寸：1U 标准机架式服务器托管； 宽带：200M 独享专用宽带； 硬防：10G～240G 硬防集群防御； 标准：T3+数据中心； 适用用户：企业网站、大型社交平台、CDN 加速、云存储等	60 000 元/年

（5）系统软件费用。包括操作系统、Web 服务器软件、数据库软件等的费用，这些费用视市场供货情况和所在地区略有不同。

（6）开发费用。软件、硬件平台搭建好之后，必须考虑具体的 Web 页面设计、编程和数据库开发以及后期的平台维护费用。网站的开发维护可以委托给专业的网站制作商，费用可以一起清算。

（7）网站的市场和经营费用。包括为各种形式的宣传活动所支出的费用，为内容的授权转载而付出的费用以及其他网站经营过程中所付出的额外费用等。

（三）网站建设规划

任何一个项目都需要对项目的进度进行规划，以期保质保量地完成任务。电子商务网站建设规划如图 2-1 所示。

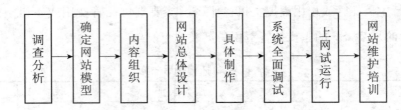

图 2-1　电子商务网站建设规划

由图 2-1 可知，电子商务网站建设规划可分为以下八个阶段：

（1）调查分析阶段。这一阶段是当用户提出建站需求后，专业策划人员对用户的内部经营环境、行业背景、服务对象等进行全面调查分析。其主要任务是确定建站的目标、实施策略、资源等内容。

（2）确定网站模型阶段。这一阶段是根据调查所得到的结果，向用户提出网站建设初步方案。其主要任务是：注册域名，选择服务器，搭建电子商务网站的软硬件平台，确定网站的信息和结构以及进行网站的页面设计，使网站具有基本的发布信息的功能。

（3）内容组织阶段。这一阶段是根据网站建设方案向用户提交材料清单，由用户进行准备并交付资料内容，进行设计和制作准备。

（4）网站总体设计阶段。这一阶段是网站设计专业人员根据网站模型和材料对网站进行总体设计。其主要任务是设计企业网络形象、网站结构和布局、关键字位置和重复率、网页目录、信息链接、更新方法等。

（5）具体制作阶段。这一阶段是根据网站总体设计、内容和资金，由专业技术人员在最短的时间里完成网站（页）的制作。其主要任务是确定网页的布局、风格、色彩、信息内容等。

（6）系统全面调试阶段。这一阶段是对制作好的网站进行性能方面的全面测试，对网站内容进行校对和调整，以确保将来运行时的安全性、可靠性和准确性。

（7）上网试运行阶段。这一阶段是将调试好的网站推向市场，让市场来检验。其主要任务是：对网站的所有功能进行测试，将其性能调整到最佳状态。

（8）网站维护培训阶段。这一阶段是帮助或培训网站的管理人员、操作人员，让他们了解和学会在互联网上宣传推广和维护网站的方法和技巧。

（四）网站规划的基本内容

对于不同类型的网站，根据不同的需要和侧重点，网站的功能和内容会有一定差别，但网站规划的基本内容是类似的。一个网站的成功与否与建站前的网站规划有着极为重要的关系。在建设网站前应明确建设网站的目的，确定网站的功能、规模、投入费用，进行必要的市场分析等。只有进行详细的规划，才能避免在网站建设中出现很多问题，使网站建设顺利进行。

进行网站规划时，应编制网站规划书。网站规划书应该尽可能涵盖网站规划的各个方面。网站规划书的写作要科学、认真、实事求是。一般来说，一份完整的网站规划书应包括以下几方面的内容：

1. 建设网站前的市场分析

建设网站前需要对以下几方面进行分析：

（1）相关行业的市场是怎样的，市场有什么样的特点，能否在互联网上开展公司业务。

（2）市场主要竞争对手分析。竞争对手的网上情况及其网站规划、功能、作用。

（3）公司自身条件分析。公司概况、市场优势，可以利用网站提升哪些竞争力，建设网站的能力（费用、技术、人力等）。

2. 建设网站的目的

建设网站是为了宣传产品，进行电子商务，还是建立行业性网站？是企业的需要还是市场开拓的延伸？这是网站规划中的核心问题，需要非常明确和具体。建设网站的目的也就是一个网站的目标定位问题，网站的功能、内容以及各种网站推广策略都是为了实现网站的预期目的。

3. 域名和网站名称

一个好的域名对网站建设的成功具有重要意义，网站名称同域名一样具有重要意义，域名和网站名称应该在网站规划阶段就作为重要内容来考虑。有些网站发布一段时间之后才发现域名或网站名称不太合适，需要重新更改，不仅非常麻烦，而且前期的推广工作几乎没有任何价值，同时会对企业的网站形象造成一定的负面影响。

4. 网站的主要功能

在确定了建站目的和网站名称之后，要设计网站的功能了。网站功能是战术性的，是为了实现建站的目的。网站的功能是为用户提供服务的基本表现形式。一般来说，一个网站有几个主要的功能模块，这些模块体现了一个网站的核心价值。

5. 网站的技术解决方案

可以根据网站的功能确定网站的技术解决方案，一般有以下几种：

（1）采用自建服务器，或租用虚拟主机。

（2）选择操作系统，用 Unix、Linux 还是 Window，分析投入成本、功能、开发、稳定性和安全性等。

（3）采用系统性的解决方案，如 IBM、HP 等公司提供的电子商务解决方案或自己开发。

（4）网站安全性措施，防黑、防病毒方案。

（5）相关的程序开发。如网页程序 ASP、JSP、CGI，数据库程序等。

6. 网站的内容

不同类型的网站，在内容方面的差别很大，因此，网站内容规划没有固定的格式，需要根据不同的网站类型来制定。

（1）一般企业网站应包括公司简介、产品介绍、服务内容、价格信息、联系方式、网上订单等基本内容。

（2）电子商务网站要提供会员注册、详细的商品服务信息、信息搜索查询、订单确认、付款、个人信息保密措施、相关帮助等。

（3）如果网站栏目比较多，则考虑采用由专人负责相关内容。

注意：网站内容是网站吸引浏览者最重要的因素，无内容或不实用的信息无法吸引匆匆浏览的访客。可事先对人们希望阅读的信息进行调查，并在网站发布后调查人们对网站内容的满意度，以及时调整网站内容。

7. 网站的测试和发布

在网站设计完成之后，应该进行一系列的测试，当一切测试正常之后，才能正式发布。主要测试内容包括以下几个方面：

（1）网站服务器的稳定性、安全性；

（2）各种插件、数据库、图像、链接等是否正常工作；

（3）在不同接入速率情况下的网页下载速度；

（4）网页对不同浏览器的兼容性；

（5）网页在不同显示器和不同显示模式下的表现等。

8. 网站的推广

网站推广活动一般发生在网站正式发布之后，当然也不排除一些网站在筹备期间就开始宣传的可能。网站推广是网络营销的主要内容，可以说大部分的网络营销活动都是为了网站推广的需要，如发布新闻、搜索引擎登记、交换链接、网络广告等。

因此，在网站规划阶段就应该对将来的推广活动有明确的认识和计划，而不是等网站建成之后才考虑采取什么样的推广手段。由此可以看出，网站规划并不仅仅是为了网站建设的需要，而是整个网络营销活动的需要。

9. 网站的维护

网站发布之后，还要定期进行维护，主要包括以下几个方面：

（1）服务器及相关软硬件的维护，对可能出现的问题进行评估，制定响应时间；

（2）网站内容的更新、调整等，将网站维护制度化、规范化。

10. 网站的财务预算

除了上述各种技术解决方案、内容、功能、推广、测试等应该在网站规划书中详细说明之外，网站建设和推广的财务预算也是重要内容。网站建设和推广在很大程度上受到财务预算的制约，所有的规划都只能在财务预算许可的范围内进行。财务预算应按照网站的开发周期，包含网站所有的费用明细清单。

（五）网站建设的工作流程

网站建设流程如图 2-2 所示。

1. 网站建设步骤

由图 2-2 可知，企业网站建设流程可分为以下几个步骤：

（1）调查分析。这一步骤是企业网站建设工程的第一阶段，它的总任务是回答"企业网站必须做什么"。当用户提出建站需求后，专业策划人员将对用户的内部经营环境、行业背景、服务对象等进行全面调查分析。

（2）收集企业内外部需求。这一步骤是根据调查分析所得到的结果，向用户提出网站建设初步方案。其主要任务是：

① 弄清建设网站的目的。是为了宣传产品，进行电子商务，还是建立行业性网站？是企业的需要还是市场开拓的延伸？

② 整合公司资源，确定网站功能。根据公司的需要和计划，确定网站的功能：产品宣传型、网上营销型、客户服务型、电子商务型等。

③ 根据网站功能，确定网站应产生的作用。

④ 确定企业内部网的建设情况和网站的可扩展性。

（3）确定网站开发形式。这一步骤是根据企业内外部需求情况所得出的结果，确定是企业独立开发网站，还是外包给网络公司或者与外单位联合开发网站。其主要任

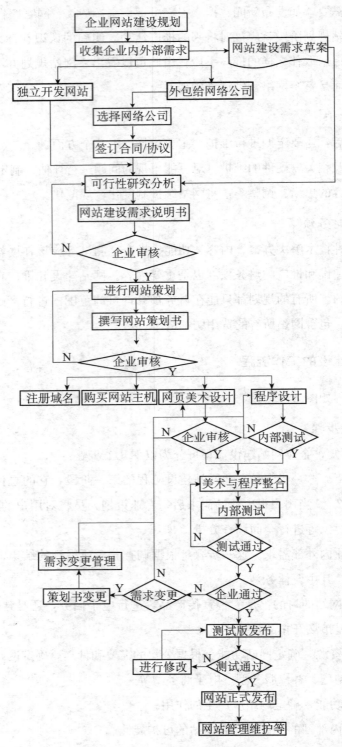

图 2-2　网站建设流程图

务是：

① 弄清内部资源情况。

② 如果外包给网络公司开发，需要选择某个网络公司。

③ 根据《合同法》和企业的要求签订合同或协议。

（4）撰写网站策划书。这一步骤是对企业网站建设需求草案进行可行性研究分析，并拟定网站建设需求说明书，在此基础上撰写网站策划书。其主要任务是：

① 进行可行性研究分析并得出结论。结论只有三种情况：第一是可行，并立即开发；第二是不可行，应立即停止开发；第三是解决问题或修改方案后再开发。

② 拟定网站建设需求说明书，包括网站建设的组织建设需求、硬件需求、软件需求、人员需求、资金需求等。

③ 将此说明书报告给企业，让企业进行审核。

④ 进行网站策划，并撰写网站策划书，再次交企业审核。如果没有通过，则继续修改；如果通过，可进入下一个步骤。

（5）物理实施。这一步骤是根据网站策划书的要求进行物理配置。其主要任务是：注册域名、选择服务器、建立电子商务网站的软硬件平台、确定网站的信息和结构以及进行网站的页面设计，使网站具有基本的发布信息的功能。

（6）网站总体设计。

（7）具体制作。

（8）系统全面调试。

（9）上网试运行。

（10）网站维护培训。

2. 制定时间表

设定好进度以后，就可制定出一份详细的时间表，然后按部就班地进行工作，一个网站就可以顺利地建设起来了。

一般情况下，时间表应该包括以下几项内容：

（1）网站建设各项工作内容及其时间安排。

（2）月度和年度工作安排时间规划。

（3）网站建设各工作人员工作内容及其时间安排。

（4）工作人员讨论交流会时间安排。

（5）培训人员学习时间安排。

二、电子商务网站域名

(一) 网站域名的基础知识

1. 域名的概念

什么是域名？互联网域名就相当于我们现实生活中的门牌号码，可以在纷繁复杂的网络世界里准确无误地指引我们到要访问的站点。互联网域名是互联网上的一个服务器或一个网络系统的名字。在全世界没有重复的域名。下面从几个方面来叙述域名这个概念。

（1）从技术角度讲，域名只是互联网中用于解决地址对应问题的一种方法，可以说只是一个技术名词。

（2）从社会科学角度讲，域名已成为互联网文化的组成部分。

（3）从商界角度讲，域名已被誉为"企业的网上商标"。没有一家企业不重视自己产品的标识，而域名的重要性和其价值也已经为全世界的企业所认识。

域名和网址是不同的。一般来说，通过注册获得了一个域名之后，需要根据网址所载信息内容的性质，在域名的前面加上一个具有一定标识意义的字符串，才能构成一个网址。例如：www. xjxxb. gov. cn 中，"www" 表示服务器是 Web 服务器，"xjxxb. gov. cn" 则是域名。

在互联网上注册域名是实现电子商务活动的第一步。电子商务、网上销售、网络广告已成为商界关注的热点，"上网"已成为不少人的口头禅。但是，要想在网上建立服务器发布信息，则必须首先注册自己的域名。只有有了域名，才能让别人访问。所以，注册域名是在互联网上建立任何服务的基础。同时，由于域名在全世界具有唯一性，因此，尽早注册又是十分必要的。

域名和商标都在各自的范畴内具有唯一性，并且随着互联网的发展，从企业树立形象的角度看，域名与商标有着潜在的联系。所以，它与商标具有共同特点。在选择域名时，多数企业往往希望使用和企业商标一致的域名，域名和商标相比具有更强的唯一性。

近年来，我国大量知名企业、驰名商标和其他特定称谓的国际互联网域名已被他人抢先注册。而目前仍有相当多的企业尚没有认识到自己企业域名的珍贵性，对本应属于自己的域名已被他人注册的事还全然不知。国际互联网是由全球的计算机网络联为一体而形成的全球性公用计算机通信网络的总称，是全球信息高速公路的雏形，渐渐成为国际上不可或缺的基本通信工具和媒介。

一个企业如果想在互联网中出现，只有通过注册域名，才能在互联网中确立自己的一席之地。由于国际域名在全世界是统一注册的，因此在全世界范围内，如果一个域名被注册，其他任何机构都无法再注册相同的域名。所以，虽然域名是网络中的概念，但它已经具有类似于产品商标和企业标识物的作用。

2. 域名的结构

域名是由三部分组成的，如图2-3所示。

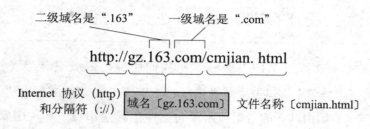

图2-3 域名的结构

域名是URL的中间部分，一个域名用来指向一台机器或者由一个特定的服务器所管理的一组机器。需要注意的是，域名中最后一个句点和之后的三个字母，如".com"或".net"等，称为一级域名，在此之前的一组字母或数字称为二级域名。

www.taobao.com也是一个域名，只要在浏览器的URL地址栏中输入此域名，出现如图2-4所示的窗口，就可以搜索自己需要的商品了。

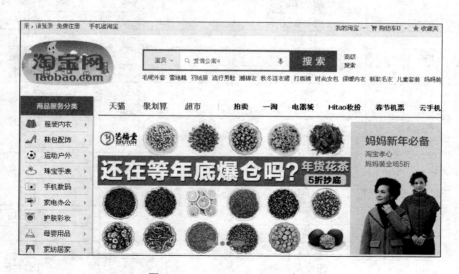

图2-4 www.taobao.com主页

（1）一级域名。一级域名也称"国际顶级域名"，它的最后一个后缀是一些诸如

".com"".net"".gov"".edu"的"国际通用域"，这些不同的后缀分别代表了不同的机构性质。例如：".com"表示的是商业机构，".net"表示的是网络服务机构，".gov"表示的是政府机构，".edu"表示的是教育机构。表2-5所示的是国际通用域名一览表。

表2-5　一级域名价格一览表

一级域名	含义	注册价格（元/年）	续费价格（元/年）
.com	商业机构	53	65
.edu	大专院校（仅指四年制的学院和大学）	28	35
.org	非营利的组织机构	35	42
.net	Internet 机构	65	70
.vip	VIP 域名	98	98
.biz	商业类域名	95	95

（2）二级域名。一级域名的下一级就是我们所说的二级域名。域名注册人在以".com"结尾的一级域名中提供一个二级域名。图2-3中的二级域名为".163"。

（3）国内域名。国内域名的后缀通常要包括"国际通用域"和"国家域"两部分，而且要以国家域作为最后一个后缀。以 ISO31660 为规范，各个国家都有自己固定的国家域，如".cn"代表中国，".us"代表美国，".uk"代表英国等。表2-6所示的是国家域名一览表。

表2-6　国家域名一览表

域名	表示国家或地区	域名	表示国家或地区
.ar	阿根廷	.it	意大利
.au	澳大利亚	.jp	日本
.at	奥地利	.kr	韩国
.be	比利时	.mo	中国澳门
.br	巴西	.my	马来西亚
.ca	加拿大	.mx	墨西哥
.cl	智利	.nl	荷兰
.cn	中国	.nz	新西兰
.cu	古巴	.no	挪威
.dk	丹麦	.pt	葡萄牙
.eg	埃及	.ru	俄罗斯
.fi	波兰	.sg	新加坡
.fr	法国	.ea	南非
.de	德国	.es	西班牙
.gl	希腊	.se	瑞典
.hk	中国香港	.ch	瑞士
.id	印度尼西亚	.tw	中国台湾
.ie	爱尔兰	.th	泰国
.il	以色列	.uk	英国
.in	印度	.us	美国

（4）域名命名规划。域名命名规划如下：

① 域名中只能包含以下字符：26 个英文字母，0～9 共 10 个数字，"-"（英文中的连词符）。

② 域名中字符的组合规则为：在域名中，不区分英文字母的大小写；对于一个域名的长度是有一定限制的。".cn"域名命名的规则为：遵照域名命名的全部共同规则；只能注册三级域名，三级域名由字母（A～Z，a～z，大小写等价）、数字（0～9）和连接符（-）组成，各级域名之间用实点（.）连接，三级域名长度不得超过 20 个字符；不得使用或限制使用国家规定的某些文字内容，如国名、国际组织名、外国地名等；未经国家有关部门正式批准，不得使用含有 "CHINESE" "CHINA" "CN" "NATIONAL" 等字样的域名。

（5）选择域名注册服务商。选择域名注册服务商时，应考虑以下几个方面：

① 资质。查询注册服务商是否是由工信部认证的并经过 ICANN 授权的顶级域名注册商。（顶级域名注册商查询地址：http://www.internic.net/origin.html）

② 费用。在正规的域名注册服务商处成功注册域名，无须缴纳其他费用，就能进行域名管理和转移等。

③ 注册过程简单快速，域名实时生效。注册成功后要有安全措施来保护域名安全，如域名锁定等。

④ 正规的域名注册服务商提供对域名进行自由管理的功能，用户可随时设置和修改信息以及各种域名指向，无须缴纳任何附加费用。

⑤ 注册服务商是否提供全国客服中心 7×24 小时服务，能否快速解决用户遇到的问题，建议用户在注册前通过电话先与注册服务商进行沟通。

3. 中文域名的选择原则

既然域名被视为企业的网上商标，那么，注册一个好的域名至关重要。中国互联网络信息中心规定中文域名的选择原则有：

（1）中文域名长度不得超过 20 个字符。

（2）首尾不能有非法字符，如 -、+、@、& 等。中文域名应当包含汉字，并可以含字母（A～Z，a～z，大小写等价）、数字（0～9）或连接符（-）。各级域名之间用实点（.）连接。

（3）不能是纯英文或数字域名。

（4）不得含有损害国家及政府形象的文字。

（5）简繁体自动互换。

4. 域名注册完成后的注意事项

域名注册完成后，企业就可以使用自己的域名建立网站。但是，企业每年要为域名支付年费，付款方式与注册时的付款方式一致。另外，域名一经注册不能买卖。需要修改域名注册信息时（域名本身不得修改），要提交盖有单位公章（个人附身份证复印件）的域名申请表给域名注册服务商，域名申请表上要注明修改项。

5. 如何利用企业的域名

域名注册完成后，利用域名建立自己的网络服务系统，往往也是企业所关心的。那么，如何设计企业的网上形象呢？

（1）建立本企业的电子邮件系统，让本企业的每位员工都能够用企业的域名地址收发邮件。

（2）建立本企业的主页。

（3）在企业的广告中打上主页地址。

（二）我国域名体系结构

在许多国家的二级域名注册中，企业应遵守机构性域名和地理性域名注册办法。我国互联网的二级域名也分为机构性域名和地理性域名两大类。

1. 机构性域名

机构性域名表示各单位的机构，共 6 个，如表 2 - 7 所示。

表 2 - 7　我国的机构性域名一览表

二级域名	表示机构
. ac	科研院所及科技管理部门
. gov	国家政府部门
. org	各社会团体及民间非营利组织
. net	互联网络、接入网络的信息和运行中心
. com	工商和金融等企业
. edu	教育单位

2. 地理性域名

我国的地理性域名使用 4 个直辖市和各省、自治区的名称缩写表示，共 34 个，如表 2 - 8 所示。

表 2-8　我国的地理性域名一览表

二级域名	表示地理区域	二级域名	表示地理区域
.bj	北京市	.sh	上海市
.tj	天津市	.cq	重庆市
.he	河北省	.sx	山西省
.nm	内蒙古自治区	.ln	辽宁省
.jl	吉林省	.hl	黑龙江省
.js	江苏省	.zj	浙江省
.ah	安徽省	.fj	福建省
.jx	江西省	.sd	山东省
.ha	河南省	.hb	湖北省
.hn	湖南省	.gd	广东省
.gx	广西壮族自治区	.hi	海南省
.sc	四川省	.gz	贵州省
.yn	云南省	.xz	西藏自治区
.sn	陕西省	.gs	甘肃省
.qh	青海省	.nx	宁夏回族自治区
.xj	新疆维吾尔自治区	.tw	台湾
.hk	香港	.mo	澳门

3. 企业设计域名的策略

企业设计域名的策略的关键在于：第一，域名与企业名称、商标一致，便于企业品牌的推广宣传，如海尔、TCL；第二，域名简短顺口，便于输入、记忆和推广，如51down。

（1）与企业相关信息一致。我们知道域名可以视为企业的网上商标，那么，注册一个好的域名就至关重要了。一个好的域名要简练、易记、标识性强。选择一个切题易记的域名是网站成功的重要因素。域名就是网络商标，是用户访问网站的通道。一个简短易记、反映网站性质的响亮域名往往会给用户留下深刻的印象。企业选择的域名往往与企业的以下信息一致：①企业名称的中英文缩写；②企业的产品注册商标；③企业广告语中的中英文内容，但注意不能超过 20 个字符；④ 比较有趣的名字，如 hello、howareyou、yes、168 等。

（2）采用数字化域名。通常而言，数字化域名便于记忆，简单明了，不容易搞错。所以，网易公司一下子就注册了 163、126 等多个域名，这些域名很快被广大的网民所接受，并深入人心。

（3）与企业性质一致。企业域名可分为国内域名和国际域名，企业域名的选择往往与企业的以下性质有关：①开展业务的地域范围；②主要目标市场的地域范围；③企业未来的发展目标。

　　如果企业开展业务的地域范围、主要用户群、目标市场都在国内，并且在未来10年内没有拓展国际市场的计划，可以只申请国内域名，不要片面地追求国际化，造成经济资源的浪费。如果企业在上述几个方面都与国外有关，就应该同时注册国际域名和国内域名，这样可以保证国内、国外的用户都可以方便地在网上获得企业的信息。

　　（4）要注意域名抢注与域名冲突的问题。由于域名和商标都在各自的范畴内具有唯一性，并且随着网络的发展，从企业树立形象的角度来看，域名和商标有着潜在的联系，因此，域名与商标有一定的共同特点。许多企业在选择域名时，往往希望使用与自己企业商标一致的域名。但是，域名和商标相比，又具有更强的唯一性。因此，在注册域名时宜早不宜迟。若域名抢注现象已经发生，可通过以下途径解决：

　　① 换个名字。或者在申请的域名中加一个下划线、加一个幸运数字，也可以加一些字母，或者选择其他可用的域名。

　　② 通过法律手段解决。根据《中国互联网络域名注册暂行管理办法》的规定，禁止转让或买卖域名，能够在一定程度上防止域名被恶意抢注的情况发生。当出现法律纠纷后，拥有商标名的公司有较大赢得将商标名用作域名的机会。但是，最好的办法还是尽早注册，以防止域名被抢注。

　　（5）企业的性质或信息内容的性质一致。对于商业企业来说，".com"域名无疑是最好的选择，".net"差一点，".org"则更差。对于网络资源企业来说，".net"域名无疑是最好的选择，其他都不理想。不管是什么浏览器，如果只输入一个词myname，其将默认为myname.com。

（三）企业域名注册

　　企业选择好自己的域名后就可以上网进行注册了。国内域名注册的权威机构是CNNIC，即中国互联网络信息中心（网址为http：//www.cnnic.net.cn，见图2-5）；国际域名注册的权威机构是美国的NSI公司。

1.CN域名注册服务体系

　　根据《中国互联网络域名管理办法》的规定，CNNIC在2002年12月16日全面变革域名管理服务模式：CNNIC作为CN域名注册管理机构，不再直接面对最终用户提供CN域名注册相关服务，域名注册服务将转由CNNIC认证的域名注册服务机构提供。

　　注册商管理体系结构如图2-6所示。

　　由图2-6可知以下内容：

　　（1）中国互联网络信息中心是CN域名注册管理机构，负责运行和管理相应的CN

图 2-5　中国互联网络信息中心主页

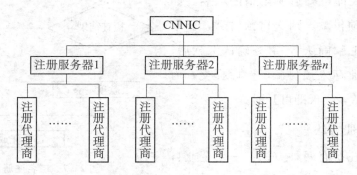

图 2-6　注册商管理体系结构图

域名系统，维护中央数据库。其主要职责包括：①运行、维护和管理 CN 域名服务器和相关资料，保证 CN 域名系统有效运行；②授权 CN 域名注册服务机构提供 CN 域名注册服务。

（2）域名注册服务机构应当按照公平原则和先申请先注册原则受理 CN 域名的注册申请，并根据国家有关法律、法规完成 CN 域名的注册。

（3）域名注册代理机构应当负责在域名注册服务机构授权范围内接受域名注册申请。

2. 企业域名的几种形式

企业域名可以登记为以下几种形式：

（1）企业全称（地域 ＋ 单位名称 ＋ 行业）。如"新光网络软件（杭州）有限公司"。

（2）企业简称（单位名称 ＋ 行业）。如"新光网络软件""北京国风因特软件"。

（3）企业产品（品牌 ＋ 产品类别）。如"永久自行车""红双喜牌电饭锅"。

（4）企业电话（区号 ＋ 电话号码）。如"01065812445""057188678907"。

3. 域名注册流程

域名注册流程如图2-7所示。

由图2-7可知，首先需要注册成为会员，然后登录会员区，填写域名申请表，查看是否有足够的预付款。如果有足够的预付款，则可以在"未付款业务"区提交，为所申请域名付款，当天即可开通所申请的域名。如果没有足够的预付款，则交付预付款，登录会员区填写"汇款确认"，财务确认汇款后，发信息通知企业存入预付款，然后提交，为所申请域名付款，当天即可开通。

4. 域名注册方法

国内域名注册有两种方法：一是企业自己向中国互联网络信息中心授权的域名注册

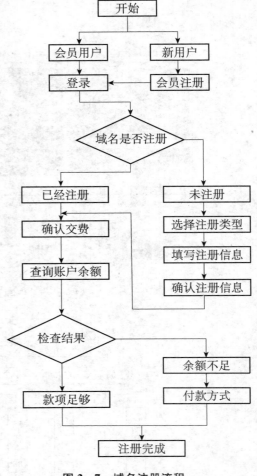

图2-7　域名注册流程

服务机构去申请，二是由ISP帮助企业注册域名。第一种方法费用低，而且便于企业控制注册过程，但在注册过程中要回答一些技术问题。第二种方法费用高，但企业省时省力。

目前，在互联网上有许多ISP，并可提供许多资料，企业可以根据ISP提供的向导直接进行域名注册的操作。

目前，提供企业域名注册的网站有：

（1）万网，其网址为http：//www. net. cn。

（2）新网，其网址为http：//www. xinnet. com。

（3）网站建设·智网，其网址为http：//www. witweb. com. cn。

（4）华夏名网，其网址为http：//www. sudu. cn。

（5）新网互联，其网址为http：//www. dns. com. cn。

　　(6) 千龙企业网，其网址为 http：//www.netyn.cn。

三、电子商务网站总体设计

(一) 网站总体设计原则

　　为了实现网站商务功能最大化的目标，给受众群体提供方便、实用的信息服务，在设计网站时，必须遵守以下几个原则：

1. 先进性、可靠性和安全性原则

　　先进性、可靠性和安全性是网站总体设计原则的第一要素，是网站建设是否成功的首要因素。只有在满足第一要素的前提下才有可能往其他方向发展，往纵深方向发展。

　　(1) 先进性是指以最先进的观点和设计思路，为用户设计出先进的网站系统。设计方案将立足先进技术，使项目具备国内乃至国际领先的水平。服务器和网络方面以优化通信流量、提高系统的管理性和安全性为重点。先进性又体现在网站信息内容的新、精、专，要有特色（如企业营销特色、产品特色、售后服务特色等），企业必须站在消费者的立场上考虑问题。

　　(2) 可靠性是指该平台正常运作后，由于面对的是广泛的全球互联网用户，因此系统应能够提供 365 天全天候 24 小时的不间断运作能力，为用户提供高度可靠的稳定运行保障。

　　(3) 安全性是指网站在互联网上执行任何程序或提供的任何服务都是安全的、有保障的。我们知道互联网是一个标准开放的、交互式的网络，在网上进行各种商务活动，随时可能面对黑客的攻击、病毒的侵袭等，因此，确保网上信息流通的安全十分重要。安全不仅是一个技术问题，而且涉及系统的管理、法律法规的保障等。因此，必须做到保障系统数据和信息安全，为业务及商务提供安全环境。

2. 实用性原则

　　实用性是网站总体设计原则的第二要素，是实现网站商务功能最大化的目标，即提供给目标客户方便、实用的信息服务，是电子商务网站设计的基本实用性原则。包含以下几个方面：

　　(1) 人性化的交互界面。客户访问电子商务网站是为了获取需要的商品或服务，所以网页的内容必须突出重点，避免夸张，装饰部分不宜太多，以免喧宾夺主。在内容编排上必须简洁明了，便于浏览。信息数量比较大时，应拆分成多个网页。在电子商务网

站设计中还应当考虑残疾人等特殊人群的需要。

（2）最佳优化的网页内容。一般情况下，客户对当前网页上的内容能持续保持注意的时间约为10秒；若系统响应时间超过10秒，客户会在等待计算机完成当前操作时转向其他任务。因此，为缩短系统响应时间，比较简单的一种解决办法是尽量减少网页上的图片与多媒体（如动画、录像、闪烁等）的使用。但是作为电子商务网站，很多场合需要采用图示或多媒体演示，以致不得不适当降低系统响应速度。

（3）界面一致性。在电子商务网站设计中，界面一致性也是必须加以仔细考虑的一个重要因素。一般认为，界面一致性主要体现在三个方面：指向性效果、系统的输入与输出之间的关系、界面的外观或视觉效果。一些研究表明，增强界面一致性有利于提高用户的操作绩效和满意度，同时可减少操作错误。

（4）终端与载体的协调统一。电子商务网站设计应适应客户使用的各种类型的显示器，应使用可用空间的百分比来规定布局。现在常用的网页浏览器一般都有新旧版本，有时同一个网页在不同浏览器或同一浏览器的不同版本上会产生不同的显示效果，甚至有些网页功能无法正常实现。作为电子商务网站，应注意网页在这方面的兼容性。

3. 可扩展性、标准性和开放性原则

可扩展性、标准性和开放性是网站总体设计原则的第三要素，是做好网站建设、开发工作和规范化的关键。

（1）可扩展性是指根据实际业务量的扩大而扩大的能力。我们知道互联网具有巨大的商务潜能，没有人可以确切预计系统的最终访问量和最佳的商务运行模式。例如：2003年的"非典"事件，使得许多本来在网下进行的商务活动被搬到网上来，使网上的业务量猛增几倍甚至几十倍之多，这种情况谁都无法预测。又如：浙江省人才网站原先设计的访问量一天在10万人次，但某次的人才招聘会上，一天访问量竟超过了20万人次。因此，系统设计的原则之一是可扩展性。随着企业网上平台业务量的扩展和平台访问量的增加，系统应该能够具有很强的扩展能力，以适应新业务的发展。

（2）标准性和开放性是指所有应用程序及接口具有统一的标准，使程序和系统具备优异的可移植性。企业网上平台的设计应当严格遵守国际标准，在还没有形成标准的新领域也应积极倡导标准的形成，为促进地区贸易发展打下坚实的基础。

4. 服务性、便捷性和交互性原则

服务性、便捷性和交互性是网站总体设计原则的第四要素，是网站吸引新用户、留住老用户的必要条件。

（1）服务性是指网站为用户提供各种各样的服务，即时刻体现以用户为中心的服务理念，以为用户提供最好的服务为网站的设计思路。以人为本、实现个性化服务是当代电子商务网络营销最基本的要求。

（2）便捷性是指网站中各种各样的功能和服务是最方便、快捷的。网站所提供的各种功能和服务应尽可能地适应不同年龄、不同性别、不同知识层次的受众群体的需求。

（3）交互性是指网站中的各种各样的功能完全是以友好的对话形式出现的，极大地改善企业的办事效率和形象。

5. 美观性和宣传性原则

美观性和宣传性是网站总体设计原则的第五要素，是网站留住新老客户、吸引受众群体眼球的重要因素。

（1）美观性是指良好的视觉效果。美观大方的色彩搭配、赏心悦目的风格使人感觉进入网站就好像进入美好的家园一样轻松自如。这与网站强大的功能同等重要，它可以突出企业的文化特色和定位。

（2）宣传性是指网站提供各种宣传企业的功能，使之成为企业自身宣传的重要载体。

（二）网站的主题和名称设计

设计一个网站，首先遇到的问题就是定位网站主题。所谓主题，也就是网站的题材。网络上的网站题材千奇百怪、琳琅满目，只要想得到就可以把它制作出来。这么多题材，如何选择呢？下面介绍网站主题和名称设计所遵循的原则。

1. 主题要小而精

主要是指主题定位要小，内容要精。如果想制作一个包罗万象的网站，把所有你认为精彩的东西都放在上面，那么往往会事与愿违，给人的感觉是没有主题、没有特色，样样都有，但样样都很肤浅。

网站的最大特点就是新和快。目前，最热门的个人主页都是天天更新甚至几小时更新一次。最新的调查结果显示，网络上的"主题站"比"万全站"更受人们喜欢。正如专卖店和百货商店，如果顾客需要购买某一特定领域的物品，肯定会选择专卖店，而不会选择百货商店。

2. 题材最好是自己擅长或喜爱的内容

主要是指题材最好能与自己的专长相结合。例如：你擅长编程，就可以建立一个编程爱好者网站；对足球感兴趣，网站可以报道最新的足球战况、球星动态等。这样在制作时，才不会觉得无聊或者力不从心。

3. 题材不要太滥或目标太高

主要是指切合实际，即要务实。"太滥"是指到处可见的题材。例如：软件下载、免费信息等的题材太多太滥。"目标太高"是指在这一题材上已经有非常优秀、知名度很高的网站，要超过它是很困难的。

4. 名称要正面

主要是指合法、合理、合情，不能用反动的、色情的、迷信的、危害社会安全的名词、语句。

5. 名称要易记

主要是指容易记忆的名称，最好用中文名称，不要使用英文或者中英文混合型名称。另外，网站名称的字数应该控制在 6 个字（最好 4 个字）以内，4 个字的可以用成语。字数少还有个好处，即适合于其他网站的链接排版。

6. 名称要有特色

主要是指名称平实，可以被接受。如果能体现一定的内涵，给浏览者以更多的视觉冲击和空间想象力，则为上品。例如：前卫音乐、网页陶吧、e 书时空等网站，在体现网站主题的同时，能传达特色之处。

（三）网站的 CIS 概述

1. CIS 的含义

CIS（Corporate Identity System），简称 CI，译称企业识别系统，意译为"企业形象统一战略"，意思是企业形象识别系统。20 世纪 60 年代，美国人首先提出了企业的 CI 设计这一概念。

CIS 的主要含义是：将企业文化与经营理念统一设计，利用整体表达体系（尤其是视觉表达系统）将其传达给企业内部与公众，使他们对企业产生一致的认同感，以形成良好的企业印象，最终促进企业产品和服务的销售。

2. CIS 的意义

CIS 的意义是：

（1）对企业内部：企业可通过 CI 设计对其办公系统、生产系统、管理系统以及营销、包装、广告等宣传形象形成规范设计和统一管理，由此调动企业每位员工的积极性，增加其归属感、认同感，使各职能部门能各行其职、有效合作。

（2）对企业外部：通过一体化的符号形式来形成企业的独特形象，便于公众辨别、认同企业形象，促进企业产品或服务的推广。

3. CIS 的组成

CIS 由 MI（Mind Identity，理念识别）、BI（Behavior Identity，行为识别）、VI（Visual Identity，视觉识别）三方面组成。在 CIS 的三大构成中，其核心是 MI，它是整个 CIS 的最高决策层给整个系统奠定的理论基础和行为准则，并通过 BI 与 VI 表达出来。所有的行为活动与视觉设计都是围绕 MI 这个中心展开的，成功的 BI 与 VI 就是将企业的独特精神准确地表达出来。

（1）MI。即企业确立自己的经营理念，对目前和将来一定时期的经营目标、经营思想、经营方式和营销状态进行总体规划和界定。企业理念对内影响企业的决策、活动、制度、管理等，对外影响企业的公众形象、广告宣传等。

MI 的主要内容包括：企业精神、企业价值观、企业文化、企业信条、经营理念、经营方针、市场定位、产业构成、组织体制、管理原则、社会责任和发展规划等。

（2）BI。置于中间层的 BI 直接反映企业理念的个性和特殊性，是企业实践经营理念与创造企业文化的准则，对企业运作方式所作的统一规划而形成的动态识别系统。包括对内的组织管理和教育，对外的公共关系、促销活动、资助社会性的文化活动等。通过一系列的实践活动，将企业理念的精神实质推广到企业内部的每一个角落，汇集起员工的巨大精神力量。

BI 的主要内容包括：对内的组织制度、管理规范、行为规范、干部教育、职工教育、工作环境、生产设备、福利制度等，对外的市场调查、公共关系、营销活动、流通对策、产品研发、公益性活动、文化性活动等。

（3）VI。即以标识、标准字、标准色为核心展开的完整的、系统的视觉表达体系。将上述的企业理念、企业文化、服务内容、企业规范等抽象概念转换为具体符号，塑造出独特的企业形象。在 CI 设计中，VI 设计最具传播力和感染力，最容易被公众接受，具有重要意义。

VI 由两个系统组成：

① 基本系统：如企业名称、企业标识、企业造型、标准字、标准色、象征图案、宣传口号等。

② 应用系统：产品造型、办公用品、企业环境、交通工具、服装服饰、广告媒体、招牌、包装系统、公务礼品、陈列展示及印刷出版物等。

（四）网站的 Logo 设计

1. 网站 Logo 的设计指标

一个好的网站 Logo 设计应有以下几个指标：

（1）有好的创意。创意的目标是：客户的要求、市场的要求、客户的客户的要求。图 2-8 所示的是以对象为特征的创意设计。

图 2-8　以对象为特征的创意设计

设计贵在创新，但创新并不是一味的求新、求异，而是要有创新的方法。设计创新的方法同研究一切事物一样，是从内因、外因两方面一起入手。在设计之前，需要明确具体的受众群体，究竟是谁将使用企业设计的 Logo。明确受众群体之后，一系列的如使用环境、使用条件和使用时间都能清晰地反映出来。与此对应的便可以了解究竟是从材料入手，还是从技术工艺的重新整合或是造型结构入手进行创新。只有这样，设计的Logo 才能从根本上满足受众的审美需求。标识设计师要学会倾听和理解，了解企业文化和经营理念、行业特征，以及行业历史上已形成的同质感和要设计的新的标识的个性。同质感代表了安全性，个性代表了自我的存在。

（2）气韵生动、形神兼备。好的标识是气韵生动的，汉代和唐代的艺术品大气、质朴、简单、雄浑，兼具功能性。"形"和"神"是中国古代特有的美学概念，指形象和神采之间的关系，通常用来评价诗歌、小说、书法、绘画和雕塑作品。一般认为神寓于形，而神又是作品形象和作者气质、性格、精神和情感的集中体现。文如其人和画如其人突出的是作者。形似神也要似，形神要兼备，要妙在似与不似之间，把重点放在作品的形象上。图 2-9 所示的是必胜客、圣富莱、太平人寿的标识。

（3）有统一的形式与结构。一般事物都具有形式与结构，对形式与结构的研究是一种共性研究，研究的对象是事物的形式与结构的构成规律，具有方法学的意义，具有交

图 2-9　气韵生动、形神兼备的 Logo 设计

叉学科的性质，现在已经广泛应用到除生物学、语言学以外的广大学科中，造型艺术的诸多学科由此而增添了更为有效的研究工具和方法。形态学设计的领域有几何形式、力（结构）、材料，三者是构成形式与结构的三大要素，互相关联，不可分割。自然界中自然物的存在与运动都具有一定的结构、形式和秩序。对自然形态和功能的模仿产生了仿生学。人工形态则是人工制作物的形态，从小型纽扣到大型城市建筑都是人工形态。在标识中，形式与结构最好做到有机统一，否则就会造成形式与内容的消长。图 2-10 所示的是中国环境标志、慧仁国际文化、采用国际标准产品的标识。

图 2-10　有统一的形式与结构的 Logo 设计

（4）好的标识设计如同说话。任何造型以及造型的各元素，诉诸形象和人的视觉都具有符号性。而语言是符号，具有最基本、最本质的符号特征。说话最关键是说对、说清、说精彩，与其相关的就是语态、语言、语气。罗列堆积、目标不清就是诉求不清，墨守成规。设计如同说话，关键在于表现什么和如何表现。设计要做对、做清、做精彩，要靠内容、形式和手法来共同完成。只有设计目标明确了，才有可操作性。图 2-11 所示的是永久牌自行车、杭州旅游、丑小鸭餐饮的标识。

图 2-11　好的标识设计如同说话的 Logo 设计

2. 网站 Logo 的设计步骤

设计一个成功的 Logo，其背后往往隐藏着很多不为人知的策略。其实，设计一个 Logo 就是一个走向成功的过程，每一个脚印都是成功的关键，每一段路程都影响着走向成功的历程。

Logo 设计将具体的事物、事件、场景和抽象的精神、理念、方向通过特殊的图形固定下来，使人们在看到 Logo 的同时，自然地产生联想，从而对企业产生认同。网站 Logo 的设计步骤如图 2-12 所示。

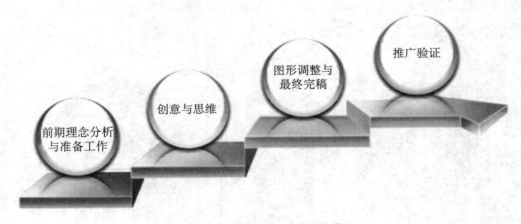

图 2-12　网站 Logo 设计步骤

（1）前期理念分析与准备工作。当设计师与企业确定合作关系后，首先要对设计工作进行彻底的调查了解。了解需求后才可以制定设计方针，展开构想设计。

设计者应充分了解市场定位、市场状况、企业规模、品牌印象、经营方式、客户需求、商品的功能、服务的性质、消费者的需求、技术水平及服务方式等，尤其应注意商品的特征与特色。为了使整个工作依期完成，亦应拟定一个工作时间表。

前期准备工作包括：①群体性协调准备工作、参与人员；②客户对象访谈；③问卷调查；④社会、市场调查方向；⑤参观学习；⑥拟定《前期调查分析报告》及《调查统计数据报告》等。

（2）创意与思维。前期准备工作完成后，设计师就开始着手构思创意。在 Logo 设计工作过程中，创意构思是一个重要程序，也是最艰苦的劳动。在构思创意时，设计师用粗略的草图记录每个创意，经过再三修改之后，成为一个初步的设计。

在这个过程中，设计师需要做好以下几个方面的工作：

① 考虑主题。寻求各种可表达设计主题的可能性，跳跃性地思考问题，要运用头脑风暴法，不要限制思维，要尽所能地涉及全部相关方向。

② 选择载体。在前期搜集调查材料的基础上，根据不同载体及掌握的全部资料，选择切入点。

③ 选择切入点。义与形的转化（含义的视觉化）。

④ 制定艺术设计方案。

（3）图形调整与最终完稿。标识的创意点确定之后，就要进入艰苦、精确、不厌其烦的图形调整阶段。这一阶段会使好的创意锦上添花，从而确定标识的最终图形。

（4）推广验证。为了更有把握地确定标识、标准字体能否胜任将来实际系统的推广任务，需要在小范围内推广，以验证方案的可行性、科学性、实用性。

推广验证阶段是标识制作之前很重要的步骤，许多看似细小实则重要的问题，往往是在这一阶段被调整、校正过来的。

此阶段可选用具有代表性的项目，包括具有不同尺度或不同属性的项目，如名片、信纸、路牌、桌旗、纸杯等。此阶段也是最终确定"色系""标识最小尺度"等的重要环节。

（五）网站的色彩设计

1. 色彩的基本概念

网站给人的第一印象来自视觉冲击，不同的色彩搭配会产生不同的效果，并可能影响访问者的情绪。颜色搭配是体现风格的关键。

标准色彩是指能体现网站形象和延伸内涵的色彩，要用于网站的标识、标题、主菜单和主色块，给人以整体统一的感觉。至于其他色彩也可以使用，但应当只是作为点缀和衬托，绝不能喧宾夺主。例如：IBM 公司网站的主色调是深蓝色，肯德基网站的主色调是红色，都使我们觉得很和谐。

一般来说，一个网站的标准色彩不应超过 3 种，太多会让人眼花缭乱。适合用作网页标准色彩的有蓝色、黄/橙色、黑/灰/白色三大系列色。一般以白色和黑色为背景的网页最好做，颜色搭配最方便；亮色与暗色配合，最容易突出画面，如黑与白、红与黑、黄与紫；而近似的颜色搭配能给人一种柔和的感觉，如墨蓝与淡蓝、深绿与浅绿。

（1）色彩的色环。色环是指将色彩按红→黄→绿→蓝→红依次过渡渐变，就可以得到一个色彩环。色环中有暖色系、寒色系和中色系，如图2-13所示。

红　橙　橙黄　黄　黄绿　绿　青绿　蓝绿　蓝　蓝紫　紫　紫红　红

暖色系　　中色系　　寒色系　　　中色系

图2-13　色环示意图

（2）色彩的知觉度与传达力度。色彩的知觉度与传达力度，一方面要看色彩本身的醒目程度，另一方面要看色彩之间的对比关系。

① 明度对比较大、传达力度较强的色彩搭配如下：

黑—黄　黑—白　白—绿　红—白　紫—黄　紫—白　白—蓝　黄—绿　黄—蓝

② 明度对比不大、传达力度较弱的色彩搭配如下：

黄—白　红—绿　红—蓝　黑—紫　红—紫　紫—蓝　黑—蓝

（3）色彩与内容的表现。色彩的生理作用与心理作用常常是无法分开的，尤其是打破了视觉生理平衡而表现出某种色相的色调，会产生不平常的生理刺激，直接构成感情影响。唯有色彩与表现的内容和情感统一才能最充分展示色彩的作用。

2. 色彩的心理感受

不同的颜色会带给浏览者不同的心理感受。以下介绍的是几个典型的色彩与心理感受的例子。

（1）红色。是一种跳动的、丰富的激情之色，使人兴奋、血压升高，伴随着这些心理作用，红色能加快人的新陈代谢。深红色和栗色给人一种丰富的、放松的感觉，当设计与酒或生活享乐相关主题时，可以考虑使用这种颜色。偏土色或褐色的红色会与秋天和收获联系在一起。

（2）绿色。总是和自然联系在一起，是一种很柔和的颜色，代表成长、新生和希望。它让眼睛觉得舒服，没有红色、黄色和橙色那么活跃。很多网站设计师用绿色来让访问者产生自然的感觉。绿色是一种通用的颜色。

（3）橙色。与红色一样，橙色也是一种主动和充满能量的颜色，但是它不像红色一样会唤起人的愤怒。橙色往往代表阳光、激情和创造力，也能刺激胃口，因此，它是设计食物推销和与烹饪相关的网站的颜色首选。

（4）黄色。是一种高辨识度颜色，经常用于出租车和警示牌。它可以同幸福和能量联系在一起。与红色、橙色一样，纯黄色是一种视觉活跃的颜色。

（5）蓝色。从感知的角度来说，蓝色代表开放、智慧和信仰。从心理学上来说，蓝色可以使人镇静，但是也会减少人的食欲，所以不适用于食物推销类网站。纯蓝色有时候代表霉运和烦恼，但蓝色是天空、海洋的色彩，也代表了宽容和大气。

（6）白色。白色是一种完美、光亮、纯洁的颜色，这是白床单用于去污剂广告中、新娘在婚礼上身着白色婚纱的原因所在。

（7）黑色。虽然黑色包括一些负面的内涵，如死亡和罪恶，但它同时代表权力，是表示幽雅、力量、依靠的颜色。

（8）灰色。能给人带来中庸、平凡、温和、谦让、中立和高雅的感觉。

（9）紫色。从历史上来说，紫色曾经与贵族和权力联系在一起。如今，紫色仍然代表财富和奢侈。

3. 网页的色彩搭配

网页的色彩搭配需要注意以下几个方面：

（1）网页的底色。网页的底色是整个网站风格的重要指针。例如：因黑色会从视觉上造成黯淡的感觉，若用作活泼的儿童网站的底色显然不合时宜。因为小孩子是天真无邪的、活泼的、有朝气的，与黑色的沉稳、黯淡很难联系在一起。当然，每个人的审美观不同，可能也会对颜色的代表性看法不同。既然网站不是只给设计者自己看的，就应该注意到大部分人可能会有的观点，然后从这个观点出发来设计网页。

（2）使用单色彩。即先选定一种色彩，然后调整透明度或饱和度，也就是说，将某一种单色变淡或变深后产生一种新的色彩，用于网页。这样的页面看起来色彩统一，有层次感。

（3）使用两种色彩。即先选定一种色彩，然后选择该色彩的对比色。例如：蓝色是黄色的对比色，蓝色和黄色搭配可以使整个页面色彩丰富但不花哨。

（4）使用一个色系。如淡蓝、淡黄、淡绿，或土黄、土灰、土蓝。

（5）使用黑色加一种彩色。例如：大红的字配上黑色的边框感觉很"跳"，黑色的背景配上白色的字感觉很亮。

（六）网站的布局设计

建设一个网站好比写一篇文章，首先要拟好提纲，文章才能主题明确、层次清晰。如果网站结构不清晰，目录庞杂，内容凌乱，不但浏览者看得糊涂，企业相关人员扩充内容和维护网站也相当困难。因此，网站的布局设计很重要。浏览者不愿意看到只注重内容的网站，虽然内容很重要，但只有当网站布局和网站内容完美结合时，这种网站才有生命力，才会受人喜欢。

1. 网站布局的基本概念

设计网站的第一步就是设计首页，即网站的主页。我们可以将网页看作一张报纸、一本杂志来进行排版布局。所谓布局，就是以最适合浏览的方式将图片和文字排放在页面的不同位置上。

（1）页面的显示尺寸。页面的显示尺寸和显示器大小及分辨率有关系，网页的局限性就在于无法突破显示器的范围，而且因为浏览器也将占去不少空间，留给页面的范围变得更小。一般分辨率在 1 024×768 的情况下，页面的显示尺寸为 1 007 像素×600 像素；在 800×600 的情况下，页面的显示尺寸为 780 像素×428 像素；而在 640×480 的情况下，页面的显示尺寸为 620 像素×311 像素。所以，分辨率越高，页面的显示尺寸越大。

（2）整体造型。整体造型是指创造出来的物体形象，这里是指页面的整体形象。这种形象应该是一个整体，图形与文本的结合应该是层叠有序的。虽然显示器和浏览器都是矩形，但对于页面的造型，可以充分运用自然界中的其他形状及其组合，如矩形、圆形、三角形、菱形等。

对于不同的形状，它们所代表的意义是不同的。例如：矩形代表正式、规则，圆形代表柔和、团结、温暖、安全等，三角形代表力量、权威、牢固、侵略等，菱形则代表平衡、协调、公平。虽然不同形状代表不同意义，但目前的网页制作多数是结合多种图形加以设计的，只是其中某一种图形的构图比例可能高一些。

（3）页头。页头又称页眉。页眉的作用是定义页面的主题。网站的名称多数都显示在页眉中，这样，访问者能很快知道这个网站的内容。页头是整个页面设计的关键，它将牵涉下面更多的设计和整个页面的协调性。页头通常放置网站名称的图片、公司标识及旗帜广告等。

（4）文本。文本在页面中都以行或块（段落）的形式出现，它们摆放的位置决定着整个页面布局的可视性。过去因为受页面制作技术的局限，文本放置位置的灵活性非常小，而随着 DHTML 的兴起，文本已经可以按照要求放置到页面的任何位置。

（5）图片。图片和文本是网页的两大构成元素，缺一不可。如何处理好图片和文本的位置成为整个页面布局的关键。

（6）多媒体。除了文本和图片，还有声音、动画、视频等其他多媒体形式。虽然它们不会经常被利用到，但随着带宽的扩展，它们在网页布局中的运用也将变得重要起来。

2. 网站布局设计步骤

网站布局设计按草稿、初步布局和定稿三个步骤进行。

（1）草稿。新建的页面就像一张白纸，没有任何表格、框架和约定俗成的东西，可以尽可能多地发挥想象力，将想到的"景象"画上去。这属于创造阶段，不讲究细腻工整，不必考虑细节功能，只以粗陋的线条勾画出创意的轮廓即可。尽可能多画几张，最后选定一个满意的作为继续创作的脚本。

（2）初步布局。在草稿的基础上，将确定需要放置的功能模块安排到页面上。通常，首页设计的内容主要包含网站标识、主菜单、新闻、搜索、友情链接、广告条、邮件列表、计数器、版权信息等。在初步布局时，必须遵循突出重点、平衡协调的原则，将网站标识、主菜单等最重要的模块放在最显眼、最突出的位置，然后考虑次要模块的排放。

（3）定稿。即在初步布局的基础上具体化、精细化的过程。

3. 网站布局设计原则

在网站布局设计过程中，需要遵循以下几个原则：

（1）重复性原则。指在整个网站中重复实现某些页面设计的风格。重复的成分可能是某种字体、标题 Logo、导航菜单、页面的空白边设置、贯穿页面的特定厚度的线条等。颜色作为重复成分也很有用，为所有标题设置某种颜色，或者在标题背后使用精细的背景等。

（2）对比性原则。指用对比来吸引读者的注意力。例如：可以让标题在黑色背景上反白，并且用大的粗体字（如黑体），这与下面的普通字体（如宋体）形成对比。另一种方法是在某段文本的背后使用一种背景色。

（3）正常平衡原则。指"匀称"，即左右、上下对照形式平衡，主要强调秩序，能达到安定、诚实、信赖的效果。

（4）异常平衡原则。指非对照形式，但也要求平衡和韵律，当然都是不均整的。此种布局能达到强调性、不安性、高注目性的效果。

（5）避免滚动性原则。指尽量少用或不用滚动方式。用户在浏览新页面时，常常大致扫一眼页面的内容区域，而不会拖动导航菜单条。如果页面看起来和用户的需要无关，那么两三秒后用户就会退出页面。

（6）凝视原则。指利用页面中人物的视线，使浏览者产生仿照跟随的心理，以达到注视页面的效果。

（7）用图表解说原则。指对不能用语言说服或用语言无法表达的情感使用图表解说的方法，可以直观地表现出来，特别有效，也可以传达给浏览者更多的心理感受。

（8）用户第一原则。指一切从用户的需求出发，心里时刻想着用户。哪些人会访问这个网站？他们为什么要来访问？他们的主要知识背景是什么？页面的布局设计需要解决这些问题。

4. 网站首页的风格

网站的风格是最基本的。但如果一个网站只有风格而无内容，是不会有人来访问的。所以，企业必须彻底搞清楚自己希望给人的印象是什么。

网站首页是企业网上的虚拟门面，在设计时决不能敷衍了事、马马虎虎。网站的页面就好比"无纸的印刷品"，精良和专业的网站设计如同制作精美的印刷品，会大大刺激消费者（访问者）的购买欲望；反之，将不会给消费者（访问者）留下较好的印象。一般来说，网站首页的风格不外乎以下两种：

（1）纯粹的形象展示型。这种类型文字信息较少，图像信息较多，通过艺术造型和设计布局，利用一系列与公司形象和产品、服务有关的图像、文字等信息，组成一幅生动的画面，向浏览者展示一种形象、一种氛围，从而吸引浏览者进入浏览。

这需要设计者具有良好的设计基础和审美能力，能够努力挖掘企业深层的内涵，展示企业文化。这种类型在设计过程中一定要明确以设计为主导，通过色彩、布局给访问者留下深刻的印象。

（2）信息罗列型。这种类型一般是大、中型企业网站和门户网站常用的方式，即在首页中罗列出网站的主要内容分类、重点信息、网站导航、公司信息等。这种风格比较适合信息量大、内容丰富的网站。

5. 网站整体的风格

一个网站特别是电子商务网站，需要有统一的风格，即网站中每一个网页风格必须保持一致，这是进行内页设计过程中须重点考虑的问题。所谓风格一致，是指结构的一致、色彩的一致、导航的一致、特别元素的一致、背景的一致等。

（1）结构的一致。指网站布局、文字排版、装饰性元素出现的位置、图片的位置等，即网站或企业的名称、网站或企业的标识、导航及辅助导航的形式及位置、公司的联系信息等保持一致。这种结构的一致性是目前网站普遍采用的，它一方面可以减少设计和开发的工作量，另一方面有利于以后的网站维护与更新。

（2）色彩的一致。指网站中各网页使用的色彩与主体色彩相一致，可以改变局部的色块。这种风格的优点是一个色彩独特的网站会给人留下很深刻的印象，因为人的视觉对色彩要比布局更敏感，更容易在大脑中形成记忆符号。

在色彩的一致性中，我们强调的是如果企业有自身的 CI 形象，最好在互联网中沿用这个形象，给客户带来网上网下一致的感觉，这样更有利于企业形象的树立。

（3）导航的一致。指利用导航取得统一。导航是网站的一个重要组成部分，一个出色的、富有企业特性的导航将给人留下深刻的印象。例如：将标识的形态寓于导航之中，或将导航设计在整个网站布局之中等。

（4）特别元素的一致。指重复使用个别具有特色的元素，如标识、象征图形、局部设计等重复出现时的一致性。这种一致性会给访问者留下深刻的印象。

（5）背景的一致。指各网页中的背景的风格保持一致。网页中的背景图像在使用上一定要慎之又慎，尤其是动画。当网页中充斥着各种可有可无的动画，而这些动画根本与企业内容无关时，就将它们删除。通常是将公司的标识、象征性的简单图片作为背景，并将其淡化，使浏览者在浏览网站内容的同时不经意记下公司的标识。

从技术上而言，网页背景包括背景色和背景图像两种。一般来说，我们并不提倡使用背景图像，而提倡使用背景色或色块。其原因主要有：

① 下载速度。背景色的下载速度可忽略不计，而背景图像就得根据图像字节大小下载了。这里需要说明的是，如果背景图像比较深，那么最好将背景色设置为深色调（默认的背景色是白色），这样在等待浏览器下载背景图像的时候，其上的浅色文字可以很容易阅读。因为如果有背景色，浏览器会先将其下载，然后下载背景图像。

② 显示效果。经常看到国内一些网站设有背景图像，或者是公司的厂房、办公大楼，或者是产品图片，甚至是人物的照片，这使得网站上的文字很难辨认，给人一种很不舒服的感觉，让人不想停留。

【任务实施】

任务一　企业电子商务网站建设规划

■ 任务目的

学生能了解企业网站建设的环境，掌握规划一个企业网站所需的基本元素，掌握企业网站整体建设规划，掌握撰写企业网站规划书的方法和步骤。

■ 任务要求

（1）了解电子商务网站的结构特点。

（2）掌握规划电子商务网站的一般要求。

（3）学会撰写电子商务网站规划书。

■ **任务内容**

（1）进入相关的电子商务网站。

（2）熟悉电子商务网站的结构和功能。

（3）查询和选择购买商品。

（4）了解电子商务企业的文化。

（5）了解电子商务网站的 Logo 及广告。

（6）掌握电子商务网站的栏目结构和特色。

（7）掌握电子商务网站的布局。

（8）设计一般电子商务网站的内容（包括主页、分页的编辑）。

（9）撰写电子商务网站规划书。

■ **任务步骤**

（1）建设网站的目的。

（2）确定域名和网站名称。

（3）确定网站的主要功能。

（4）确定网站的技术解决方案。

（5）确定网站的内容。

（6）网站的测试和发布。

（7）网站的推广。

（8）网站的维护。

（9）网站的财务预算。

■ **任务思考**

（1）电子商务网站有哪几种类型？

（2）典型的电子商务网站有哪几个功能模块？

（3）电子商务网站建设流程包括哪些？

■ **任务报告**

1. **任务过程**

目的要求：

任务内容：

任务步骤：

2. 任务结果

结果分析：

（可以使用表格方式、图形方式或者文字方式。）

3. 总结

通过任务一的实施，总结自己对电子商务网站建设规划了解了多少，掌握了多少，还有哪些问题需要进一步学习。

任务二　电子商务网站 Logo 设计

■ 任务目的

完成电子商务网站的 Logo 设计，并附上广告语、企业目标、企业的服务项目等。

■ 任务要求

（1）掌握网站的定位设计与网站相关的企业标识；

（2）掌握企业广告语的设计；

（3）掌握 PS 制图技巧；

（4）学会评价 Logo 的几大指标；

（5）学会 Logo 的管理。

■ 任务内容

1. 设计定位

（1）视觉效果：如科技、绿色环保、追求、稳定、形象。

（2）设计语汇：如科技化、国际化、图文化。

2. 设计主题

如"高科技、绿色自然""生活与健康"等。

3. 构成诠释

例如：

（1）Logo 以科技为概念，以绿色为基础，以联想为依据，充分展示"××企业形象"及"科技、绿色服务生活"的理念。

（2）Logo 构成以圆形、五边形为基本要素。圆形易联想到分子、原子的结构构成，符合企业的行业特征；五角形内是"J"的变形，象征一只向上的飞鸟，以此昭示企业的文化与事业发展，可谓形神合一。

（3）Logo 以绿色、天蓝色、橙色为主色。外圆结构用绿色，代表自然、健康、稳重；五边形用红黄色渐变，象征太阳的光芒，代表希望、活力、力量、团结；变形的"J"用天蓝色，代表科技、发展、进取。

（4）Logo 可延伸性理解度很广，是一个易辨、易读、易记的良好代言形象。

（5）Logo 图文化不仅是当代国际设计艺术风格，亦是当代企业的时代风范展示，以简洁明快的图形化语言与社会大众沟通，使企业信息得以快速传递，并形成品牌信息文化的沉淀。

■ 任务步骤

（1）去相关网站搜索相关的内容；

（2）结合网站特色设计 Logo；

（3）制作三幅 Logo，每一幅都要有一定的特点；

（4）设计企业目标；

（5）设计相应的广告语；

（6）撰写 Logo 设计过程报告。

■ 任务思考

（1）如何利用动画制作具有动感的 Logo？

（2）如何利用 PS 软件制作三维的 Logo？

■ 任务报告

1. 任务过程

目的要求：

任务内容：

任务步骤：

2. 任务结果

结果分析：

（可以使用表格方式、图形方式或者文字方式。）

3. 总结

通过任务二的实施，总结自己对 Logo 设计的问题了解了多少，掌握了多少，还有哪些问题需要进一步学习。

任务三 电子商务网站栏目规划

■ 任务目的

完成电子商务网站栏目规划，这一工作过程需要通过调查企业产品规划的具体内容，然后根据企业目标和企业文化来设计。

■ 任务要求

（1）了解企业产品的内涵。

（2）能根据企业的特色进行栏目的架构。

（3）学会运用色彩知识进行色彩的搭配。

（4）掌握撰写电子商务网站栏目规划书的格式。

■ 任务内容

（1）查询 B2C 购物网站的各栏目结构（截图）。

（2）查询网上商城网站的各栏目结构（截图）。

（3）查询 B2B 购物网站的各栏目结构（截图）。

（4）分析以上各栏目结构、特点、功能。

（5）规划一个电子商务网站栏目内容。

（6）撰写电子商务网站栏目规划书。

■ 任务步骤

（1）去相关网站搜索相关信息。

（2）对相关网站的各栏目结构进行截图。

（3）分析各栏目结构、特点、功能。

（4）结合本网站特点进行相关栏目内容设计。

（5）设计本网站栏目规划表，包括一级栏目内容和二级栏目内容。

（6）写出本网站规划特色。

（7）写出本网站栏目颜色搭配情况说明。

（8）画出本网站栏目模块图。

（9）撰写本网站栏目规划书。

■ 任务思考

（1）如何将电子商务网站栏目进行分类分析？

（2）如何画出各类网站栏目结构拓扑图？

（3）什么是栏目结构模块？

■ 任务报告

1. 任务过程

目的要求：

任务内容：

任务步骤：

2. 任务结果

结果分析：

（可以使用表格方式、图形方式或者文字方式。）

3. 总结

通过任务三的实施，总结自己对网站栏目规划的问题了解了多少，掌握了多少，还有哪些问题需要一步学习。

【项目训练】

一、填空题

1. 网站规划是指在网站建设前对_____，确定网站的_____和_____，并根据需要对网站建设中的_____、_____、_____、_____、维护等作出规划。

2. 网站规划的主要任务包括_____、_____、制定网站建设的资源分配计划等内容。

3. 网站规划的基本内容有_____、_____、域名和网站名称、_____、_____、_____、网站的测试和发布、_____、_____、_____等。

4. 从技术角度讲，域名只是_____中用于解决_____问题的一种方法，可以说只是一个_____名词。从_____的角度讲，域名已成为_____的组成部分。从商界角度讲，域名已被誉为_____。没有一家企业不重视自己_____，而域名的重要性和价值也已经为全世界的企业所认识。

5. CIS 的主要含义是：将企业_____与_____统一设计，利用整体表达体系（尤其是视觉表达系统）将其传达给企业_____与_____，使他们对企业产生一致的_____，以形成良好的_____，最终促进企业产品和服务的销售。

6. 网站 Logo 的设计步骤是：_____、_____、_____、_____。

二、思考题

1. 简述一个完整的电子商务网站建设需要哪些人力资源规划。
2. 简述域名的概念。
3. 简述域名与网址的区别。
4. 简述企业设计域名的几种策略。
5. 简述网站总体设计的原则。
6. 简述 CIS 的含义。
7. 简述企业 Logo 的概念。
8. 简述绿色的心理感受。

项目三
电子商务网站运营环境架构

【项目介绍】

任何电子商务网站的开发、运行、管理都是在一定的软硬件平台基础上进行的，所以，在规划好电子商务网站后，必须确认软硬件平台的选型，同时要考虑到安全性、可扩展性和易维护性。运行平台性能直接影响电子商务网站的实施性能，一个高时效、高运转且适当的软硬件平台是企业成功建设网站的必要因素。本项目以电子商务网站建设流程为例，引出电子商务网站运营结构（包括系统结构、网络结构、应用层次结构、平台结构等）、电子商务网站运营硬件环境、电子商务网站传输介质等内容。

【学习目标】

1. 了解网站运营流程；
2. 掌握网站运营系统结构模型；
3. 掌握网络运营平台结构模型；
4. 掌握网站传输介质的基本概念和使用技巧；
5. 熟悉服务器的选择和类型。

【引导案例】

电子商务网站建设流程

随着网络技术的不断发展，网页制作及网站建设也变得日益流行，甚至成为一种基本技能。进行网站设计和开发的工具很多，如何从繁多的工具和技术中选择适合自己的是很多网站设计初学者面临的首要问题。以下是电子商务网站建设的流程概要。

（1）客户咨询。客户通过电话、电子邮件或在线订单的方式提出自己网站建设方面的基本需求。

（2）上门拜访。在得到预约信息后，热情的市场专员24小时内上门与客户进行具体沟通，详细了解客户的需求，并提出专业的意见。

（3）探讨分析。根据市场部和技术部同事的详细会议记录，项目部组织召开项目分析会，针对客户的具体需求展开分析，确定网站的初步架构。

（4）提供网站建设方案。经过细致的分析和总结，为客户提供网站建设方案，供客户参考和选择。

（5）签订合同。根据双方确认的网站建设方案，与客户签订项目合同。

（6）组建项目小组。组建项目小组，与客户进行深层次的沟通，协商确定项目进度表。

（7）页面设计。依照网站建设方案，设计风格页面并让客户确认。在设计风格得到客户签字认可后，项目小组展开平面和动画的设计与制作。由项目经理全程监督跟进，以确保网站建设进度。

（8）技术合成。平面和动画工作完成后，由客户签字确认，然后交由技术部进行程序开发和技术合成。

（9）上传测试。生成网页后，上传主机运行，双方检查测试。

（10）网站开通。客户签字验收后，将网站上传至客户虚拟主机，正式开通使用。

（11）网站推广。网站开通后，根据市场状况提出网站推广方案，帮助网站迅速提高浏览率，实现网络营销功能。

（12）培训和维护。为客户提供专业的网站使用培训和完善的维护更新服务，解决客户的后顾之忧。

（13）售后服务。定期回访客户，及时了解市场变化，为客户提供相关咨询和建议。

资料来源：http://wenku.baidu.com/link? url＝nXbCk2ML69K36rgIjCpoJFCeVFbYxaEUmkdJHFE92tmghgnFtPw-k＿UjXi16vUSeWZfK0VS6vk4bMFi94PxX87TG25cQpMtoDilp8MgTwQm.

思考与讨论：如果由你来建设一个电子商务网站，你会采用这种流程吗？为什么？

【学习指南】

一、电子商务网站运营结构

（一）网站运营系统结构模型

1. 网站运营基本系统模型

网站运营基本系统模型分为基本的三层系统模型，它们分别为客户层、Web 应用服务器层和连接外部服务器的连接层，如图 3-1 所示。其中，Web 应用服务器层分为 Web 服务器和企业 Java 服务。

Web 服务器主要起着企业与客户之间信息交换的作用，这些信息包括广告、市场营销、零售、客户服务等，这些业务包括银行业、金融服务业（投资、保险、股票市场）、零售业、电子出版业、教育业、娱乐业等。不仅如此，Web 服务器还可以应用于组织内部的信息共享和传输。Web 服务器可完成以下几个任务：

（1）通过广告和市场营销的方式吸引新客户群；

（2）通过客户服务及支持为现有客户提供服务；

（3）为现有产品开辟新市场及销售渠道；

（4）加快组织内部的信息交流；

（5）协调组织内部的经营活动；

（6）通过在线事务处理简化复杂的运作管理；

（7）通过在线分析处理辅助管理决策。

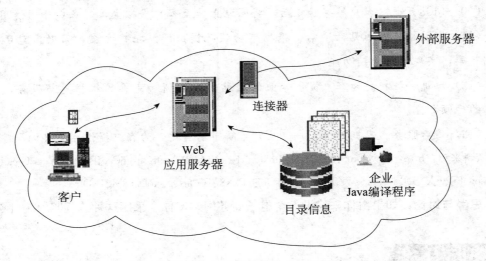

图 3-1　网站运营基本系统模型

2. 网站运营基本系统模型的特点

网站运营基本系统模型的特点有：

（1）企业通过 Web 服务器可以与广大的客户群进行连接，客户可通过各种渠道方便地浏览商家提供的各种信息，包括广告、产品介绍、报价单、售前售后服务等信息。

（2）数据库管理系统通过电子表格、订货单、标签等收集客户的信息，并方便地对数据进行管理。

（3）电子商务系统是专门针对商贸领域中的业务发生过程和数据处理过程的，所以在应用范围上与其他过程相比有较强的针对性。

（4）依赖网络通信和电子数据交换。电子商务系统以网络通信和电子数据交换为基础，因此在技术上对网络通信与数据交换协议具有较大的依赖性。

（5）系统涉及面广，覆盖区域大。电子商务系统涉及面广，包括买方、卖方、中间商、承运商、海关、税务、安检、保险、银行等；覆盖区域大，包括各国、各地区等。

（6）用户可以在全球随时随地访问网络中的任何一个电子商务网站。

（7）对用户的计算机和网络环境操作的要求相对比较低。

（8）单证的格式与现行的商贸文件、单证和票据一致。

（9）网络连接费用比较低，网络连接可靠性高。

（10）可以支持较高的数据吞吐量。

（11）综合以往的业务可方便地对各种有用的数据进行再利用。

（二）网站运营网络结构模型

网站运营网络结构模型如图3-2所示。从技术角度来看，可以将其分为企业内部网（Intranet）、企业外联网（Extranet）、企业内部网与互联网的连接、电子商务应用系统等几个部分。

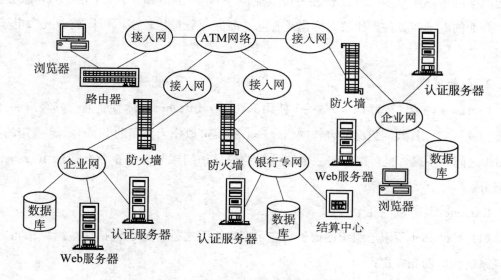

图3-2　网站运营网络结构模型

1. 企业内部网

Intranet 译为"内部网"，或称内联网、内网，是一个使用与互联网同样技术的计算机网络。它通常建立在一个企业或组织的内部，并为其成员提供信息共享和交流等服务，是互联网技术在企业内部的应用。它的核心技术是基于 Web 的计算。Intranet 的基本思想是：在内部网络中采用 TCP/IP 作为通信协议，利用互联网的 Web 模型作为标准信息平台，同时建立防火墙把内部网和互联网分开。当然，Intranet 并非一定要和互联网连接在一起，它完全可以自成一体作为一个独立的网络。

企业内部网由 Web 服务器、电子邮件服务器、数据库服务器、电子商务服务器、协作服务器、账户服务器和客户端的 PC 机组成。所有这些服务器和 PC 机都通过先进的网络设备集线器（hub）或交换机（switch）连接在一起。Web 服务器最直接的功能是可以向企业内部提供一个 WWW 站点，借此可以完成企业内部日常的信息访问；电子邮件服务器为企业内部提供电子邮件的发送和接收服务；数据库服务器和电子商务服务器通过 Web 服务器对企业内部和外部提供电子商务处理服务；协作服务器主要保障企业内部某几项操作能协同工作。例如：在一个软件企业，企业内部的开发人员可以通过协作服务器共同开发一个软件；账户服务器提供企业内部网络访问者的身份验证，不同的身份对各种服务器的访问权限将不同；客户端的 PC 机上安装有浏览器，如 Microsoft Internet Explorer，借此访问 Web 服务器，浏览 WWW 站点的内容。

在企业内部网中，每种服务器的数量随企业的情况不同而不同。例如：如果企业内访问网络的用户比较多，可以放置一台企业级 Web 服务器和几台部门级 Web 服务器；如果企业的电子商务种类比较多样化或者电子商务业务量比较多，可以放置几台电子商务服务器。

2. 企业外联网

Extranet 译为"外联网"，是一个使用 Internet/Intranet 技术使企业与其客户和其他企业相连来完成其共同目标的合作网络。Extranet 可以作为公用的 Internet 和专用的 Intranet 之间的桥梁，也可以看作一个能被企业成员访问或与其他企业合作的 Intranet 的一部分。

Extranet 具有以下几个特点：

（1）Extranet 不限于组织的成员，它可超出组织之外，特别包括那些组织想与之建立联系的供应商和客户；

（2）Extranet 并不是真正意义上的开放，它可以提供充分的访问控制使得外部用户远离内部资料；

（3）Extranet 是一种思想，而不是一种技术，它使用标准的 Web 和 Internet 技术，与其他网络不同的是对建立 Extranet 应用的看法和策略；

（4）Extranet 的实质就是应用，它只是集成扩展（并非系统设计）现有的技术应用。

Extranet 可以用来进行各种商业活动，当然 Extranet 并不是进行商业活动的唯一方法，但使用 Extranet 代替专用网络用于企业与其他企业进行商务活动，其好处是巨大的。Extranet 把企业内部已存在的网络扩展到企业之外，使得企业可以完成一些合作性的商业应用（如企业和其客户及供应商之间的电子商务活动、供应管理等）。

Extranet 可以完成以下应用：信息的维护和传播、在线培训、企业间的合作、销售和市场扩展、客户服务、产品展示、项目管理和控制等。

3. 企业内部网与互联网的连接

为了实现企业与企业之间、企业与用户之间的连接，企业内部网必须与互联网进行连接，但连接后会产生安全性问题。所以在企业内部网与互联网连接时，必须采用一些安全措施或具有安全功能的设备，这就是所谓的防火墙。

为了进一步提高安全性，企业往往还会在防火墙外建立独立的 Web 服务器和电子邮件服务器供企业外部访问，同时在防火墙与企业内部网之间，一般会有一台代理服务器。代理服务器的功能有两个：一是安全功能，即通过代理服务器可以屏蔽企业内部网中的服务器或 PC 机，当一台 PC 机访问互联网时，它先访问代理服务器，代理服务器再访问互联网；二是缓冲功能，代理服务器可以保存经常访问的互联网上的信息，当 PC 机访问互联网时，如果被访问的信息存放在代理服务器中，那么代理服务器将把信息直接发送到 PC 机上，省去对互联网的再一次访问，可以节省费用。

4. 电子商务应用系统

在建立了完善的企业内部网和实现了与互联网之间的安全连接后，企业已经为建立一个好的电子商务系统打下了良好的基础，在这个基础上再增加电子商务应用系统，就可以进行电子商务活动了。一般来讲，电子商务应用系统主要以应用软件形式实现，它运行在已经建立的企业内部网之上。电子商务应用系统分为两部分：一部分是完成企业内部的业务处理和向企业外部用户提供服务，如用户可以通过互联网查看产品目录、产品资料、报价单、售前售后服务等；另一部分是极其安全的电子商务支付系统，电子商务支付系统使得用户可以通过互联网在网上购物、支付等，真正实现电子商务。

电子商务应用系统包括以下几种类型：

（1）企业与企业的应用系统（B2B）。企业与企业之间的电子商务活动将是电子商务业务的主体，约占电子商务活动总交易量的 90%。就目前来看，电子商务活动可以在供货、库存、运输、信息流通等方面大大提高企业的效率，电子商务活动最热心的推动者也是商家。企业和企业之间的交易通过引入电子商务活动能够产生大量效益。对于一个处于流通领域的商贸企业来说，由于它没有生产环节，电子商务活动几乎覆盖了整个企业的经营管理活动，是利用电子商务活动最多的企业。通过电子商务活动，商贸企业可以更及时、准确地获取消费者信息，从而准确定货、减少库存，并通过网络促进销售，以提高效率、降低成本，获取更大的利益。

企业间电子商务通用交易过程可以分为以下四个阶段：一是交易前的准备，这一阶段主要是指买卖双方和参加交易各方在签约前的准备活动；二是交易谈判和签订合同，这一阶段主要是指买卖双方对所有交易细节进行谈判，将双方磋商的结果以文件的形式确定下来，即以书面文件形式和电子文件形式签订贸易合同；三是办理交易进行前的手续，这一阶段主要是指买卖双方签订合同后到合同开始履行之前办理各种手续的过程；四是交易合同的履行和索赔。

（2）企业与消费者的应用系统（B2C）。从长远来看，企业对消费者的电子商务活动将最终在电子商务领域占据重要地位。它是以互联网为主要服务提供手段，实现公众消费和提供服务，并保证与其相关的付款方式的电子化。它是随着万维网的出现而迅速发展的，可以将其看作一种电子化的零售方式。目前，在互联网上遍布各种类型的商业中心，提供从鲜花、书籍到计算机等各种消费品的销售服务。

这种购物过程彻底改变了传统的面对面交易和一手交钱一手交货及面谈等购物方式，这是一种新的、很有效的电子购物方式。当然，要想放心、大胆地进行电子购物活动，还需要非常有效的电子商务保密系统。

（3）企业与政府的应用系统（B2G）。包括政府采购、税收、商检、管理规则发布等在内，政府与企业之间的各项事务都可以涵盖其中。例如：政府的采购清单可以通过互联网发布，公司以电子的方式回应。随着电子商务的发展，这类应用将迅速增长。政府扮演两种角色：既是电子商务的使用者，进行购买活动，属于商业行为人，又是电子商务的宏观管理者，对电子商务起着扶持和规范的作用。在发达国家，发展电子商务往往主要依靠私营企业的参与和投资，政府只起引导作用。与发达国家相比，发展中国家的企业规模偏小，信息技术落后，债务偿还能力低，政府的参与有助于引进技术、扩大企业规模和提高企业偿还债务的能力。

（4）消费者与消费者的应用系统（C2C）。这种应用系统主要体现在网上商店的建立，现在已经有很多在线交易平台，如淘宝网、易趣网等。这些交易平台为很多消费者提供了在网上开店的机会，使得越来越多的人进入这种系统。

调查表明：截至 2016 年 7 月，淘宝网总覆盖人数为 11 343.70 万，每天有超过 6 000 万的固定访客，同时每天的在线商品超过 8 亿件，平均每分钟售出 4.8 万件。2016 年 11 月 11 日零点刚过，"双 11"购物狂欢节正式开始。根据阿里巴巴公布的实时数据，截至 11 日 24 时，2016"双 11"购物狂欢节总交易额超 1 207 亿元，无线交易额占比 81.87%，覆盖 235 个国家和地区。2016 年"双 11"全天，物流方面再次刷新全球纪录，菜鸟网络共产生 6.57 亿物流订单；支付方面，支付宝实现支付总笔数 10.5 亿笔，同比增长 48%；支付峰值达到 12 万笔/秒，是 2015 年的 1.4 倍，也刷新了 2015 年创下的峰值纪录；花呗支付占比 20%，保险总保单量 6 亿笔，总保障金额达到 224 亿元。

（5）商家与职业经理人的应用系统（B2M）。这种应用系统目前正在逐步完善其管理模式、交易方式等细节问题。B2M 与传统电子商务相比有了巨大的改进，除了面对的用户群体有着本质的区别外，B2M 具有一个更大的特点——电子商务的线下发展。传统电子商务的特点是：商品或服务的买家和卖家都只能是网民，而 B2M 能将网络上的商品和服务信息完全移到线下。即企业发布信息，职业经理人获得商业信息，并且将商品或服务提供给所有人，不论是线上还是线下。

以中国市场为例，传统电子商务网站面对的是 1.4 亿网民，而 B2M 面对的是 13 亿中国公民。

（三）网站运营应用层次结构模型

电子商务网站运营应用层次结构分为电子商务网络平台、电子商务安全体系、电子商务支付系统、电子商务应用系统等，如图 3-3 所示。

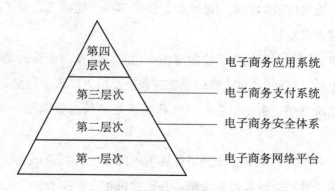

图 3-3　网站运营应用层次结构

1. 电子商务网络平台

电子商务网络平台包括计算机网络、电信网、有线电视网等。目前企业面临三种不同但又相互密切关联的网络计算模式：国际互联网、企业内部网和企业外部网。一般情况下，首先进入的是国际互联网。企业为了在 Web 时代具有竞争力，必须利用国际互联网技术和协议，建立主要用于企业内部管理和通信的应用网络——企业内部网。而每个企业与它的使用伙伴之间需要交换与共享数据，就必须遵循同样的协议和标准，建立非常密切的交换信息和数据的联系，从而大大提高社会协同工作的能力和水平，此即企业外部网。这三种网络计算模式在电子商务中各有各的用途，它们之间的关系如图 3-4 所示。

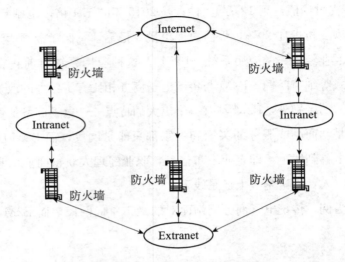

图 3-4　电子商务的网络计算模式

　　企业的网络计算涉及企业经营的全过程，涉及企业各个部门以及企业所处环境中与本企业有关的企业和部门。企业的网络计算环境要求具备以下几个特点：

　　（1）连接性。连接性是指企业内部网和企业外部网的连接性，要求网络连接光滑无断点，数据传输可靠无差错。

　　（2）协同工作。协同工作是指企业内部各部门之间以及与企业外部之间的协作，要求不仅是在物理上的"互联"，更重要的是在各职能部门之间真正意义上的"互联"。

　　（3）网络和系统管理。由于企业网络计算基于复杂的企业网络，要求既易于管理，又安全可靠。

　　（4）过渡策略和技术。随着企业网络计算需求的改变，以及信息技术和产品的发展与换代，要求制定企业网络计算过渡策略，并能提供相应的技术。

　　（5）选择多样性。企业网络技术平台和网络产品的选择多样性。

　　电子商务所依赖的网络环境正是上述的企业网络环境，它所涉及的不仅仅是买卖，也不仅仅是软硬件的信息，而是在 Internet、Intranet、Extranet 的网络计算环境基础上，将买家与卖家、生产厂商和合作伙伴紧密结合在一起，从而消除了时间与空间带来的障碍。

　　互联网技术的发展、通信速度的提高与通信成本的降低，给电子商务向大范围扩展提供了广阔的天地。更为重要的是，利用互联网进行电子商务活动，其成本比其他任何一种方法要低廉得多，因此，将来电子商务将以以互联网为基础的电子商务为主体。

2. 电子商务安全体系

随着互联网技术的迅速发展，电子商务将发生一场交易革命，它将传统的市场变得高效化、全球化和一体化，将是全球商务的发展趋势。相对于传统商务模式，电子商务具有便捷、高效的特点与优点。电子商务是一个复杂的系统工程，它的实现依赖于众多从社会问题到技术问题的逐步解决与完善。电子商务的安全体系结构是保证电子商务中数据安全的一个完整的逻辑结构，如图 3-5 所示。

由图 3-5 可知，电子商务安全体系结构由网络服务层、加密技术层、安全认证层、交易协议层、商务系统层组成。其中，下层是上层的基础，为上层提供技术支持；上层是下层的扩展与递进。各层之间相互依赖、相互关联，构成一个统一整体，通过不同的安全控制技术，实现各层的安全策略，保证电子商务系统的安全。

在电子商务安全体系结构中，加密技术层、安全认证层、交易协议层专为电子交易数据的安全而构筑。其中，交易协议层是加密技术层和安全认证层的安全控制技术的综合运用和完善，为电子商务安全交易提供保障机制和交易标准。为满足电子商务在安全服务方面的要求，基于互联网的电子商务系统使用除保证网络本身运行的安全技术外，还用到依据电子商务自身特点定制的一些重要安全技术。

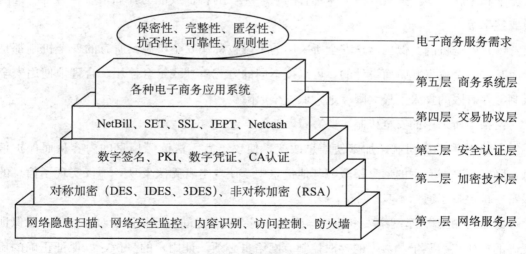

图 3-5　电子商务安全体系结构

电子商务的安全体系应从以下几个方面考虑：

（1）物理安全。物理安全是保护计算机网络设备、设施以及其他媒介免遭地震、水灾、火灾等环境事故以及人为操作失误或错误及各种计算机犯罪行为导致的破坏。物理安全可以分成三类：

① 系统安全。指主机和服务器的安全，主要包括反病毒、系统安全检测、入侵检测（监控）和审计分析。

② 网络运行安全。指要具备必需的针对突发事件的应急措施，如数据的备份和恢复等。

③ 局域网或子网的安全。指访问控制和网络安全检测的问题。特别需要说明的是，大众所熟知的黑客与防火墙主要属于物理安全的相关范畴。

（2）信息安全。信息安全涉及信息传输安全、信息存储安全以及对网络传输信息内容审计三方面。当然也包括对用户的鉴别和授权。

① 信息传输安全。为保障数据传输的安全，需采用数据传输加密技术、数据完整性鉴别技术。

② 信息存储安全。为保证信息存储的安全，需采用认证技术来保障数据库安全和终端安全。

③ 对网络传输信息内容的审计。指实时对进出内部网络的信息进行内容审计，以防止或追查可能的泄密行为。

（3）鉴别方法。对用户的鉴别是对网络中的主体进行验证的过程。通常有三种方法验证主体身份：一是只有该主体了解的秘密，如口令、密钥；二是主体携带的物品，如智能卡和令牌卡；三是只有该主体具有的独一无二的特征或能力，如指纹、声音、视网膜或签字等。

（4）安全机制。保护信息安全所采用的手段也称作安全机制。所有的安全机制都是针对某些安全攻击威胁而设计的，可以按不同的方式单独或组合使用。合理地使用安全机制会在有限的投入下最大限度地降低安全风险。

网络中所采用的安全机制主要有：

① 加密和隐藏机制。加密使信息改变，使攻击者无法读懂信息的内容从而保护信息；隐藏则是将有用的信息隐藏在其他信息中，使攻击者无法发现，不仅实现了信息的保密，也保护了通信本身。

② 认证机制。是网络安全的基本机制。网络设备之间应互相认证对方身份，以保证正确的操作权力赋予和数据的存取控制。网络也必须认证用户的身份，以保证正确的用户进行正确的操作，并进行正确的审计。

③ 审计机制。是防止内部犯罪和事故后调查取证的基础，通过对一些重要的事件进行记录，从而在系统发现错误或受到攻击时能定位错误和找到攻击成功的原因。审计机制应具有防止非法删除和修改的措施。

④ 完整性保护机制。用于防止非法篡改，利用密码理论的完整性保护能够很好地对

付非法篡改。完整性的另一用途是提供不可抵赖服务,当信息源的完整性可以被验证却无法模仿时,收到信息的一方可以认定信息的发送者。数字签名就可以提供这种手段。

⑤ 权力控制和存取控制机制。是主机系统必备的安全手段,系统根据正确的认证,赋予某用户适当的操作权限,使其不能进行越权操作。该机制一般采用角色管理办法,针对系统需要定义各种角色,如经理、会计等,然后对他们赋予不同的执行权限。

⑥ 业务填充机制。即在业务闲时发送无用的随机数据,增加攻击者通过通信流量获得信息的困难,同时增加了密码通信的破译难度。发送的随机数据应具有良好的模拟性能,能够以假乱真。

3. 电子商务支付系统

电子商务的核心内容是信息的互相沟通和交流,交易双方通过互联网进行交流、洽谈、确认,最后才发生交易。这时,对于通过电子商务手段完成交易的双方来说,银行等金融机构的介入是必需的,银行所起的作用主要是支持和服务,属于商业行为。但从整个电子商务的发展来看,要在网络上直接进行交易,就需要通过银行卡等各种方式来完成交易,以及在国际贸易中通过与金融网络的连接来支付和收费。

(1) 电子货币。电子货币是指以金融电子化网络为基础,以商用电子化机具和各类交易卡为媒介,以计算机技术和通信技术为手段,以电子数据形式存储在银行的计算机系统中,并通过计算机网络系统以电子信息传递形式实现流通和支付。

电子货币的特点有:①以计算机技术为支撑进行储存、支付和流通;②集储蓄、信贷和非现金结算等多种功能于一体;③可广泛应用于生产、交换、分配和消费领域;④使用简便、安全、迅速、可靠;⑤须进入银行专用网才能进行交易,便于管理。

(2) 信用卡支付。目前,使用信用卡支付的方式有无安全措施的信用卡支付、通过第三方代理人的支付、简单加密信用卡支付和安全电子交易 SET 信用卡支付四种。

① 无安全措施的信用卡支付。无安全措施的信用卡支付是指信用卡信息在互联网上传送,无任何安全措施,卖方与银行之间使用各自现有的银行商家专用网络授权来检查信用卡的真伪。这种支付方式具有以下特点:

a. 由于卖方没有得到买方的签字,一旦买方拒付或否认购买行为,卖方将承担一定的风险;

b. 信用卡信息可以在线传送,但无安全措施,买方将承担信用卡信息在传输过程中被盗取及卖方获得信用卡信息等风险。

② 通过第三方代理人的支付。通过第三方代理人的支付是指买方在线或离线在第三方代理人处开设账号，第三方代理人持有买方信用卡卡号和账号。这种支付方式具有以下特点：

a. 支付是通过双方都信任的第三方完成的；

b. 信用卡信息不在开放的网络上多次传送，买方有可能离线在第三方开设账号，这样买方不用承担信用卡信息被盗窃的风险；

c. 卖方信任第三方，因此，卖方也不用承担太大的风险；

d. 买卖双方预先获得第三方的某种协议，即买方在第三方处开设账号，卖方成为第三方的特约商户。

③ 简单加密信用卡支付。简单加密信用卡支付是指在电子商务交易过程中使用简单的密码方式，即当信用卡信息被买方输入浏览器窗口或其他电子商务设备时，信用卡信息就被简单加密，并能安全地作为加密信息通过网络从买方向卖方传送。这种支付方式具有以下特点：

a. 整个过程需要 15～20 秒；

b. 加密的信用卡信息只有业务提供商或第三方机构能够识别；

c. 购物时只需要一个信用卡卡号，给用户带来了方便；

d. 需要一系列的加密、授权、认证及相关信息传送过程，交易成本较高，所以不适用于小额交易；

e. 交易过程中每进行一步，交易各方都以数字签名来确认身份；

f. 签名是买方、卖方在注册系统时产生的，且本身不能修改。

④ 安全电子交易 SET 信用卡支付。安全电子交易 SET 信用卡支付是指在电子商务交易过程中使用非常安全的电子交易方式。这种支付方式具有以下特点：

a. 订单信息和个人账号信息在网上安全传输，保证网上传输的数据不被黑客窃取；

b. 订单信息和个人账号信息隔离，即持卡人账号信息包括订单内容送到卖方时，商家只能看到订单信息，而看不到持卡人的账户信息；

c. 持卡人和商家相互认证，以确定通信双方的身份，并需要第三方机构负责为在线通信双方提供信用担保。

4. 电子商务应用系统

实现一个电子商务应用系统需要从以下几个阶段进行，图 3-6 所示的是一个典型的电子商务应用系统。

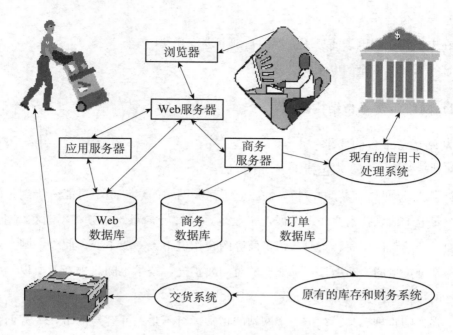

图 3-6　一个典型的电子商务应用系统

（1）以通信网为基础，建立购物商厦。这个阶段主要是吸收各方企业，建立各自的商店，使其成为商厦会员商家和商厦客户。其方案为：

① 选择 Commerce Server，利用向导程序，建立商店的架构，连接数据库，规划商店的组织结构、部门和产品；

② 利用 FrontPage 和 InterDev 完善商店主页；

③ 建立用户注册页面，利用 SiteServer 成员资格系统管理用户；

④ 利用 Commerce Server 的促销方法和 Buy-Now 广告丰富销售模式；

⑤ 在同一台机器上或多台机器上，采用托管的方式将多个商家的商店集成，建立商厦；

⑥ 交易模式采用订购、记账等方式，送货上门。

（2）连接银行网络，进行电子支付。这个阶段主要完成与金融网络的连接，实现安全的网上电子交易。即连接信息网和金融网，商家和客户在银行开设账户，使用信用卡或其他卡进行网上交易。其方案为：

① 选择安全的电子交易协议，如 SSL、SET 或其他专有的电子交易协议；

② 建立支付网关，连接银行网络；

③ 利用电子钱包，发送交易指令。

（3）电子交易。这个阶段主要完成客户与商家进行电子交易的过程。其方案为：

① 选择支付合作伙伴；

② 在电子钱包和电子商务服务器的基础上进行开发；

③ 选择方便、安全的电子支付方式。

（四）网络运营平台结构模型

1. 网站运营平台的要求

对网站运营平台的要求包括以下几个方面：

（1）网站必须具有良好的可扩展性。电子商务网站的建设是不可能一步到位的。一方面，随着电子信息技术的深入发展，企业也不断发展，新的业务将不断在网上开通；另一方面，企业与供应商、企业与销售商等的合作也不会一成不变。此外，网上业务的增加，网站浏览量的不断增长，其模型随时需要扩充，技术也随之更新，所以，网站应具有良好的可扩展性。

（2）强大的管理工具。维护一个网站的正常运行不是一件容易的事，一方面要及时更新网站的内容，另一方面要保证网站不出错，及时发现问题进行纠正。一个功能强大的网站管理与控制对于一个网站的良好运行是必不可少的。

（3）高效的开发处理能力，即因为网络的发展非常之快，新的内容不断出现，要适应这种快速发展的步伐，网站必须具有高效的开发处理能力，即要求不仅可以处理每日百万次甚至千万次的访问量，而且可以处理大量的开发请求。

（4）兼容性好。所谓兼容性，是指网站的运行平台能适应情况的范围大小，并具有可恢复性，一旦出现错误或意外事故，能及时恢复有用的数据。

（5）与企业已有的资源整合，并具有确保全天候服务的能力。

2. 网站运营平台的构成

任何一个电子商务网站运营平台都必须建立在一定的计算机、网络设备硬件和应用软件的基础上。从逻辑上看，如果将与电子商务网站运营平台相关的硬件、软件、开发维护和提供的资源信息都抽象为逻辑部件，那么一个电子商务网站要能够正常运行，必须包括计算机、网络接入设备、防火墙、Web 服务器、应用服务器、操作系统、数据存储系统等，如图 3-7 所示。

这是构成网站运营平台的最小配置。此外，还可以根据应用的目的、层次和深度，适当地包括局域网、大型存储设备系统、数据库存储及检索系统、E-mail 服务器、FTP 服务器、应用服务器及应用程序、控制系统、群集系统、安全系统、备份系统及维护系统等各类可扩充组件等。

图 3-7 网站运营平台的构成

（1）网络接入部分。网络接入部分主要是指互联网的接入设备，包括路由器、调制解调器、防火墙、防病毒墙等。其中，路由器是网站对外服务的关键组成部分，在线路带宽足够大的情况下，它决定着网站对外服务的带宽。

（2）数据存储部分。数据存储部分主要是指用来保存大量数据的设备。建设一个网站需要大量的数据作为基础，丰富的资讯需要有大型的数据存储系统来支持。数据存储系统不仅需要有海量存储能力和高速搜索能力，而且需要有一整套数据采集、制作加工、组织存储和发布等功能。目前，用来储存数据的设备有磁盘阵列、光盘存储设备、移动存储设备等。

光盘库是一种带有自动换盘机构（换盘机械手）的光盘网络共享设备。光盘库一般由放置光盘的光盘架、自动换盘机构和驱动器三部分组成。图 3-8(a) 所示的是光盘库外形，图 3-8(b) 所示的是光盘库内部结构。光盘库一般配置有 1～12 台驱动器，可以是只读 CD/DVD-ROM 驱动器，也可以是 CD-R/DVD-R 刻录机，或者是 DVD-RAM 驱动器，可容纳 100～600 片光盘（每个盘仓可容纳 50 片光盘，光盘库内置 2～12 个盘仓，盘仓可方便光盘的存放和取用）。光盘库通过高速 SCSI 端口与网络服务器相连，光盘驱动器通过自身接口与主机交换数据。用户访问光盘库时，自动换盘机构首先将驱动器中的光盘取出并放置到光盘架上的指定位置，然后从光盘架中取出所需的光盘并送入驱动器中。自动换盘机构的换盘时间通常在秒级。

（3）工作站部分。工作站部分主要是指用户访问网络、共享资源的窗口，一般是由在一台普通 PC 机上安装的网卡和网络工作站软件组成。工作站微机可根据工作站处理任务的要求配置，通常应包括主机、显示器、键盘、鼠标、磁盘、光驱、音响等外设。有时出于网络安全或成本考虑，工作站可不配磁盘，构成"无盘工作站"。一般在机房

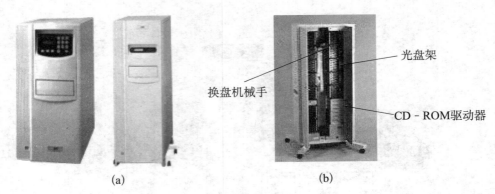

(a)　　　　　　　　　　　(b)

图 3-8　光盘库

或实验室是比较常见的。

（4）服务器部分。服务器部分主要是指用来提供各种 WWW、E-mail、FTP、数据库等服务的计算机硬件设备，它是一切应用服务软件、商务应用软件运行的硬件基础。在网络系统中，一些计算机或设备应其他计算机的请求而提供服务，使其他计算机通过它们共享系统资源，这样的计算机或设备称为网络服务器。服务器有保存文件、打印文档、协调电子邮件、能根据需要配置成各种专业服务器等功能。

传统服务器大致可以分为 4 类：

① 设备服务器，主要为其他用户提供共享设备；

② 通信服务器，是在网络系统中提供数据交换的服务器；

③ 管理服务器，主要为用户提供管理方面的服务；

④ 数据库服务器，是为用户提供各种数据库服务的服务器。

由于服务器是网络的核心，大多数网络活动都要与其通信，因此它的速度必须足够快，以便对客户机的请求作出快速响应；而且它要有足够的容量，可以在保存文件的同时为多名用户执行任务。所以，服务器常常配置高性能的 CPU、磁盘控制器及大容量内存和磁盘。在服务器中安装的网络操作系统除提供网络服务功能外，还由于服务器中保存了网络中的许多数据，因此能方便地完成大量任务。例如：管理用户、安全防护、集中许可、数据保护、多任务和多处理器（机）等任务都应由服务器网络操作系统完成。

从硬件的角度来讲，服务器可由大型机、中型机、小型机甚至微型机来担任，这要根据服务器的访问量和其用途以及要求来决定。从软件角度来讲，根据服务器所提供的服务，在 Internet 服务中，可以有 WWW 服务器、电子邮件服务器、FTP 服务器、BBS 服务器、媒体服务器等各种应用型服务器。服务器是整个网站对外服务的主要设备，因此，如何适当地选择服务器的类型是创建网站的首要任务。

二、电子商务网站运营硬件环境

（一）网站服务器硬件概述

服务器硬件的构成与我们平常所接触的计算机有众多相似之处，包含以下几个主要部分：中央处理器、内存、芯片组、I/O 总线、I/O 设备、电源、机箱等。这也是我们选购一台服务器时所主要关注的指标。

整个服务器系统就像一个人，中央处理器就像是人的大脑，各种总线就像是分布于全身肌肉中的神经，芯片组就像是脊髓，I/O 设备就像是通过神经系统支配的人的手、眼睛、耳朵和嘴，而电源系统就像是血液循环系统，它将能量输送到身体的任何部位。

对于一台服务器来讲，服务器的性能设计目标是如何平衡各部分的性能，使整个系统的性能达到最优。如果一台服务器有每秒处理 1 000 个服务请求的能力，但网卡只能接受 200 个请求，而硬盘只能负担 150 个请求，各种总线的负载能力仅能承担 100 个请求的话，那么这台服务器的处理能力只能是 100 个请求/秒，有超过 80％的中央处理器的计算能力浪费了。

现在的 Web 服务器必须能够同时处理上千个访问，同时每个访问的响应时间要短，而且 Web 服务器不能停机，否则就会造成访问用户的流失。

为达到上面的要求，服务器硬件必须具备以下特点：

（1）性能。使服务器能够在单位时间内处理相当数量的服务请求，并保证每个服务请求的响应时间。

（2）可靠性。使服务器能够不停机。

（3）可扩展性。使服务器能够随着用户数量的增加不断提升性能。

因此，不能把一台普通的 PC 机作为服务器来使用，因为 PC 机远远达不到要求。服务器必须具有承担服务并保障服务质量的能力，这也是区别服务器和 PC 机的主要方面。

在信息系统中，服务器主要应用于数据库和 Web 服务，而 PC 机主要应用于桌面计算和网络终端。设计根本出发点的差异决定了服务器应该具备比 PC 机更可靠的持续运行能力、更强大的存储能力和网络通信能力、更快捷的故障恢复功能和更广阔的扩展空间；同时，对数据相当敏感的应用还要求服务器提供数据备份功能。而 PC 机在设计上更加重视人机接口的易用性、图像和 3D 处理能力及其他多媒体性能。

（二）网站服务器硬件分类

1. 从外形上分类

从外形上，网站服务器硬件可以分为以下几种：

（1）塔式服务器。塔式服务器即常见的立式、卧式机箱结构服务器，如图 3 - 9(a)所示。可放置于普通办公环境中，一般机箱较大，有充足的内部硬盘、冗余电源、冗余风扇的扩容空间，并具备较好的散热能力。正是由于塔式服务器的机箱空间较大，因此其配置也能达到一个较高的水平，冗余扩展可以很齐备，从而应用范围非常广，应该说是目前使用率最高的服务器。我们平时常说的通用服务器一般都是塔式服务器，它可以集多种常见的服务应用于一身，不管是速度应用还是存储应用都可以使用塔式服务器来解决。

就目前情况来看，许多常见的入门级和工作组级服务器基本上都采用塔式服务器，当然一些部门级应用也会采用，不过因为只有一台主机，即使对其进行升级扩张也有一定的限度，所以在一些应用需求较高的企业中，单机服务器就无法满足要求了，需要多机协同工作。而塔式服务器个头大、独立性强，协同工作时在空间占用和系统管理上都不方便，这也是塔式服务器的局限性所在。不过，总体说来，塔式服务器在功能和性能方面基本能够满足大部分企业的需求，而且其成本通常比较低，因此这类服务器还是拥有十分广泛的应用支持度。

（2）机架式服务器。机架式服务器的外形看起来不像计算机，而像交换机，如图 3 - 9(b) 所示。该服务器有 1U（1U ＝ 1.75 英寸 ＝ 4.445 厘米）、2U、4U 等规格。机架式服务器安装在标准的 19 英寸机柜里面，多为功能型服务器。对于信息服务企业（如 ISP/ICP/ISV/IDC）而言，选择服务器时首先要考虑服务器的体积、功耗、发热量等物理参数，因为信息服务企业通常使用大型专用机房统一部署和管理大量的服务器资源，机房通常设有严密的保安措施、良好的冷却系统、多重备份的供电系统，造价相当昂贵。如何在有限的空间内部署更多的服务器直接关系到企业的服务成本，因此通常选用机械尺寸符合 19 英寸工业标准的机架式服务器。通常，1U 的机架式服务器最节省空间，但性能和可扩展性较差，适合一些业务相对固定的使用领域。

机架式服务器由于在空间上明显不如塔式服务器充足，因此这类服务器在可扩展性和散热方面具有一定的局限性，配件也要经过一定的筛选，一般都无法实现太完整的设备扩张，所以单机性能比较有限，应用范围也相应较为单一。同时，由于很多配件不能直接采用塔式服务器通用的普通型号，而自身又有空间小的优势，因此机架式服务器一般会比同等配置的塔式服务器的价格高 20%～30%。

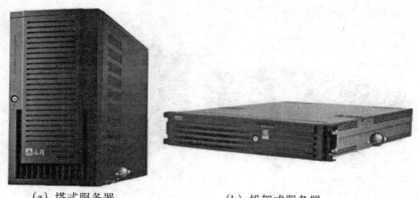

(a) 塔式服务器　　　　　　(b) 机架式服务器

图 3 - 9　塔式服务器与机架式服务器

（3）刀片式服务器。所谓刀片式服务器，是指在标准高度的机架式机箱内可插装多个卡式的服务器单元，实现高可用和高密度，如图 3 - 10（a）所示。每一块"刀片"实际上就是一块系统主板，它们可以通过"板载"硬盘启动自己的操作系统，如 Windows NT、Linux 等，类似于一个个独立的服务器。在这种模式下，每一块母板运行自己的系统，服务于指定的不同用户群，相互之间没有关联，因此相对于机架式服务器和机柜式服务器，单片母板的性能较低。不过，管理员可以使用系统软件将这些母板集合成一个服务器集群。在集群模式下，所有的母板可以连接起来提供高速的网络环境，并同时共享资源，为相同的用户群服务。在集群中插入新的"刀片"，就可以提高整体性能。而由于每块"刀片"都是热插拔的，因此系统可以轻松地进行替换，并且将维护时间减少到最短。

刀片式服务器的应用范围非常广泛，尤其是对于计算密集型应用，如天气预报建模、指纹库检索分析、数据采集、数据仿真、数字影像设计、空气动力学建模等。同时，对于那些行业应用，如电信、金融、IDC/ASP/ISP 应用、移动电话基站、视频点播、Web 主机操作及实验室系统等也同样适用。

（4）机柜式服务器。在一些高档企业服务器中，有些内部结构复杂，内部设备较多，许多不同的设备单元或几个服务器都放在一个机柜中，这种服务器就是机柜式服务器，如图 3 - 10（b）所示。机柜式服务器通常由机架式服务器、刀片式服务器再加上其他设备组合而成。对于证券、银行、邮电等重要企业，机柜式服务器应采用具有完备的故障自修复能力的系统，关键部件应采取冗余措施，关键业务使用的服务器也可以采用双机热备份高可用系统或高性能计算机，这样服务器的可用性就可以得到很好的保证。

(a) 刀片式服务器　　　　　　　(b) 机柜式服务器

图 3 - 10　刀片式服务器与机柜式服务器

2. 从应用层次上分类

从应用层次上，网站服务器硬件可以分为以下几种：

（1）入门级服务器。这类服务器是最基础的一类服务器，也是最低档的服务器。随着 PC 机技术的日益提高，现在许多入门级服务器与 PC 机的配置差不多，所以目前也有部分人认为入门级服务器与"PC 服务器"等同。

这类服务器所包含的服务器特性并不是很多，通常只具备以下几方面特性：

① 有一些基本硬件的冗余，如硬盘、电源、风扇等，但不是必需的；

② 通常采用 SCSI 接口硬盘，现在也有采用 SATA 串行接口的；

③ 部分部件支持热插拔，如硬盘和内存等，这些也不是必需的；

④ 通常只有一个 CPU，但不是绝对的；

⑤ 内存容量不会很大，一般在 1GB 以内，但通常会采用带 ECC 纠错技术的服务器专用内存。

这类服务器主要采用 Windows 或 NetWare 网络操作系统，可以充分满足办公型的中小型网络用户的文件共享、数据处理、Internet 接入及简单数据库应用的需求。这类服务器与一般的 PC 机很相似，有很多小型公司干脆就用一台高性能的 PC 品牌机作为服务器，所以这类服务器无论在性能上还是价格上都与一台高性能的 PC 品牌机相差无几。

入门级服务器所连的终端比较有限（通常为 20 台左右），且稳定性、可扩展性、容错和冗余性能较差，仅适用于没有大量数据交换、日常工作网络流量不大、无须长期不间断开机的小型企业。

（2）工作组服务器。工作组服务器是比入门级服务器高一个层次的服务器，但仍属于低档服务器。从名字也可以看出，它只能连接一个工作组（50 台左右）的用户，网络规模较小，服务器的稳定性也不像下文讲的企业级服务器那样高，当然在其他性能方面的要求也相应低一些。工作组服务器具有以下几方面的主要特点：

① 通常仅支持单或双 CPU 结构的应用服务器（但也不是绝对的，特别是 SUN 的工作组服务器就能支持多达 4 个处理器，当然这类服务器的价格也有所不同）；

② 可支持大容量的 ECC 内存和增强服务器管理功能的 SM 总线；

③ 功能较全面，可管理性强，且易于维护；

④ 采用 Intel 服务器 CPU 和 Windows/NetWare 网络操作系统，但也有一部分采用 Unix 系列操作系统；

⑤ 可以满足中小型网络用户的数据处理、文件共享、Internet 接入及简单数据库应用的需求。

工作组服务器较入门级服务器来说性能有所提高，功能有所增强，有一定的可扩展性，但容错和冗余性能仍不完善，也不能满足大型数据库系统的应用，价格也贵得多，一般相当于 2～3 台高性能的 PC 品牌机总价。工作组服务器可以专门为小型企业的计算需求和预算而设计，性能和可扩展性也可以随着应用的需要而改变，如随着文件打印、电子邮件、订单处理和电子贸易等的需要而发展。

（3）部门级服务器。这类服务器属于中档服务器之列，一般都是支持双 CPU 以上的对称处理器结构，具备比较完全的硬件配置，如磁盘阵列、存储托架等。部门级服务器最大的特点就是：除了具有工作组服务器的全部特点外，还集成了大量的监测及管理电路，具有全面的服务器管理能力，可监测如温度、电压、风扇、机箱等状态参数，结合标准服务器管理软件，使管理人员能及时了解服务器的工作状况。同时，大多数部门级服务器具有优良的系统扩展性，能够满足用户在业务量迅速增大时及时在线升级系统，充分保证了用户的投资。它是企业网络中分散的各基层数据采集单位与最高层的数据中心保持顺利连通的必要环节，一般为中型企业的首选，可用于金融、邮电等行业。

部门级服务器一般采用 IBM、SUN 和 HP 各自开发的 CPU 芯片，这类芯片一般是 RISC 结构，所采用的操作系统一般是 Unix 系列操作系统，现在的 Linux 也在部门级服务器中得到了广泛应用。以前能生产部门级服务器的厂商通常只有 IBM、HP、SUN、COMPAQ（现已并入 HP）几家，随着其他一些服务器厂商开发技术的提高，现在能开发、生产部门级服务器的厂商比以前多了许多。国内也有好几家具备这个实力，如联想、曙光、浪潮等。

部门级服务器可连接 100 个左右的计算机用户，适用于对处理速度和系统可靠性要求高一些的中小型企业网络，其硬件配置相对较高，其可靠性比工作组级服务器高，当然价格也较高。

（4）企业级服务器。企业级服务器属于高档服务器行列，正因如此，能生产这类服务器的企业不是很多，但同样因没有行业标准规定企业级服务器需要达到什么水平，所以现在也有许多本不具备开发、生产企业级服务器水平的企业声称自己有这个能力。企业级服务器最起码是采用 4 个以上 CPU 的对称处理器结构，有的高达几十个，一般还具有独立的双 PCI 通道和内存扩展板设计，具有高内存带宽、大容量热插拔硬盘和热插拔电源、超强的数据处理能力和群集性能等。企业级服务器的机箱很大，一般为机柜式的，有的还由几个机柜组成，像大型机一样。

企业级服务器除了具有部门级服务器全部的特性外，最大的特点就是它还具有高度的容错能力、优良的可扩展性能、故障预报警功能、在线诊断和 RAM、PCI、CPU 等热插拔性能。有的企业级服务器还引入了大型计算机的许多优良特性，如 IBM 和 SUN 公司的企业级服务器。这类服务器所采用的芯片也都是几大服务器开发、生产厂商自己开发的独有 CPU 芯片，所采用的操作系统一般也是 Unix（Solaris）或 Linux。目前，在全球范围内能生产高档企业级服务器的厂商也只有 IBM、HP、SUN 这几家，绝大多数国内外厂家的企业级服务器都只能算是中、低档企业级服务器。企业级服务器适合运行于需要处理大量数据、高处理速度和对可靠性要求极高的金融、证券、交通、邮电、通信等大型企业。

企业级服务器用于联网计算机在数百台以上、对处理速度和数据安全要求非常高的大型网络。企业级服务器的硬件配置最高，系统可靠性也最强。

（三）网站服务器的建立方式

企业网站建设所需要的第一要素就是网站服务器，网站服务器是企业网站建设中最核心的设备之一，它既是网站服务的提供者，又是保存数据的集散地。网站服务器的建立方式一般包括虚拟主机、服务器托管、自建服务器等，下面我们分别介绍。

1. 虚拟主机

虚拟主机是目前国际互联网上最流行、最方便、最省钱的建立信息资源站点的方法，企业只需注册申请自己的互联网域名，并租用互联网真实主机上的一定量的磁盘空间，即可建立一个独立的信息发布网站。

以前，一个公司要建设网站必须通过以下方法实现：至少一台专门的 Web 服务器、一台 E-mail 服务器、一个防火墙、一根至少 64K 的 DDN 专线、一位专业的服务器管理人员。产生的费用一年不低于 10 万元，而且这还是一种没有热备份的方式，因此，稳定性与安全性得不到保障。要提高可靠性就必须增加机器和带宽，而这个费用非常昂贵，并非一般企业所能承受。

利用虚拟主机技术，可以把一台真正的主机分成许多台虚拟主机，每一台虚拟主机都具有独立的域名，具有完整的网络服务器功能。虚拟主机之间完全独立，在外界看来，每一台虚拟主机和一台独立的主机完全一样。效果虽一样，费用却大不一样。由于多台虚拟主机共享一台真实主机的资源，每个虚拟主机用户承受的硬件费用、网络维护费用、通信线路费用均大幅度降低，Internet 真正成为人人用得起的网络。

目前，许多企业（包括很多著名企业）建设网站都采用这种方法。这样不仅大大节省了购买机器和租用专线的费用，不必为使用和维护服务器的技术问题担心，而且不必聘用专门的服务器管理人员。

使用虚拟主机方案构建企业网络，网站服务器管理简单。例如：软件配置、防病毒、防攻击等安全措施都由专业服务商提供，大大简化了服务器管理的复杂性。并且相对于购买独立服务器，网站建设的费用大大降低，为普及中小型网站提供了极大便利。

此外，网站的建设时间也非常短。通常情况下，租用虚拟主机只需要几分钟的时间即可开通。因为现在主要的服务商都已经实现了整个业务流程的电子商务化，选择适合自己需要的虚拟主机，在线付款之后马上就可开通，非常方便快捷。

对于一些处于发展初期的小型企业来说，网站内容比较少，功能简单，访问量也不大，虚拟主机的建站方便迅速、服务器管理简单等特点就非常适合这类企业的需要。而且选用虚拟主机方案，也可大大降低小型企业在网站人力、财力等方面的投入成本，并可获得专业的维护、更好的性能而无需维护人员与昂贵的电源系统支持。此方式也被形象地称为"外包"。

2. 服务器托管

服务器托管是指为了提高网站的访问速度，将企业的服务器及相关设备托管到具有完善的机房设施、高品质的网络环境、丰富的带宽资源和运营经验以及可对用户的网络和设备进行实时监控的网络数据中心内，以使系统达到安全、可靠、稳定、高效运行的目的。

托管的服务器由客户自己进行维护，或者由其他的授权人员进行远程维护。数据中心可以为客户的关键服务器提供机柜及带宽出租服务，使服务器可提供每星期 7 日、全日 24 小时无休止服务。

　　由于采用专门的服务器，因此企业通过此种方式建立的企业网站具有更强的功能，在灵活性上也更便于掌控。其实，它的基本形态就是租用专门的服务器托管公司的网络线路、自己选择服务器配置及服务应用软件，然后由专门的服务器托管公司负责维护。

　　在服务器的确定上，服务器托管可以采用主机租用和主机托管两种方式。其中，主机租用即由服务提供商提供硬件，负责基本软件的安装、配置，负责服务器上基本服务功能的正常运行；用户独享服务器的资源，并服务其自行开发运行的程序。而主机托管就是用户自备服务器硬件、自己安装软件，由服务提供商负责将该机器连接到网络上，并在该机器死机时帮助其重启。

　　对于一些处于发展中期的中小型企业来说，要求企业网站具有较吸引人的布局，具有适合企业的运作机制，但又无法投入更多的人力进行后期维护，那么服务器托管方式将十分适合这类企业。此种方式要求企业具有一定的经济实力，能够承担服务器的组建、线路租用以及后期维护费用。此方式也可称为"半自建"。

3. 自建服务器

　　自建服务器是指企业自己准备硬件资源，自己安装服务软件，并自行维护。这就需要有水平较高的专业技术人员，还得投入较多的资金购置较好性能的服务器，并且日常维护工作量也非常大。此种方式完整的构建流程包括：申请互联网接入线路、申请网站域名、购置网站服务器、安排专门的技术人员管理与维护。可以说，自建服务器的投入成本相当大。

　　虽然此种方式在投入成本方面大大高于虚拟主机和服务器托管，但其体现的特点也是十分显著的。企业自建服务器，一方面可以根据企业实际情况配置服务器，安装适合企业运作的管理软件，更快地获得市场商机，加强与客户的沟通；另一方面可以通过企业网站服务器建立内部局域网，加强员工之间的交流，也方便企业对员工工作的监控与管理。

　　目前，成熟的大中型企业以及只是为了实现单纯的文件共享或者只有访问量不大的Web 需求的中小型企业，均可采用自建服务器方式。其完整的网站管理环境可让企业更好地利用互联网为自己服务，同时加强了企业自身的建设。

　　但需要认清的是，自建服务器构建企业网站，并不是一定需要投入大量的人力、财力。依据企业实际，选择价格适中的服务器产品，构建简单的企业网站，也是自建的方式之一。

（四）网站代理服务器

1. 代理服务器的概念

代理服务器是指网上提供转接功能的服务器。例如：某人想访问的目的网站是 A，由于某种原因不能访问到网站 A 或者不想直接访问网站 A，此时就可以使用代理服务器。在实际访问网站的时候，浏览器的地址栏内和以前一样输入要访问的网站，浏览器会自动先访问代理服务器，然后代理服务器会自动转接到目的网站。因此，代理服务器可以隐藏你的身份。

2. 代理服务器的工作原理

代理服务器的工作原理很像我们生活中常常提及的代理商。假设你自己的机器为 A 机，你想获得的数据由服务器 B 机提供，代理服务器为 C 机，那么具体的连接过程是这样的：

首先，A 机需要 B 机的数据，A 机直接与 C 机建立连接，C 机接收到 A 机的数据请求后，与 B 机建立连接，下载 A 机所请求的 B 机上的数据到本地，再将此数据发送至 A 机，完成代理任务。

3. 代理服务器的功能

代理服务器具有以下功能：

（1）共享网络。共享网络是代理服务器最常见的功能，很多人在不知不觉中就在使用代理服务器。例如：通过 NT 系统自带的网络共享功能等，可以提供企业级的文件缓存、复制和地址过滤等服务，充分利用局域网出口的有限带宽，加快内网用户的访问速度，同时可以作为一个防火墙，隔离内网与外网，并且能提供监控网络和记录传输信息的功能，加强了局域网的安全性，又便于对上网用户进行管理。

（2）访问代理。访问代理是代理服务器的第二个功能，它可以加快网站访问速度，在网络出现拥挤或故障时，可通过代理服务器访问目的网站。

（3）防止攻击。防止攻击是代理服务器的第三个功能。代理服务器可以隐藏自己的真实地址信息，还可以隐藏自己的 IP，防止被黑客攻击。通过分析指定 IP 地址，可以查询到网络用户的目前所在地。例如：在一些论坛上看到，论坛中明确标出了发帖用户目前所在地，这就是根据论坛会员登录时的 IP 地址解析的。还有平时我们常用的显示 IP 版 QQ，在"发送消息"窗口中，可以查看对方的 IP 及解析出的地理位置。而当我们使用相应协议的代理服务器后，就可以达到隐藏自己目前所在地的目的了。

（4）突破限制。突破限制是代理服务器的第四个功能。代理服务器可以突破网络限制。例如：局域网对上网用户的端口、目的网站、协议、游戏、即时通信软件等的限制，都可以突破。百度有一个功能就有点类似于代理服务器的功能，即网页快照。现在的网站经常发生变动，地址变了或者网站关了，网站服务器发生故障了，或者已经更新了，但我们仍然要查询以前非常有用的资料，网页快照就可以帮助解决此类问题。

（5）隐藏身份。隐藏身份是代理服务器的第五个功能。掌握代理服务器知识是黑客的基本功，黑客的很多活动都是通过代理服务器进行的。例如：扫描、刺探、对局域网内的机器进行渗透，黑客攻击的时候一般都是中转了很多级跳板才攻击目标机器的，隐藏了身份，就保证了自己的安全。

（6）提高速度。提高速度是代理服务器的第六个功能。例如：有的网站提供的下载资源，做了 IP 一线程的限制，这时候可以用影音传送带设置多线程，为每个线程设置一个代理。对于限制一个 IP 的情况很好突破，只要用不同的代理服务器，就可以同时下载多个资源，适用于从 Web 和 FTP 上下载的情况。

4. 代理服务器的设置

下面以 IE 浏览器为例，介绍代理服务器的设置。

（1）单击 IE 浏览器主菜单中的"工具"模块，选择"Internet 选项"，弹出如图 3-11 所示的对话框。

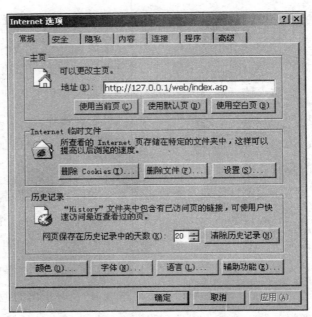

图 3-11 "Internet 选项"对话框

（2）单击"连接"选项，出现如图 3-12 所示的对话框。

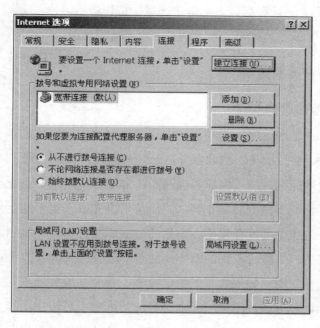

图 3-12　"连接"对话框

（3）单击"设置"按钮，出现如图 3-13 所示的对话框。

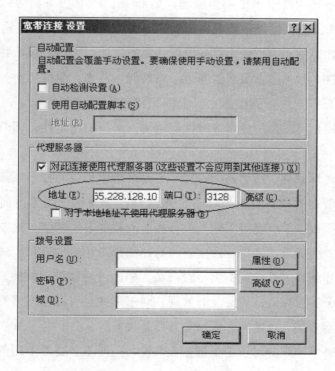

图 3-13　"设置"对话框

（4）在代理服务器框中，选中"对此连接使用代理服务器"复选框，并在地址栏中输入代理服务器的 IP 地址和端口，单击"确定"按钮即可。

（5）如果是拨号设置，则需要输入用户名、密码等信息。

（五）网站服务器的选购

1. 网站服务器的选购原则

中小型企业在选购网站服务器时，要注意三个方面：价格与成本、产品的可扩展性与业务的可扩展性、售后服务。除此以外，还需遵循以下几个原则：

（1）可靠稳定性原则。为了保证局域网能正常运转，中小型企业选择的服务器首先要确保稳定。一个性能不稳定的服务器，即使技术再先进，也不能运用于企业。特别是运行企业重要业务的服务器或存放核心信息的数据库服务器，一旦出现死机或重启，就可能造成信息的丢失或者整个系统的瘫痪，甚至给企业造成难以估计的损失。

（2）合适够用性原则。如果光考虑稳定可靠，就会使服务器采购走向追求性能、求高求好的误区，因此，合适够用是第二个要考虑的因素。对于中小型企业而言，最重要的是从当前实际情况以及将来的扩展出发，有针对性地选择满足当前的应用需要并适当超前、投入又不太高的解决方案。另外，对于那些现有的已经无法满足需求的服务器，可以将它改作其他性能要求较低的服务器，如 DNS、FTP 服务器等；或者进行适当扩充，采用集群的方式提升性能，将来再为新的网络需求购置新型服务器。

（3）可扩展性原则。为了便于服务器随负荷的增加而平衡升级，并保证服务器工作的稳定性和安全性，必须考虑服务器的可扩展性能。首先，在机架上要有为硬盘和电源的增加而留有的充分空间；其次，主机上的插槽不但要种类齐全，而且要有一定的余量，以便让企业用户可以自由地增加配件，以保证运行的稳定性，同时可提升系统配置和增加功能。

（4）易于管理性原则。所谓易于管理，主要是指用相应的技术来简化管理以降低维护费用成本，一般通过硬件与软件两方面来达到这个目标。硬件方面，一般服务器主板、机箱、控制面板以及电源等零件上都有相应的智能芯片监测。这些芯片监控着其他硬件的运行状态并生成日志文件，发生故障时还能作出相应的处理。软件则是通过与硬件管理芯片的协作将其人性化地提供给管理员。如通过网络管理软件，用户可以在自己的电脑上监控服务器发生的故障并及时处理。对于那些没有配备网络管理人员的中小型企业，尤其要注意选择一台使用非常简单方便的服务器。

（5）售后服务性原则。对于中小型企业来说，一般不会委派专门的工作人员维护服务器，那么选择售后服务好的厂商的产品是明智的决定。在具体选购服务器时，企业应该考察厂商是否有一套面向中小型企业的完善服务体系以及未来在该领域的发展计划。换言之，只有那些"实力派"厂商才能真正将用户作为其自身发展的推动力，只有他们更了解中小型企业的实际情况，在产品设计、价位、服务等方面才更能满足中小型企业的需求。

（6）特殊需求性原则。不同企业对信息资源的要求不同，有的企业在局域网服务器上存储了许多重要的业务信息，这就要求服务器能够 24 小时不间断工作，这时企业就必须选择高可用性的服务器。如果服务器中存放的信息属于企业的商业机密，那么安全性就是服务器选择时的第一要素，这时要看服务器中是否安装了防火墙、入侵保护系统等，产品在硬件设计上是否采取了保护措施等。当然，如果要使服务器满足企业的特殊需求，企业也需要投入更多。

2. 网站服务器的选购策略

选择一款合适的网站服务器，需要对网站服务器的使用有一个正确的理解。在选购网站服务器时，应从以下几个方面来考虑：

（1）网络环境及应用软件。网络环境及应用软件是指整个系统主要做什么应用，具体来说就是服务器支持的用户数量、用户类型、处理的数据量等方面的内容。不同的应用软件的工作机理不同，对服务器的要求区别很大。常见的应用可以分为文件服务、Web 服务、一般应用和数据库等。

（2）可用性。服务器是整个网络的核心，不但在性能上应能够满足网络应用需求，而且要具有不间断地向网络用户提供服务的能力。实际上，服务器的可靠运行是整个系统稳定发挥功能的基础。

（3）服务器选配。服务器类型，如低档、中档和高档的分类，只是确定了服务器所能支持的最大用户数。但要用好服务器，还需要优化配置，用最小的代价获得最佳的性能。

3. 网站服务器选购的多样性

目前，中小型企业在选购电子商务网站服务器时，通常在高档商用 PC 机、伪服务器以及低档服务器三种产品之间选择。

（1）高档商用 PC 机。PC 机在单用户和单线程环境中工作，与服务器的多用户环境有显著的不同。PC 机在设计时采用不同部件选型、配置的策略，如增强的显示性能、相对较差的网络子系统等。高档商用 PC 机的目标是进军低档工作站市场。

（2）伪服务器。最差的是用 PC 机的处理器芯片、服务器的名称来充当服务器，稍微好一些的服务器采用部分服务器技术，如专业电源等。

（3）低档服务器。通常兼顾性能、可扩展性、可用性和可管理性等多个性能指标，兼容多种操作系统以支持多种网络环境。此种产品的缺点（也是辨别方法）是：体积大（通常外形不够美观）、噪音大（散热风扇多）、功率大。

三、电子商务网站传输介质

（一）网络传输介质概述

1. 传输介质的概念

传输介质是指在网络中传输信息的载体。常用的传输介质分为有线传输介质和无线传输介质两大类。

（1）有线传输介质是指在两个通信设备之间实现物理连接的部分，它能将信号从一方传输到另一方。有线传输介质主要有双绞线、同轴电缆和光纤。

（2）无线传输介质是指在两个通信设备之间不使用任何物理连接，而是通过空间传输的一种技术。无线传输介质主要有微波、红外线和激光等。

网络系统是由操作系统与网络硬件两大部分组成的。PC 机的操作系统，如 DOS、Windows 等，都是管理局部资源，处理应用程序访问这些局部资源的请求。同样，网络操作系统重点在于管理共享资源，并扩展 PC 机的操作系统，使应用程序能方便地访问这些共享资源。而网络硬件，如服务器、工作站、通信介质、网络接口适配器、网桥、中继器、路由器等硬件设备，是构成网络拓扑结构的基本条件。

在单独一种服务希望能被共享之前，计算机必须要有一条通路与其他计算机进行联系。目前，计算机都采用电流、无线电波、微波或者采用电磁频谱中的光谱能量来传递信号，传输这些能量的通路就是计算机网络的第二个基本元素——传输介质。每一种传输介质的容量都以频带宽度来定义，常常简称为带宽，它用"Hz"来定义频率范围。对带宽的测量是相对的，因为介质的容量随着传输距离以及采用的信号编码技术的不同而变化。

2. 传输介质的作用

传输介质是通信网络中发送方和接收方之间的物理通路，也是通信中实际传送信息的载体。最普通的连接方式是在发送设备和接收设备之间有一条点到点的链路，这些设备通过接口在传输介质上传输模拟信号和数字信号。在环形拓扑结构中，使用点到点的链路来连接相邻的中继器；在星形拓扑结构中，也使用点到点的链路把设备连到中央交换系统；在总线形或树形拓扑结构中，由于采用多点链路的方式，设备能从不同的点连接到传输介质上，用中继器或放大器来延伸介质长度。点到点的链路还可以用来连接位于不同建筑物内的两个局域网络。

3. 传输介质的特性

不同的传输介质，其特性也各不相同。它们不同的特性对网络中的数据通信质量和通信速度有较大影响，这些主要特性有：

（1）物理特性，指传输介质物理结构的描述。

（2）传输特性，指传输介质允许传送模拟信号或数字信号，以及调制技术、传输容量与传输频率的范围。

（3）连通特性，指允许点到点或多点连接。

（4）地理范围，指传输介质的最大传输距离，即网上各点间的最大距离，是在建筑物内、建筑物之间或扩展到整个城市。

（5）抗干扰性，指传输介质防止噪声与电磁干扰对传输数据影响的能力。

（6）相对价格性，指各种传输介质的价格，以元件、安装和维护的价格为基础。

（二）双绞线

在所有传输介质中，双绞线是最为普通的一种介质，无论是对模拟信号还是数字信号，也无论是对广域网还是局域网。在一个建筑物内连接所有电话机的布线就是双绞线。

1. 物理特性

双绞线由两根具有绝缘保护的铜导线组成。把两根绝缘铜导线按一定的密度互相绞在一起，可以减少串扰及信号放射影响的程度，每一根导线在导电传输中放出的电波会被另一根线上发出的电波所抵消。双绞线由两根22号至26号绝缘铜导线相互缠绕而成。在实际使用中通常是将两对或四对双绞线放在一起，每对双绞线使用不同颜色加以区别，并在外面包裹上塑料或胶皮。而将一对或多对双绞线安置在一个套筒中，便形成了双绞线电缆（见图3-14）。

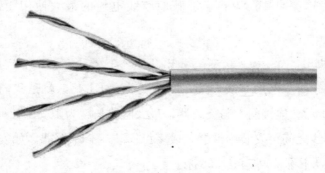

图 3-14　双绞线电缆

　　双绞线电缆广泛应用于传统的通信领域。在计算机网络通信的早期阶段，点到点传输方式均使用双绞线电缆。随着技术的进步，双绞线电缆所能支持的通信速率不断提高。

2. 双绞线的分类

　　（1）非屏蔽双绞线电缆。非屏蔽双绞线电缆是由多对双绞线和一个塑料外皮构成。电子工业协会（EIA）为双绞线电缆定义了五种不同的质量级别。各类双绞线电缆的速率及用途为：

　　① 1 类：速率 1～2 Mbps。

　　② 2 类：速率 1～2 Mbps，用于语音。

　　③ 3 类：速率 16 Mbps，用于 10 BASE-T 及 4 Mbps Token Ring。

　　④ 4 类：速率 20 Mbps，用于 10 BASE-T 及 16 Mbps Token Ring。

　　⑤ 5 类：速率 100 Mbps，用于 100 BASE-TX。

　　3 类双绞线电缆适用于大部分计算机局域网络，而 5 类双绞线电缆利用增加缠绕密度、高质量绝缘材料，极大地改善了传输介质的性质。

　　由于继承了声音通信的办法，计算机网络用的非屏蔽双绞线电缆在安装上通常与大部分电话系统相同，即采用同一种方法，同一个用户设备，通过 RJ-45（4 对线）或 RJ-11（2 对线）的电话连接器端口与非屏蔽双绞线电缆相连。目前，非屏蔽双绞线电缆可在 100 米内使数据传输速率达到 100 Mbps。

　　（2）屏蔽双绞线电缆。屏蔽双绞线电缆的内部与非屏蔽双绞线电缆的内部一样是双绞铜线，外层由铝箔包着。屏蔽双绞线电缆相对来讲要贵一些，但它仍然比同轴粗缆和光缆便宜些。它的安装要比非屏蔽双绞线电缆难一些，类似同轴电缆。它必须配有支持屏蔽功能的特殊连接器和相应的安装技术。它具有较高的传输速率，100 米以内能达到 500 Mbps，但是通常使用的传输速率都不超过 155 Mbps，目前使用最普遍的传输速率是 16 Mbps。屏蔽双绞线电缆的最大使用距离也限制在百米之内。

3. 双绞线的使用

　　双绞线一般用于星型网的布线连接，两端安装有 RJ-45，就是我们经常说的"水晶头"，如图 3-15 所示。连接网卡与集线器，最大网线长度为 100 米，如果要加大网络的范围，在两段双绞线之间可安装中继器，最多可安装 4 个中继器。如安装 4 个中继器连接 5 个网段，则最大传输范围可达 500 米。

　　传输数据时，双绞线使用的只有 8 根线芯中的 4 根，用于双向传输（全双工）。根据

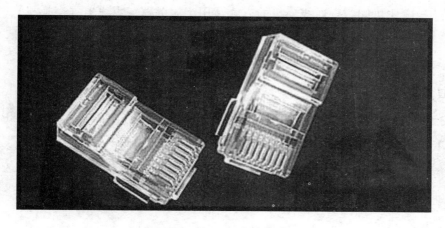

图 3 - 15　RJ-45 水晶头

连接两端的网络端口不同，会有直通线、交叉线（见图 3 - 16）及 rollover 线三种。直通线主要用于连接不同的两个端口，如网卡—交换机；交叉线用于连接相同的两个端口，如网卡—网卡；rollover 线主要被用于使用 RJ-45 转换器连接交换机或者路由器的控制端口。

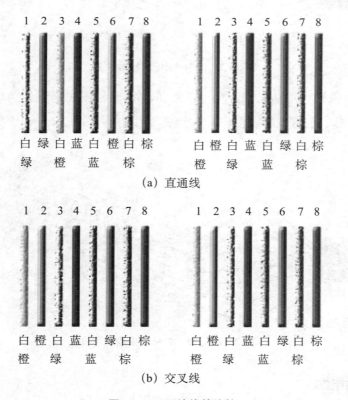

图 3 - 16　双绞线的连接

从图 3-16 中可知，直通线连接的方式适用于服务器—集线器（交换机）、集线器（交换机）—计算机，而交叉线连接的方式适用于计算机—计算机、集线器（交换机）—集线器（交换机）、交换机—交换机。

4. 双绞线的接法

双绞线有两种接法：EIA/TIA 568A（简称 T568A）标准和 EIA/TIA 568B（简称 T568B）标准。具体接法为：

T568A 线序：水晶头的 1、2、3、4、5、6、7、8 号压线铜片分别对应双绞线的白绿、绿、白橙、蓝、白蓝、橙、白棕、棕色线，如图 3-17 所示。

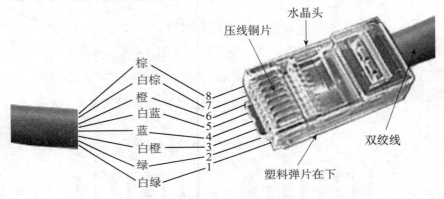

图 3-17 T568A 标准接线线序

T568B 线序：水晶头的 1、2、3、4、5、6、7、8 号压线铜片分别对应双绞线的白橙、橙、白绿、蓝、白蓝、绿、白棕、棕色线，如图 3-18 所示。

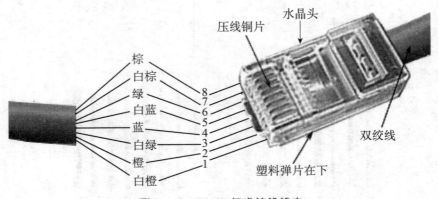

图 3-18 T568B 标准接线线序

（三）同轴电缆

同轴电缆（coaxial cable）因两股电缆同轴得名，是一种功能强、用处大的传输介质。在过去，局域网中应用最广泛的传输介质就是同轴电缆，许多人都把同轴电缆看作局域网的唯一传输介质，而忽视了双绞线日益增长的应用。

1. 物理特性

同轴电缆由绕同一轴线的两个导体组成。典型的同轴电缆中央（轴心）是一根单芯铜导线或是一股铜导线，它由泡沫塑料包裹与外层绝缘开。这层绝缘体同时被第二层网状导体（有的用导电铝箔）包住，用于屏蔽电磁干扰和辐射。电缆表面由坚硬的绝缘塑料包封。其结构如图3-19所示。

最常见的同轴电缆有下列几种：

（1）RG-8或RG-11，50欧姆；

（2）RG-58，50欧姆；

（3）RG-59，75欧姆；

（4）RG-62，93欧姆。

目前，广泛使用的同轴电缆有两种：一种为50欧姆（指沿电缆导体各点的电磁电压与电流之比）的同轴电缆，用于数字信号的传输，即基带同轴电缆；另一种为75欧姆的同轴电缆，用于宽带模拟信号的传输，即宽带同轴电缆。基带同轴电缆的主要类型有粗缆（RG-8）和细缆（RG-58，见图3-20）。

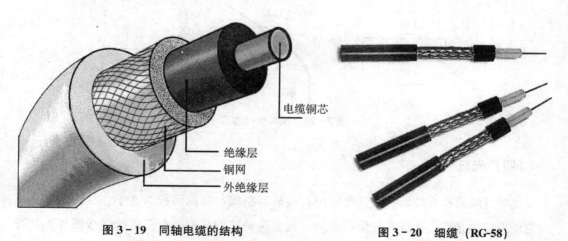

图3-19 同轴电缆的结构　　　　　图3-20 细缆（RG-58）

2. 同轴电缆的应用

同轴电缆主要用于设备到设备的连接，它总是成一线配置，有时称为主干电缆，即一条主干电缆连接网上所有的设备，包括工作站、服务器、打印机等，而且为了能正常工作需要加上终端电阻和正确的接地线。

在实际网络中使用同轴电缆连接设备时，有细缆和粗缆两种不同的连接方式：

（1）细缆连接方式。在该连接方式中，需要使用T型头连接电缆和计算机中的网卡，如图3-21所示。T型头需要切开电缆，在T型头与网卡间不能再有电缆，须直接相连。

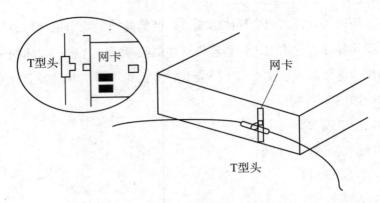

图3-21　细缆连接方式

（2）粗缆连接方式。在该连接方式中，不需要切开电缆，使用一个针状的插针刺入电缆中并接触到电缆中心的导体，如图3-22所示。这样，不用中断网络工作就可以添加或除去某个设备，如一台计算机或打印机等。粗缆需要使用外部收发器，将信号传入计算机或发向网络。

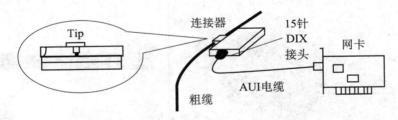

图3-22　粗缆连接方式

（四）光纤

光导纤维简称光纤，一般都是使用石英玻璃制成，横截面积非常小，利用内部全反射原理来传导光束。光纤在使用前必须由几层保护结构包覆，包覆后的缆线即称为"光缆"。光纤（optical fiber cable）由光导纤维纤芯（光纤核心）、玻璃网层（内部敷层）和坚强的外壳（外部保护层）组成，如图3-23所示。

1. 物理特性

光纤是一种直径为50微米～100微米的柔软、能传导光波的介质。各种玻璃和塑料都可以用来制造光导纤维，其中使用超高纯度石英玻璃纤维制作的光纤可以得到最低的

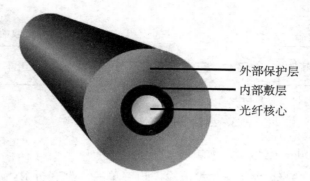

图 3 - 23 光纤的结构

传输损耗。在折射率较高的单根光纤外面，用折射率较低的包层包裹起来，就可以构成一条光纤通道。多条光纤组成一束，就构成了一条光缆。

　　光纤的芯是由导光性很好的玻璃纤维或塑料制成，芯的外面是涂覆层，最外层是塑料的保护外层。通常在最外层和涂覆层之间还有空隙，其中可以填充细线或泡沫，也可以用球状物隔离并充以油料等。

2. 传输特性

　　光纤通过内部的全反射来传输一束经过编码的光。内部的全反射可以在任何折射指数高于包层介质折射指数的透明介质中进行。实际上，光导纤维作为频率范围为 10^{14} Hz～10^{15} Hz 的波导管，这一范围覆盖了可见光谱和部分红外光谱。以小角度进入纤维的光沿纤维反射，而锐角度的折射线简单地被吸收，如图 3 - 24 所示。

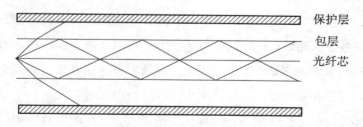

图 3 - 24 光纤传输特性

　　典型的光纤传输系统的结构如图 3 - 25 所示。在光纤发送端，主要采用两种光源：一种是发光二极管 LED (light-emitting diode)，另一种是注入型激光二极管 ILD (injection laser diode)。在接收端将光信号转换成电信号时，要使用光电二极管 PIN 检波器。光载波调制方法采用振幅键控 ASK 调制方法，即亮度调制。因此，光纤的传输速率可以达到每秒几千兆位。

3. 光纤的分类

　　根据光线在光纤的芯与涂覆层之间的传输方式，可以将光纤分为两类：单模光纤和

图 3 - 25　光纤传输系统结构示意图

多模光纤（模即 Mode，这里指 λ 射角）。

（1）单模光纤。光线以直线方式传输，频率单一，没有折射，芯径小于 10 微米。传输频带宽，传输容量大、距离远，一般由激光作光源，多用于远程通信。

（2）多模光纤。光线以波浪式传输，多种频率共存，芯径多为 50 微米，涂覆层直径则为 100 微米～600 微米。一般由二极管发光，多用于网络布线系统。

单模光纤与多模光纤中的光线传输形式如图 3 - 26 所示，单模光纤中传输的只是一种"颜色"的光，而多模光纤中可以传输多种"颜色"的光。与单模光纤相比，多模光纤的传输性能较差。

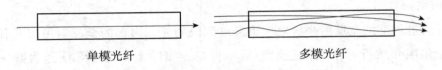

单模光纤　　　　　　　　　　　　　多模光纤

图 3 - 26　光线在单模光纤与多模光纤中的传输形式

4. 光纤的应用

多股光导纤维做成的光缆可用于通信，它的传导性能良好，传输信息容量大，一条通路可同时容纳数十人通话，可以同时传送数十套电视节目，供自由选看。光导纤维内窥镜可导入心脏和脑室，测量心脏中的血压、血液中氧的饱和度、体温等。用光导纤维连接的激光手术刀已在临床应用，并可用于光敏法治癌。

光导纤维还可以进行机械加工，计算机、机器人、汽车配电盘等也已成功地用光导纤维传输光源或图像。例如：与敏感元件组合或利用本身的特性，可以做成各种传感器，测量压力、流量、温度、位移、光泽和颜色等。光导纤维在能量传输和信息传输方面也获得广泛的应用。

高分子光导纤维开发之初，仅用于汽车照明灯的控制和装饰，现在主要用于医学、装饰、汽车、船舶等方面，以显示元件为主。在通信和图像传输方面，高分子光导纤维的应用日益增多，工业上用于光导向器、显示盘、标识、开关类照明调节、光学传感器等，也用于装饰显示、广告显示。

（五）三种有线介质的比较

上文介绍了双绞线、同轴电缆和光纤三种有线介质的各种特性指标，表 3－1 简单地总结这三种有线介质的特点。

表 3－1　双绞线、同轴电缆和光纤的性能比较

特性 ＼ 种类	双绞线	同轴电缆	光纤
带宽	155 Mbps	500 Mbps	2 Gbps
成本高低	较低	一般	非常高
安装难易度	容易	容易	难度大
衰减性	100 m	1 km	60 km
抗干扰性和抗窃听性	很差	较好	特别好

【任务实施】

任务一　宽带连接线水晶头制作

■ 任务目的

通过制作水晶头，学生能了解双绞线的结构和性能，学会水晶头的制作方法和技巧，掌握双绞线的连接方法。

■ 任务要求

（1）通过 RJ-45 水晶头制作网络连接线，进一步理解 EIA/TIA 568A 标准和 EIA/TIA 568B 标准。

（2）熟练掌握网络连接线的制作方法。

■ 任务内容

（1）按 T568A 和 T568B 标准制作。

（2）摸索并掌握双绞线理序、整理的要领与技巧。

（3）用测试仪测试导通情况并记录，完成实验报告，总结成败经验。

■ **任务步骤**

操作一：水晶头的制作。

（1）用压线钳或剪刀等锐器刮去 15 mm 的外皮，如图 3 - 27 所示。

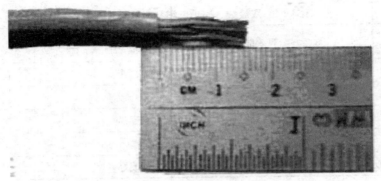

图 3 - 27 刮去 15 mm 的外皮

（2）分清 4 对铜线：橙，白橙；绿，白绿；蓝，白蓝；棕，白棕，如图 3 - 28 所示。

图 3 - 28 分清 4 对铜线

（3）了解接线方式：

① T568A 标准方式如表 3 - 2 所示。

表 3 - 2　T568A 标准方式

脚位	1	2	3	4	5	6	7	8
颜色	白绿	绿	白橙	蓝	白蓝	橙	白棕	棕

② T568B 标准方式如表 3 - 3 所示。

表 3-3　**T568B 标准方式**

脚位	1	2	3	4	5	6	7	8
颜色	白橙	橙	白绿	蓝	白蓝	绿	白棕	棕

注意：a. 如果电脑之间是用集线器或交换机相连，则双绞线两端都按照 T568B 标准进行连接，这叫直通线。一般用于两台以上电脑相连的局域网中。

b. 如果只有两台电脑相连，除了可以按照第一种方法用集线器相连，更多的是直接通过交叉线相连。在制作交叉线时，一端是 T568B 接法，另一端为 T568A 接法，把铜线插入接头，如图 3-29(a) 所示。

注意外皮要有一些穿进接口，以便固定，如图 3-29(b) 所示。

(a)　　　　　　　　　　　　　　　　　(b)

图 3-29　铜线插入接头

（4）用压线钳用力一压，网线一端即可完成，如图 3-30 所示。

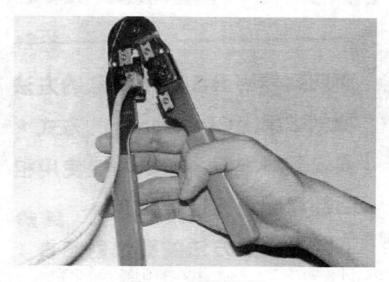

图 3-30　用压线钳压紧

（5）重复以上几个步骤，重复操作，制作多个水晶头。

操作二：双绞线的连接。

如果与电脑连接，则可以从后面的网卡孔插入，如图 3－31 所示。如果是将局域网通过一台服务器来上网，则作为服务器的电脑预先插入了两张网卡，将宽带网线插到其中一张，再把刚才做的网线接驳到第二张网卡上。如果只有两台电脑，则将第二张网卡的交叉线插到第二部电脑；如果是三台以上的电脑，需要把第二张网卡的标准直通线插到集线器上，集线器会以亮灯的方式指示是否连接成功，如图 3－32 所示。

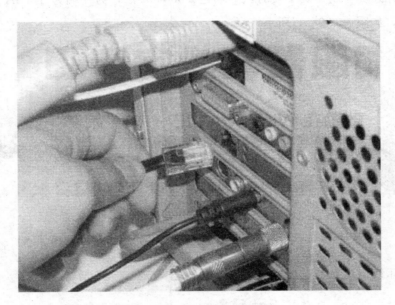

图 3－31　接到电脑网卡上

图 3－32　完整连接

■ 任务思考

（1）双绞线最小传输直径是多少米？最大传输直径又是多少米？

（2）制作的双绞线可以连接上网，最低要求哪几号线必须确保畅通？对网速有何要求？

（3）将 4 对双绞线初排序时，也可以选择浅色的 4 根线作为参照对象，拧开每一股双绞线时，8 根线也均要求浅色线排在左、深色线排在右。请问需要将哪根线进行跳线，才能满足 T568B 标准要求的线序？

（4）试运用本任务中介绍的双绞线理序、整理技巧，总结按 T568A 标准制作网线时的操作技巧。

（5）T568A 与 T568B 标准的区别究竟在何处？

（6）小张想将家中的两台计算机通过交换机组成一个小型局域网，现在要做两个 RJ-45 水晶头，你能否帮他做一下？怎样制作？

■ 任务报告

1. 任务过程

目的要求：

任务内容：

任务步骤：

2. 任务结果

结果分析：

（可以使用表格方式、图形方式或者文字方式。）

3. 总结

通过任务一的实施，总结自己对 RJ-45 水晶头制作过程中的问题了解了多少，掌握了多少，还有哪些问题需要进一步学习和掌握。

任务二　电子商务网站运营平台搭建

■ 任务目的

通过分析具体电子商务网站运营平台的搭建，学生能了解网站运营平台架构的具体技术，学会网络拓扑结构图的绘制，掌握网络设备的购置，掌握小型网络的组建方法。

■ 任务要求

（1）学会网络拓扑结构图的选择和绘制。

（2）掌握网络互联设备的基本使用方法。

（3）熟悉服务器的选择和类型。

（4）熟悉网络设备的价格。

（5）掌握小型网络的组建方法。

■ 任务内容

浙江某中小型企业需要进行电子商务网站建设，组建了电子商务部，配置了 7～10 人，并给该部门准备了单独的办公场所。

（1）进行设备规划，搭建网络环境。

（2）公司给予的总预算不超过 15 万元，并要求连入互联网。

（3）结合自己的专业，从经济、实用的角度出发为该公司设计一个完整的方案。

■ 任务步骤

（1）绘制网络拓扑结构草图，假设如图 3-33 所示。

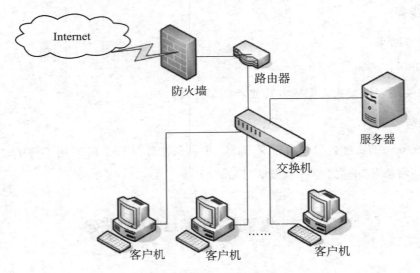

图 3-33　网络拓扑结构草图

（2）建设方案中拟购仪器设备清单，假设如表 3-4 所示。

表 3-4　拟购仪器设备清单

设备名称	参考规格型号	参考价格（万元）	备注
客户机一	E5400，2G，256M 独立显卡	0.45	
客户机二	Q4800，4G，320G，512M 独立显卡，DVD 刻录	0.65	

续前表

设备名称	参考规格型号	参考价格（万元）	备注
服务器	四核，5504，4G 内存，500G 硬盘，RIAD5，双千兆网卡，4U 机架式（含显示器）	4.1	
服务器	CPU：Intel Xeon E5-2407×1，5504，4G 内存，300G 硬盘，RIAD5，双千兆网卡，2U 机架式（含显示器）	4.0	
墨仓式打印机	支持 A4＋幅面，分辨率 9 600×2 400 dpi	0.22	
激光打印机	打印、扫描、复印、传真，支持网络接口、A4 幅面	0.45	

（3）假设设备购置可行性认证如表 3-5 所示，要求每个设备提供一张表格。

表 3-5　设备购置可行性认证一览表

设备名称	激光打印机	现有数量	0	拟购置数量	2	单价（元）	2 500
参考品牌	三星多功能激光打印机						
规格型号	SCX-4521 HS						
技术参数要求	打印、复印、传真、扫描，支持网络连接，分辨率 9 600×2 400 dpi						
市场调研情况	三星数码打印最近推出明星产品系列的升级版产品，是三星数码打印经过对中国企业用户的办公需求深入研究而精心打造的，适用于有着不同办公需求的中小型企业。通过市场调研……						
设备购置的可行性	设备购置是可行的						

（4）撰写电子商务网站运营平台搭建分析报告。

■ 任务思考

（1）典型的网络拓扑结构有哪几种？

（2）常用的网络互联设备有哪些？

（3）网站服务器有哪几种类型？

（4）小型网络系统方案设计步骤包括哪些？

■ 任务报告

1. 任务过程

目的要求：

任务内容：

任务步骤：

2. 任务结果

结果分析：

（可以使用表格方式、图形方式或者文字方式。）

3. 总结

通过任务二的实施，总结自己对电子商务网站运营平台方案分析过程中的问题了解了多少，掌握了多少，还有哪些问题需要进一步掌握。

【项目训练】

一、填空题

1. 网站运营基本系统模型分为＿＿＿＿＿＿系统模型，它们分别为＿＿＿＿＿＿、Web 应用服务器层和连接＿＿＿＿＿＿ 服务器的＿＿＿＿＿＿。其中，Web 应用服务器层分为＿＿＿＿＿＿ 和＿＿＿＿＿＿。

2. 电子商务网站运营应用层次结构分为＿＿＿＿＿＿、＿＿＿＿＿＿、电子商务支付系统、＿＿＿＿＿＿等。

3. 对网站运营平台的要求是：＿＿＿＿＿＿性、＿＿＿＿＿＿工具、＿＿＿＿＿＿ 能力、＿＿＿＿＿＿好、＿＿＿＿＿＿ 能力等。

4. 从外形上，网站服务器可以分为＿＿＿＿＿＿服务器、＿＿＿＿＿＿服务器、＿＿＿＿＿＿ 服务器、＿＿＿＿＿＿服务器等。从应用层次上，网站服务器可以分为＿＿＿＿＿＿服务器、＿＿＿＿＿＿服务器、＿＿＿＿＿＿服务器、＿＿＿＿＿＿服务器等。

5. 双绞线由＿＿＿＿＿＿ 具有＿＿＿＿＿＿ 的铜导线组成。把两根绝缘铜导线按一定的＿＿＿＿＿＿互相绞在一起，可以减少＿＿＿＿＿＿及信号＿＿＿＿＿＿影响的程度，每一根导线在导电传输中放出的＿＿＿＿＿＿ 会被另一根线上发出的＿＿＿＿＿＿ 所抵消。

6. T568A 线序：水晶头的 1 号压线铜片对应双绞线的＿＿＿＿＿＿、2 号压线铜片对应双绞线的＿＿＿＿＿＿、3 号压线铜片对应双绞线的＿＿＿＿＿＿、4 号压线铜片对应双绞线的＿＿＿＿＿＿、5 号压线铜片对应双绞线的＿＿＿＿＿＿、6 号压线铜片对应双绞线的＿＿＿＿＿＿、7 号压线铜片对应双绞线的＿＿＿＿＿＿、8 号压线铜片对应双绞线的＿＿＿＿＿＿。

二、思考题

1. 简述网站运营的网络结构模型。
2. 简述网站运营的应用层次结构。
3. 简述代理服务器的工作原理。
4. 简述光纤的概念。

项目四
电子商务静态网站设计

【项目介绍】

电子商务是指整个事务活动和贸易活动的电子化，它通过先进的信息网络，将事务活动和贸易活动中发生关系的各方有机地联系起来。本项目以五迪科技有限公司网站主页为例，介绍 DIV+CSS 知识。DIV+CSS 是网站标准（或称"WEB 标准"）中常用的术语之一，通常为了说明与 HTML 网页设计语言中的表格（table）定位方式的区别，因为在 XHTML 网站设计标准中，不再使用表格定位技术，而是采用 DIV+CSS 的方式实现各种定位。

CSS 是英语 Cascading Style Sheets（层叠样式表单）的缩写，它是一种用来表现 HTML 或 XML 等文件式样的计算机语言。

DIV 元素是用来为 HTML 文档内大块（block-level）的内容提供结构和背景的元素。DIV 的起始标签和结束标签之间的所有内容都是用来构成这个块的，其中所包含元素的特性由 DIV 标签的属性来控制，或者是通过使用样式表格式化这个块来控制。

【学习目标】

■ 项目知识目标

1. 基本知识

（1）掌握需求分析的基本概念；

（2）了解总体设计的概念；

（3）掌握数据库设计的流程；

（4）掌握网站开发的基本流程。

2. 拓展知识

（1）了解页面中不同内容的切换；

（2）了解公共类的设计。

■ 项目技能目标

1. 基本技能

（1）学会对数据库的基本信息的增删改查的程序设计能力；

（2）学会父子关系表在程序设计上的应用与实现。

2. 拓展技能

（1）了解对购物车的分析与设计能力；

（2）了解订单生成的完整过程。

【引导案例】

动态网页与静态网页分析

在"信息高速公路"上存放数据信息或提供网站推广信息服务的地方称为网站。根据网站的规模，可将网站分为门户网站、大型网站、中型网站和小型网站。根据网站推广的内容、信息传递的方式及提供服务的种类，通常可以将网站分为个人网站、办公自动化网站、电子商务网站、免费资源服务类网站、在线查询类网站、在线交友网站、在线宽带点播网站、在线教育网站、企业网站、校园网站、证券网站、法律网站等。

从用户角度来看，网站就是网页的集合。万维网上有大量的信息，网站推广信息都是以网页的形式体现的，许多网页存放在服务器上就构成了一个网站，许多网站连接起来就组成了世界范围内的信息资源的大型集合体——万维网。网页就是用 HTML 写成的文档，网页可以包含文字、图片、动画、声音、视频等内容，可以在网上传输，能被浏览器识别并转换成适当的形式显示出来。网页分为动态网页和静态网页。

1. 动态网页

"动态"是指网页中的内容可根据请求而变化。从服务器角度来讲，动态网页是通过客户机与服务器之间交互产生的页面，能使网页与网站服务器上的数据库建立连接，并且可以实时更新网页上的内容。也就是说，用户端与服务器端有实时互动的效果。例如：某考生查询某次考试的成绩，只要输入准考证号及姓名，服务器就会按照要求，从数据库中获取他的所有成绩，然后显示在显示屏上。对于不同的考生，在输入不同的准考证号和姓名之后，就会得到不同的成绩。这些信息事先只是存于数据库中，网页上事先并不存在，当考生将准考证号及姓名输入时，服务器根据条件从数据库中取出数据，实时地形成一个网页，将考生的各科成绩显示在显示屏上。再如：当我们打开一个门户网站时，随时都会看到最新的新闻。这些都是动态网页技术在网站推广中的应用。

动态网页具有许多优点：首先是网站推广互动性；其次是当网站的内容需要经常更新时，网页制作者不需要制作页面，只要更新数据库中的内容就行了。与静态网页相比，动态网页大大节省了维护时间和维护成本。

2. 静态网页

"静态"是指网站推广页面的内容"固定不变"，当客户机的浏览器通过 HTTP 协议向服务器请求提供网页时，服务器只能将原先已经设计好的网站推广页面传输给浏览器，不需要客户机与服务器之间进行交互，这种网页就是静态网页。它以一般文本文件为基础。

思考与讨论：动态网页与静态网页最大的区别是什么？它们之间有哪些联系？

【学习指南】

一、网页布局与定位

（一）认识和理解 DIV

1. 什么是 DIV

DIV 是层叠样式表中的定位技术，全称 Division，即划分。有时可以称其为图层。DIV 在编程中又称整除，即只得商的整数。DIV 元素是用来为 HTML（标准通用标记语言下的一个应用）文档内大块（block-level）的内容提供结构和背景的元素。

2. DIV 标签

<div> 可定义文档中的分区或节（division/section）。<div> 标签可以把文档分割为独立的、不同的部分。它可以用作严格的组织工具，并且不使用任何格式与其关联。如果用 id 或 class 来标记 <div>，那么该标签会变得更加有效。

3. 块状元素

块状元素自身占据一行且无法与其他元素相容，这里也包括两个相同的块状也是无法相容的。也就是说，块状元素一般是其他元素的一个容器，可容纳行内元素或其他块状元素，块状元素排斥其他元素与其位于同一行，宽度（width）和高度（height）属性起作用。常见的块状元素有"div"和"P"。

下面我们看一个例子。

```
<div>左侧部分</div>
<div>右侧部分</div>
```

运行以上程序后看到两行文字并不是并排放置的，而是上下放置。这说明 div 对象本身是占有一行的对象，而不准许其他元素与其处在同一行，这就是块状元素的特点。

4. 内联元素

内联元素只能容纳文本或者其他内联元素，它允许其他内联元素与其位于同一行，但宽度（width）和高度（height）属性不起作用。常见内联元素有"a"。表 4-1 所示的是块状元素与内联元素对比。

表 4-1　块状元素与内联元素对比表

	块状元素"div"	内联元素"a"
是否允许其他元素同处一行	否（No）	是（Yes）
width 和 height 是否起作用	是（Yes）	否（No）

5. **实例**

【**案例 4.1**】要求：ID 为 div1 的红色（♯900）区域，宽度和高度均为 300 像素，并且包含一个 ID 为 div2 的绿色（♯090）区域，长度和宽度均为 100 像素。

CSS 代码如下：

```
#div1{width:300px;height:300px;background:#900;}
#div2{width:100px;height:100px;background:#090;}
```

HTML 代码如下：

```
<div id="div1">
<div id="div2"></div>
</div>
```

完整的代码如下：

```
<! DOCTYPE html PUBLIC "-//W3C//DTD XHTML 1.0 Transitional//EN"
"http://www.w3.org/TR/xhtml1/DTD/xhtml1-transitional.dtd">
<html xmlns="http://www.w3.org/1999/xhtml">
<head>
<meta http-equiv="Content-Type" content="text/html;charset=gb2312" />
<title>CSS 学习——"可容纳内联元素和其他块状元素"</title>
<style type="text/css">
#div1{width:300px;height:300px;background:#900;}
#div2{width:100px;height:100px;background:#090;}
</style>
</head>
<body>
<div id="div1">
<div id="div2"></div>
</div>
</body>
</html>
```

运行结果如图 4-1 所示。

图 4-1　两个块状元素示意图

　　接着，给刚才的要求再加一个条件，在 div1 里放入一个链接 a，内容为"可容纳内联元素和其他块状元素"，颜色为白色。

　　CSS 代码如下：

```
#div1{width:300px;height:300px;background:#900;}
#div2{width:100px;height:100px;background:#090;}
a{color:#fff;}
```

　　HTML 代码如下：

```
<div id="div1">
<div id="div2"></div>
<a href="#">可容纳内联元素和其他块状元素</a>
</div>
```

　　运行结果如图 4-2 所示。

　　到这里，我们可以看到 div1 这个块状元素里面拥有两个元素：一个是块状元素 div2，另一个是内联元素 a。这就是块状元素概念中所提到的"块状元素一般是其他元素的一个容器，可容纳内联元素和其他块状元素"。为什么要说"一般"？因为块状元素不止用来做容器，有时还有其他用途，如利用块状元素将上下两个元素隔开一定距离，或者利用块状元素来实现父级元素的高度自适应等。

图 4-2　可容纳内联元素和其他块状元素示意图

我们继续加条件，在 div1 里面 div2 的后面再放入一个 ID 为 div3、长度和宽度均为 100 像素的蓝色（♯009）区域块。

CSS 代码如下：

```
#div1{width:300px;height:300px;background:#900;}
#div2{width:100px;height:100px;background:#090;}
#div3{width:100px;height:100px;background:#009;}
a{color:#fff;}
```

HTML 代码如下：

```
<div id="div1">
<div id="div2"></div>
<div id="div3"></div>
<a href="#">可容纳内联元素和其他块状元素</a>
</div>
```

运行结果如图 4-3 所示。

是不是和自己事先想象的不一样？本以为蓝色会处于绿色的右侧，可是却位于下方。如果再加 div4、div5，同样的，它们还是继续位于前一个下方，垂直排列，这就是块状元素概念中所提到的"块状元素排斥其他元素与其位于同一行"。无论是与其有联系的块状元素还是毫无联系的内联元素，都必须位于下一行。上例中，绿色方块、蓝色方块和内联元素 a 各处一行。

图 4-3　三个块状元素示意图

（二）认识和理解 CSS

1. 什么是 CSS

CSS 是 cascading style sheet 的缩写，称为"级联样式表"，是对 HTML 语法的革新。样式表是动态网页的一部分，建立样式表的意义在于把对象引入 HTML 中，使其可以使用脚本程序调用和改变对象属性，从而使网页中的对象产生动态的效果。

CSS 简化了 HTML 中各种烦琐的标签，使各标签的属性更具一般性和通用性，扩充了功能。

（1）浏览器支持完善；

（2）表现与结构分离；

（3）样式控制功能强大；

（4）继承性能优越。

目前，CSS 在 Web 中有广泛的应用，可应用在 HTML、XML，甚至 Flex、Silver-Light 中。在网页布局中，DIV 承载的是内容，而 CSS 承载的是样式。内容和样式的分离对于所见即所得的传统 Table 编辑方式确实是一个很大的冲击，尤其是设计人员很难接受设计一个他们不能立即看到的样式。

2. CSS 基本语句

CSS 基本语句的结构如下：

HTML 选择符 ｛属性 1：值 1；属性 2：值 2；属性 n：值 n；｝

选择符是要对它应用说明的 HTML 元素名称；属性就是能够被 CSS 影响的浏览器行为，如字体、背景、边界等；值就是可以为属性设置的任何选项，如"楷体""red"等。例如：

```
p{font-size:12pt;color:blue}
```

3. 什么是 CSS 样式

【案例 4.2】先看下面一段语句。

```
<HTML>
<HEAD>
<TITLE>设置属性</TITLE>
</HEAD>
<BODY>
<P style = "color:red;font-size:30px;font-family:隶书;">
这个段落应用了样式
<P>这个段落按默认样式显示
</BODY>
</HTML>
```

运行结果如图 4-4 所示。

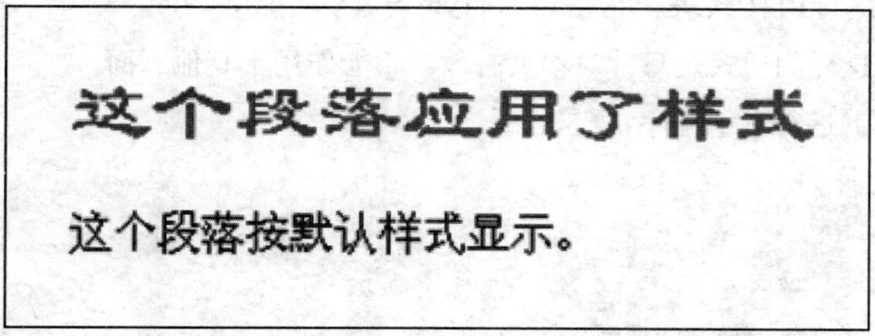

这个段落应用了样式

这个段落按默认样式显示。

图 4-4　使用 CSS 样式

以上程序中使用了<P style ="color：red；font-size：30px；font-family：隶书；" >行内样式语句。其中，style 就是样式；color、font-size、font-family 是样式属性。CSS 常见的样式属性如表 4-2 所示。

表4-2 CSS常见的样式属性表

属性	CSS名称	说明
颜色	color	
文本属性	font-size	字体大小
	font-family	字体
	text-align	文本对齐
边框属性（用于表单元素）	border-style	边框样式
	border-width	边框宽度
	border-color	边框颜色
定位属性（position）	top	顶部边距（上边距）
	left	左边距
	width	宽度
	height	高度
	z-index	Z轴索引号，用于层

4. CSS样式分类

加载CSS样式有以下几种：

（1）行内样式。如果希望某段文字和其他段落的文字显示风格不一样，那么请采用"行内样式"。行内样式使用元素标签的style属性定义，其语法如下所示：

```
<style>
h2 { color: #f00; }
</style>
```

这种形式是行内样式表，它是以<style>开头、</style>结尾，写在源代码的head标签内。这样的样式表只针对本页有效，不能作用于其他页面。

【案例4.3】运行以下程序：

```
<head>
<style type = "text/css">
P {  /*设置样式:字体和背景色*/
font-family:System;
font-size:18px;
color: #3333CC;
```

```
}
h2 {
background-color:#CCFF33;
text-align:center;
}
</style>
</head>
<body>
<h2>品种特征方面:</H2>
<P>　1、蛋鱼:蛋鱼……..</P>
<P>　2、龙睛:龙睛……..</P>
<P>　3、高头:高头…..</P>
</body>
```

运行结果如图 4-5 所示。

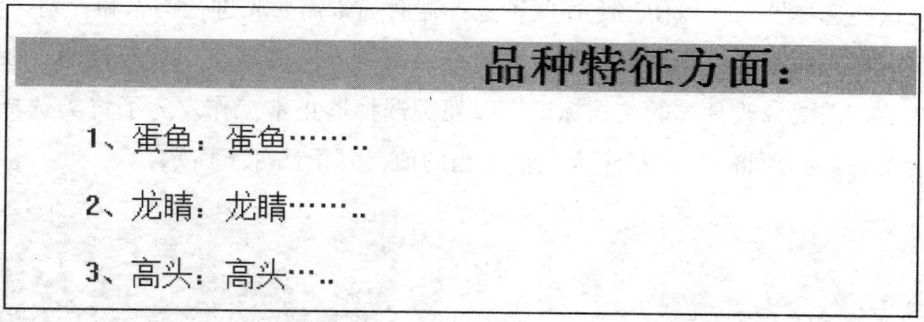

图 4-5　案例 4.3 运行结果

（2）内嵌样式。行内样式表局限于某个标签，如果希望本网页内的所以同类标签都采用统一样式，这时应采用内嵌样式，其语法如下所示：

```
<style type="text/css">
P
{
  font-size:20px;
  color:blue;
  text-align:center
}
</style>
```

（3）元素选择器。最常见的 CSS 选择器是元素选择器。换句话说，文档的元素就是最基本的选择器。如果设置 html 的样式，选择器通常将是某个 html 元素，如 p、h1、em、a，甚至可以是 html 本身。其语法如下所示：

```
元素名
{
样式规则(属性名:属性值)
}
```

例如：

```
html {color:black;}
h1 {color:blue;}
p {color:silver;}
```

（4）类选择器。类选择器允许以一种独立于文档元素的方式来指定样式。该选择器既可以单独使用，也可以与其他元素结合使用。要注意的是：只有适当地标记文档后，才能使用这些选择器，所以使用上述两种选择器时通常需要先进行构思和计划。

要应用样式而不考虑具体设计的元素，最常用的方法就是使用类选择器。在使用类选择器之前，需要修改具体的文档标记，以便类选择器正常工作。为了将类选择器的样式与元素关联，必须将 class 指定为一个适当的值。其语法如下所示：

```
. 类名
{
样式规则(属性名:属性值)
}
```

例如：

```
. important
{color:red;
}
```

应用类选择器时，class＝"类名" 即可。

【案例 4.4】运行以下程序：

```
<htmlL>
<head>
<style type = "text/css">
```

```
.myinput

{   border:1px solid;

border-color:#D4BFFF;

color:#2A00FF   }

</style>

</head>

<body>

<form >

<P>用户名

  <input name = "textfield" type = "text" class = "myinput"></P>

<P>密  码

<input name = "textfield" type = "password" class = "myinput">

</P> <P>

  <input type = "submit" name = "Submit" value = " 重 填 ">

  <input type = "submit" name = "Submit" value = " 提 交 ">

</P>

</form>

</body>

</html>
```

运行结果如图 4 - 6 所示。

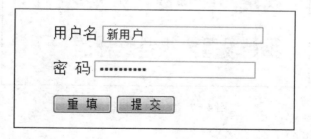

图 4 - 6　案例 4.4 运行结果

(5) ID 选择器。ID 选择器以"#"来定义，其语法如下所示：

```
# ID名
{样式规则(属性名:属性值)}
```

例如：

```
# important
{color:red;
}
```

应用 ID 选择器时 ID＝"ID 名"即可。

【案例 4.5】运行以下程序：

```
<head>
<style type = "text/css">
# fire
{   color:red;
    font-size:24px; }
</style>
</head>
<body>
<h2 ID = "fire">我是二级标题,火是这样的</H2>
<P ID = "fire">我是段落,火是这样的</P>
</body> </html>
```

运行结果如图 4-7 所示。

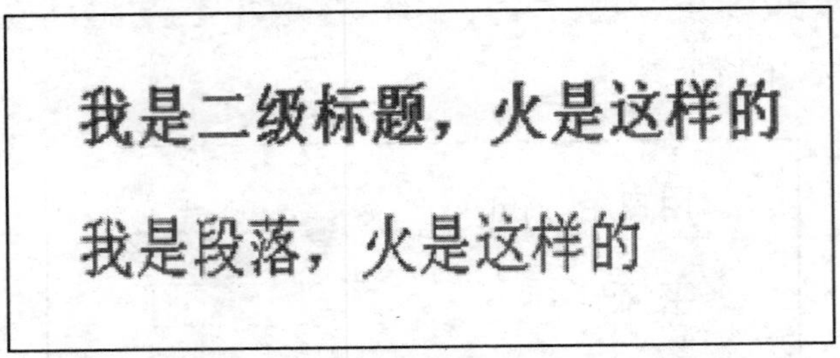

我是二级标题，火是这样的

我是段落，火是这样的

图 4-7　案例 4.5 运行结果

（6）ID 与 class 的区别。

① 在 CSS 文件中书写时，ID 加前缀"＃"；class 用"."。

② ID 一个页面只可以使用一次，class 可以多次引用。

③ ID 是一个标签，用于区分不同的结构和内容；class 是一个样式，可以套在任何结构和内容上。

④ 从概念上说，ID 是先找到结构/内容，再给它定义样式；class 是先定义好一种样式，再套给多个结构/内容。

（7）链入外部样式表。是把样式表保存为一个样式表文件，然后在页面中用<link>标记链接到这个样式表文件，这个<link>标记必须放到页面的<head>区内，其语法如下所示：

```
<head>
… …
<link href = "mystyle. css" rel = "stylesheet" type = "text/css" media = "all">
… …
</head>
```

上面这个例子表示浏览器从 mystyle. css 文件中以文档格式读出定义的样式表。rel＝"stylesheet"是指在页面中使用这个外部的样式表。type＝"text/css"是指文件的类型是样式表文本。href＝"mystyle. css"是文件所在的位置。media 是选择媒体类型，包括屏幕、纸张、语音合成设备、盲文阅读设备等。

（8）导入外部样式表。是指在内部样式表的<style>里导入一个外部样式表，导入时用@import，看下面这个实例：

```
<head>
… …
<style type = "text/css">
<! – –
@import "mystyle. css"
其他样式表的声明
– –>
</style>
… …
</head>
```

例中@import "mystyle. css" 表示导入 mystyle. css 样式表。注意使用外部样式表时的方法和链入样式表的方法很相似，实质上它相当于存在内部样式表中。要注意的是：导入外部样式表必须在样式表的开始部分，在其他内部样式表上面。

（三）认识和理解 CSS 盒子模型

在网页设计中常涉及的属性名，如内容（content）、填充/内边距（padding）、边框（border）、外边距（margin），CSS 盒子模型都具备这些属性。这些属性我们可以用日常生活中的盒子作一个比喻来理解，所以叫它盒子模型，如图4-8所示。

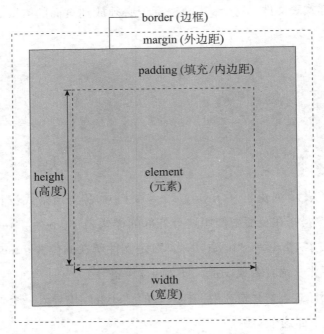

图4-8　CSS盒子模型

　　content就是盒子里装的东西，它有高度（height）和宽度（width），可以是图片、文字或者小盒子嵌套。在现实中，内容不能大于盒子，内容大于盒子就会把盒子撑破。但在CSS中，盒子是有弹性的，内容太多会撑大盒子，但不会损害盒子。padding即填充，就好像我们为了保证盒子里的东西不损坏，填充了一些东西，如泡沫或者塑料薄膜。填充物有大有小、有软有硬，反映在网页中就是padding的大小。再外一层是border，边框有大小和颜色的属性。margin就是盒子与其他盒子或者物体的距离。假如有很多盒子，margin就是盒子堆码直接的距离，既美观又方便取出。

　　理解盒子模型，有助于我们了解一个元素的最终尺寸是如何决定的，同时能帮助我们理解元素在网页上是如何定位的。

　　通过图4-9可知，一个盒子模型占有的实际宽度或者高度，并不是它的width或者height值，它的外边距、内边距、边框也占有实际的尺寸。在网页的实际制作过程中，经常要用到精确计算宽度和高度的值。

　　盒子模型的宽度和高度与我们平常所说的物体的宽度和高度的概念是不一样的，CSS内定义的宽度（width）和高度（height）指的是填充以里的内容范围。

　　　　一个元素实际宽度（盒子的宽度）＝左边距＋左边框＋左填充＋内容宽度＋右填充＋右边框＋右边距

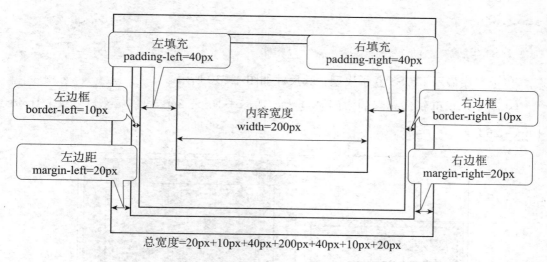

左填充
padding-left=40px

右填充
padding-right=40px

左边框
border-left=10px

内容宽度
width=200px

右边框
border-right=10px

左边距
margin-left=20px

右边框
margin-right=20px

总宽度=20px+10px+40px+200px+40px+10px+20px

图 4-9　元素的实际宽度

即　　　　宽度 ＝［margin-left］＋［border-left］＋［padding-left］＋［width］＋［padding-right］＋［border-right］＋［margin-right］

同理，

元素的高度＝上外边距＋上边框＋上内边距＋内容高度＋下内边距＋下边框＋下外边距

即　　　　高度 ＝［margin-top］＋［border-top］＋［padding-top］＋［height］＋［padding-bottom］＋［border-bottom］＋［margin-bottom］

【案例 4.6】CSS 的盒子模型。

```
<html>
<head>
<style type = "text/css">
div{
    width:200px;
    padding:20px;
    border:1px solid red;
    margin:10px;
}
</style>
</head>
<body>
    <div>盒子里面文本内容</div>
```

```
</body>
</html>
```

以上程序显示了 CSS 盒子模型，其尺寸如图 4 - 10 所示。

从图 4 - 10 可知，元素的实际长度为：$10px+1px+20px+200px+20px+1px+10px=262px$。

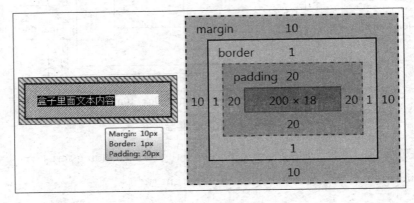

图 4 - 10　CSS 盒子模型尺寸

（四）浮动与定位

1. 什么是文档流

文档流是指文档中可显示对象在排列时所占用的位置。文档流分为两种，分别是普通文档流和特殊文档流。

（1）普通文档流。HTML 代码中先写的标签先显示，后写的标签后显示，整个过程好像瀑布的水从上流到下，因此命名为普通文档流。

（2）特殊文档流。特殊文档流是指那些在页面被载入浏览器时，不按照前面所讲的顺序，脱离普通文档流而单独显示的标签。浏览器在显示一个网页的时候，总是先显示普通文档流，再显示特殊文档流。

2. CSS 浮动定位

浮动定位（float）是 CSS 的定位属性，float 属性定义元素在哪个方向浮动。以往这个属性总应用于图像，使文本围绕在图像周围，不过在 CSS 中，任何元素都可以浮动。浮动元素会生成一个块级框，而不论它本身是何种元素。如果浮动非替换元素，则要指定一个明确的宽度；否则，它们会尽可能地窄。要注意的是，假如在一行之上只有极少的空间可供浮动元素，那么这个元素会跳至下一行，整个过程会持续到某一行拥有足够的空间为止。

【案例 4.7】运行以下程序：

```
<html>
<head>
<style type = "text/css">
#box_a {background-color: #ccc;
height:200px;
width:240px;
margin:5px;
border:1px solid#333;
float:left;
}
#box_b {background-color: #ccc;
height:200px;
width:600px;
margin:5px;
border:1px solid#333;
float:left;
}
#box_c {background-color: #ccc;
height:200px;
width:220px;
margin:5px;
border:1px solid#333;
float:left;
}
</style>
</head>
<body>
<div id = "box_a">盒子模型 A</div>
<div id = "box_b">盒子模型 B</div>
<div id = "box_c">盒子模型 C</div>
</body>
</html>
```

运行结果如图 4-11 所示。

图 4-11　CSS 浮动定位

（五）网页布局

1. 网页布局步骤

（1）构思（结构的搭建）。在构思之前需要了解客户的需求、网站的定位、受众群等，也就是说，需要了解策划方案。当真正了解客户需求后，就可以将所想到的"构思"画出来（用笔和纸或者软件都可以，根据自己的习惯而定）。这属于一个构思的过程，不讲究细腻工整，也不必考虑一些细节的部分，只要用几条粗陋的线条勾画出创意的轮廓即可。尽可能地多进行构思，以便选择一个最适合的进行搭建。

（2）粗略布局。这个步骤是把重要的元素和网页结构相结合，以确认框架是否合理、是否符合客户的需求等。

（3）完善布局。当已经有一个很好的框架时，根据客户的要求将其所需的内容有条理地融入整个框架中，这时就进入网页布局阶段了，需要处理图片、合理安排空间。

（4）深入优化。这个步骤主要是针对某些细节的更改和优化，如颜色饱和度、字体、间距。并且根据客户的反馈对现有界面进行适当的调整，直至客户满意。

2. 网页布局设计

【案例 4.8】请设计图 4-12 所示某网页结构图。

Header 宽度自适应，高100px		
Left 宽100px，高300px	con 1 宽度自适应，高150px	Right 宽100px，高300px
	con 2 宽度自适应，高150px	
Footer 宽度自适应，高100px		

图 4-12　某网页结构图

程序代码如下所示：

```
<head>
    <meta charset = "UTF-8">
    <title>Layout</title>
    <style>
    body {margin:0;padding:0;}
    .Header,.Footer {height:100px;background-color:#369;}
    .Left,.Right {
        position:absolute;
        top:100px;
        width:100px;
        height:300px;
        background-color:pink;
    }
    .Left {left:0;}
    .Right {right:0;}
    .Cont {margin:0 100px;}
        .con1,.con2 {height:150px;}
        .con1 {background-color:silver;}
        .con2 {background-color:slateGrey;}
    </style>
</head>
<body>
    <div class = "Header">Header</div>
    <div class = "Left">Left</div>
    <div class = "Cont">
        <div class = "con1">con1</div>
        <div class = "con2">con2</div>
    </div>
    <div class = "Right">Right</div>
    <div class = "Footer">Footer</div>
</body>
```

运行结果如图 4-13 所示。

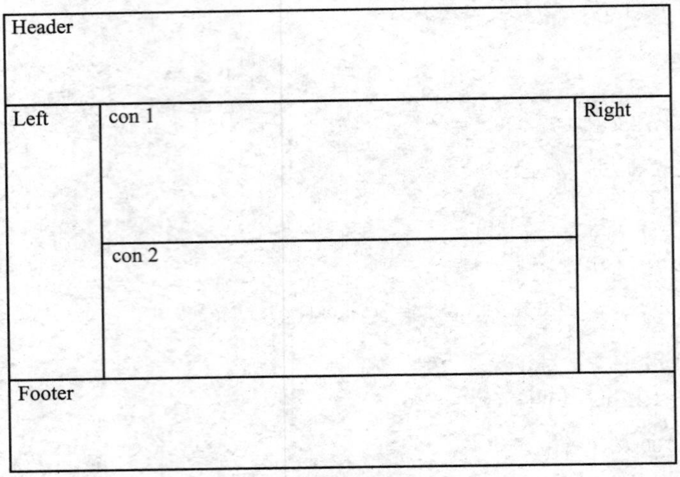

图 4 - 13　网页布局结构

二、CSS 对元素背景的控制

（一）背景控制

1. CSS 背景属性

背景（background）是 CSS 中的一个重要部分，也是必须了解的基础知识。表 4 - 3 所示的是 CSS 常用的背景属性及描述。

表 4 - 3　CSS 常用的背景属性及描述

属性	描述
background	简写属性，作用是将背景设置在一个声明中
background-attachment	背景图像是否固定或者随着页面的其余部分滚动
background-color	设置元素的背景颜色
background-image	把图像设置为背景
background-position	设置背景图像的起始位置
background-repeat	设置背景图像如何重复

这些属性可以全部合并为一个缩写属性：background。需要注意的是：背景占据元素的所有内容区域，包括 padding 和 border，但是不包括元素的 margin。background 在 Firefox、Safari、Opera 以及 IE 8 中工作正常，但是 IE 6 和 IE 7 中，background 未将 border 计算在内。

2. **背景颜色**　(background-color)

background-color 属性即用纯色来填充背景。有许多方式指定颜色，以下方式都会得到相同的结果。

```
background-color:blue;background-color:rgb(0,0,255);background-color:#0000ff;
```

background-color 也可被设置为透明（transparent），这会使得其下的元素可见。

3. **背景图片**　(background-image)

background-image 属性允许指定一个图片展示在背景中，可以和 background-color 连用。如果图片不重复的话，图片覆盖不到的地方都会被背景色填充。代码很简单，只需要记住，路径是相对于样式表的，因此以下代码中，图片和样式表是在同一个目录中的。

```
background-image:url(image.jpg);
```

但是如果图片在一个名为 images 的子目录中，就应该是：

```
background-image:url(images/image.jpg)。
```

【案例 4.9】背景图片设置的程序代码。

```html
<html>
<head>
<meta http-equiv = "Content-Type" content = "text/html;charset = utf-8">
<title>荷花</title>
<style type = "text/css">
.zz{ width:290px;height:300px;background:#00FF33;margin:5px;padding:5px;background:
url(127.JPG)no-repeat;}
</style>
</head>
<body>
<div class = "zz">荷花</div>
</body>
</html>
```

运行结果如图 4-14 所示。

图 4 - 14　背景图片

4. 背景平铺（background-repeat）

设置背景图片时，默认把图片在水平和垂直方向平铺以铺满整个元素。这也许是你需要的，但是有时会希望图片只出现一次，或者只在一个方向平铺。以下为可能的设置值和结果：

（1）background-repeat:repeat;（默认值，在水平和垂直方向平铺）

（2）background-repeat:no-repeat;（不平铺，图片只展示一次）

（3）background-repeat:repeat-x;［水平方向平铺（沿 x 轴）］

（4）background-repeat:repeat-y;［垂直方向平铺（沿 y 轴）］

（5）background-repeat:inherit;（继承父元素的 background-repeat 属性）

5. 背景定位　（background-position）

background-position 属性用来控制背景图片在元素中的位置。实际上指定的是图片左上角相对于元素左上角的位置。

下面的例子中，设置了一个背景图片并且用 background-position 属性来控制它的位置，同时设置了 background-repeat 为 no-repeat，计量单位是像素（见图 4 - 15）。第一个数字表示 x 轴（水平）位置，第二个是 y 轴（垂直）位置。

（1）background-position:0 0;（默认值，元素的左上角）

（2）background-position:75px 0;（将图片向右移动）

（3）background-position:—75px 0;（将图片向左移动）

（4）background-position:0 100px;（将图片向下移动）

图 4 - 15　背景定位

background-position 属性可以用其他数值，如关键词和百分比来指定。这在元素尺寸不是用像素设置时比较实用。

在 x 轴上：left、center、right；

在 y 轴上：top、center、bottom。

其顺序和使用像素值时的顺序几乎一样，首先是 x 轴，其次是 y 轴，程序代码如下所示：

```
background-position:top right;
```

使用百分数时也类似。需要注意的是：使用百分数时，浏览器是以元素的百分比数值来设置图片的位置。

（二）文本格式控制

1. 网页的基本构成元素

网页由文本、图像、超级链接、导航栏、动画、表格、框架、表单等基本元素构成。

（1）文本。一般情况下，网页中最多的内容是文本，可以根据需要对其字体、大小、颜色、底纹、边框等属性进行设置。建议用于网页正文的文字不要太大，也不要使用过多的字体，中文文字一般可使用宋体，大小一般使用 9 磅或 12 像素左右即可。

（2）图像。丰富多彩的图像是美化网页必不可少的元素，用于网页上的图像一般为 JPG 格式和 GIF 格式。网页中的图像主要用作点缀标题的小图片、介绍性的图片、代表企业形象或栏目内容的标志性图片，用于宣传广告等多种形式。

（3）超级链接。超级链接是 Web 网页的主要特色，是指从一个网页指向另一个目的端的链接。这个"目的端"通常是另一个网页，也可以是下列情况之一：相同网页上的不同位置、一个下载的文件、一幅图片、一个 E-mail 地址等。超级链接可以是文本、按钮或图片，鼠标指针指向超级链接位置时，会变成小手形状。

（4）导航栏。导航栏是一组超级链接，用来方便地浏览站点。导航栏一般由多个按钮或者多个文本超级链接组成。

（5）动画。动画是网页中最活跃的元素，创意出众、制作精良的动画是吸引浏览者眼球的最有效方法之一。但是如果网页动画太多，也会物极必反，使人眼花缭乱，进而产生视觉疲劳。

（6）表格。表格是 HTML 语言中的一种元素，主要用于网页内容的布局，组织整个网页的外观，通过表格可以精确地控制各网页元素在网页中的位置。

（7）框架。框架是网页的一种组织形式，将相互关联的多个网页的内容组织在一个浏览器窗口中显示。例如：在一个框架内放置导航栏，另一个框架中的内容可以随单击导航栏中的链接而改变。

（8）表单。表单是用来收集访问者信息或实现一些交互作用的网页，浏览者填写表单的方式是输入文本、选中单选按钮或复选框、从下拉菜单中选择选项等。

2. CSS 对文本的控制

文字是网页中不可缺少的部分，在每一个页面中，文字所占比重平均在 90％以上，CSS 中文本的控制包括两个方面的内容：一是控制文本中字体的各种显示效果（如控制字体的大小等），二是控制文本的显示效果（如控制文本的缩进等）。在 CSS 中，文本的控制是很重要的内容，文本的显示效果直接影响读者对页面信息的读取。

3. 字体样式设计

CSS 所支持的字体样式主要包含字体、字号、颜色、文字样式、加粗样式、文字线条描述、英文字母大小写等，如表 4－4 所示。

表 4－4　CSS 字体样式

中文说明	标记语法
字体样式	{font：font-style font-variant font-weight font-size font-family}
字体类型	{font-family："字体 1"，"字体 2"，"字体 3"，…}
字体大小	{font-size：数值|inherit|medium|large|larger|x-large|xx-large|small|smaller|x-small|xx-small}
字体风格	{font-style：inherit|italic|normal|oblique}
字体粗细	{font-weight：100-900|bold|bolder|lighter|normal}
字体颜色	{color：数值}
字体行高	{line-height：数值|inherit|normal}
字 间 距	{letter-spacing：数值|inherit|normal}

（1）字体样式（font）。

语法：{font：font-style font-variant font-weight font-size font-family}。

[<字体风格>||<字体变形>||<字体加粗>]？ <字体大小>[/<行高>]？
<字体类形>

功能：简写属性，提供了对字体所有属性进行设置的快捷方法。

说明：字体样式用作不同字体属性的缩写，特别是行高。例如：

```
<style type="text/css">
P { font:italic bold 12pt/14pt Times,serif }/* 指定该段为 bold(粗体)和 italic(斜体)Times
或 serif 字体,16 点大小,行高为 14 点. */
</style>
<body>
<p> 字体大小</p>
```

浏览显示效果如下：

字体字体

（2）字体类型（font-family）。

语法：{font-family:字体 1,字体 2,字体 3,…}。

功能：调用客户端字体。

说明：当指定多种字体时，用"，"分隔每种字体名称；当字体名称包含两个以上分开的单词时，用" " 把该字体名称括起来；当样式规则外已经有" " 时，用' 代替" "。

注意事项：如果在 font-family 后加上多种字体的名称，浏览器会按字体名称的顺序逐一在用户的计算机里寻找已经安装的字体，一旦遇到与要求相匹配的字体，就按这种字体显示网页内容，并停止搜索；如果不匹配就继续搜索，直到找到为止。万一样式表里的所有字体都没有安装的话，浏览器就会用自己默认的字体来替代显示网页的内容。

（3）字体大小（font-size）。

语法：{font-size:数值|inherit|medium|large|larger|x-large|xx-large|small|smaller|x-small|xx-small}。

功能：设定文字大小。

说明：使用比例关系，xx-small、x-small、small、medium、large、x-large、xx-large。

（4）字体风格（font-style）。

语法：{font-style:inherit|italic|normal|oblique}。

功能：使文本显示为偏斜体或斜体等表示强调。

说明：inherit（继承）、italic（斜体）、normal（正常）、oblique（偏斜体）。

（5）字体粗细（font-weight）。

语法：｛font-weight：100-900｜bold｜bolder｜lighter｜normal｝。

功能：设定文字的粗细。

说明：bold（粗体，相当于数值 700）、bolder（特粗体）、lighter（细体）、normal（正常体，相当于数值 400）。

注意事项：取值范围为数字 100～900，浏览器默认的字体粗细为 400。另外，可以通过参数 lighter 和 bolder 使得字体在原有基础上显得更细或更粗些。

（6）字体颜色（color）。

语法：｛color：数值｝。

功能：设置字体颜色。

说明：颜色参数取值范围，可以 RGB 值表示，以 16 进制（Hex）的色彩值表示或以默认颜色的英文名称表示。

注意事项：以默认颜色的英文名称表示无疑是最方便的，但由于预定义的颜色种类太少，因此更多的网页设计者喜欢用 RGB 的方式。RGB 方式的好处很多，不但可以用数字的形式精确地表示颜色，而且是很多图像制作软件（如 Photoshop）里默认使用的规范，这样一来就为图片和网页更好地结合打下了坚实的基础。

（7）字体行高（line-height）。

语法：｛line-height：数值｜inherit｜normal｝。

功能：设置行与行之间的距离。

说明：取值范围，不带单位的数字：以 1 为基数，相当于比例关系的 100％；带长度单位的数字：以具体的单位为准；比例关系。

注意事项：行距是指上下两行基准线之间的垂直距离。一般来说，英文五线格练习本从上往下数的第三条横线就是计算机所认为的该行的基准线。如果文字字号很大，而行距相对较小的话，可能会发生上下两行文字互相重叠的现象。

（8）字间距（letter-spacing）。

语法：｛letter-spacing：数值｜inherit｜normal｝。

功能：控制文本元素字母间的间距，所设置的距离适用于整个元素。

注意事项：设置字间距长度使用数值，正值表示加进父元素中继承的正常长度，负值则减去正常长度。在数字后指定度量单位：ex（小写字母 x 的高度），em（大写字母 M 的宽度）。

（9）字母大小写转换（text-transform）。

语法：｛text-transform：inherit｜none｜capitalize｜uppercase｜lowercase｝。

功能：设置一个或几个字母的大小写标准。

说明：none（不改变文本的大写小写）、capitalize（元素中每个单词的第一个字母用大写）、uppercase（将所有文本设置为大写）、lowercase（将所有文本设置为小写）。

（三）图片控制

1. 图片的 CSS 样式

（1）在网页中插入图片。在标准 XHTML 文档中嵌入图片的方式和传统的 HTML 嵌入图片的方式一样，都是使用 img 标签。

使用 img 标签嵌入图片的语法：

```
<img src = "picture. jpg"/>
```

其中，src 属性是指要插入的图片所在文件夹的位置，可以是相对地址，也可以是绝对地址。

控制图片的大小：CSS 提供的 width 和 height 属性用于控制图片的宽度和高度。

使用 width 和 height 属性的语法：

```
width:picwidth;
height:picheigth;
```

其中，picwidth 和 picheight 可以用任何长度单位进行设置，通常情况下以像素为单位。

使用像素控制图片宽高：

```
img{width:150px;height:150px;}   /*设置图片宽为 150 像素,高为 150 像素*/
```

使用百分比控制图片宽高：

```
img{width:50%,height:50%;}   /*使用百分比设置图片宽高*/
```

单独设置图片的宽度或高度：单独设置图片的宽度后，图片就按照宽度缩放，而高度是按照宽度的缩放比例自动变化。整张图片在缩放后比例不变。单独设置图片的高度，得到的结果也一样。例如：

```
img{width:200px;}            /*设置图片的宽度为 200 像素*/
img{height:200px;}           /*设置图片的高度为 200 像素*/
```

（2）给图片添加边框。为放置在网页上的图片增加边框可以使图片的边界清晰、排布整齐，也可使图片更美观。CSS 提供的 border 属性为图片添加边框。

使用 border 属性的语法：

```
border-width:width;            /*设置边框的宽度*/
border-style:style;            /*设置边框的样式*/
border-color:color;            /*设置边框的颜色*/
```

其中，border-width 是指边框的宽度，width 可以用任何长度单位设置；border-style 是指边框的样式，style 是指设置边框样式；border-color 是指边框的颜色，color 可以用任何颜色单位设置。

（3）图片不显示的解决办法。网络传输等问题会造成网页上某些图片不能显示，使用 img 标签的 alt 属性能给图片增添替换文字。在图片不能显示的情况下，该替换文字就会出现在浏览器中。

使用 img 标签的 alt 属性的语法：

```
<img src="picture. jpg"alt="替换的文字"/>
```

（4）给图片增加链接。在网页上的图片常常被作为一个超链接。可以使用 a 标签和 img 标签给图片增加链接。

使用 a 标签和 img 标签给图片增加链接的语法：

```
<a href="url"><img src="picture. jpg"/></a>
```

其中，在 a 标签中的 href 属性的 url 可以用任意网页地址代替。

2. **实例演练**

利用文本排版和图文混排的方法，制作出图 4-16 所示的页面。

图 4-16　实例演练

（1）div。本例中设计了 2 个盒子，一个是"title"，放标题，即"五迪介绍"；另一个是"content"，放文字内容。

（2）CSS 样式。在"title"中设置了字号、粗体、居中；在"content"设置了字号和斜体。

（3）源代码。

```
<head>
```

```
<title>图文混排</title>
<style type = "text/css">
#title{
font-size:19px;
font-weight:bold;
text-align:center;
}
#content{
font-size:12px;
font-style:italic;
}
img{
float:left;
}
</style>
  </head>
<body>
<div id = "title">五迪介绍</div>
<div id = "content">
<img src = "imgintro.jpg" border = "1"
width = "250";height = "200";>
```

　　<p>杭州五迪科技有限公司成立于 2004 年 4 月,公司现在有员工 130 人。其中,技术部人员 30 人,客服人员 10 人,给客户提供强有力的技术支持和服务保障。公司以技术研发与技术创新为战略出发点,其核心技术人员以美院及计算机专业相关名校毕业生为主。公司的战略发展致力于中国互联网产业信息化建设,帮助企业实现电子商务、协助政府实现电子政务。五迪科技的业务涵盖:域名/主机/邮局的申请、网站建设、搜索引擎优化、平台运营等服务。五迪科技的服务客户有:浙江物联购物网、东部软件园、浙江美浓集团、杭州北大青鸟、杭州植物园、浙江国际文化交流协会等。

```
  </p></div>
  </body>
  </head>
```

（四）导航条设计

下面我们介绍设计图 4-17 所示的导航条的方法。

图 4 - 17　导航条

1. 导航条范围设计

我们要先做一个容器（要求：ID 为"nav"，宽度为 960px，高度为 35px，位于页面水平正中，与浏览器顶部的距离是 30px），这个容器就是放导航条的。

HTML 代码：

```
<div id="nav"></div>
```

CSS 代码：

```
#nav{
width:960px;
height:80px;
background:#000;/*为了便于查看区域范围大小,故而加个背景色*/
margin:0 auto;/*水平居中*/
margin-top:30px;/*顶部 30px*/
}
```

还有一点需要提醒的是，为了页面在浏览器的兼容性，不要忘记在 CSS 文件顶部加入标签重置代码：

```
body,div{padding:0;margin:0;}
```

通过以上代码的设计，运行后将在屏幕上出现一条黑色的长条，这个长条就是用来放入导航条内容的。

2. 图片控制

导航条最左面有一张图片，是五迪科技有限公司的 Logo。

CSS 代码：

```
#logo{ width:280px;float:left;display:inline;margin-left:1px;}
```

HTML 代码：

```
<div id="logo"><img src="logo.jpg" /></div>
```

全代码如下：

```
<html>
<head>
<title>导航条</title>
<style type="text/css">
#nav{
width:960px;
height:80px;
background:#000;
margin:0 auto;
margin-top:30px;
}
body,div{padding:0;margin:0;}
#logo{ width:280px;float:left;display:inline;margin-left:1px;}
</style>
</head>
<body>
<div id="nav">
<div id="logo"><img src="logo.jpg" /></div>
</div>
</html>
```

运行以上代码程序后出现如图 4-18 所示的图。

图 4-18　插入图片后的效果

3. 导航条内容设计

盒子做好了，我们就要往里面放导航条中的内容，如"首页、关于我们、我们的技术、案例展示、联系我们"。假如我们把这些内容（目前有 5 个）当成酒杯，如果直接放到盒子中的话，肯定会凌乱，没有秩序，但是我们平时会用一个个隔板将每个酒杯隔开，这样酒杯就被有序地放入盒子中，并且牢稳而防震，方便使用。我们把这个隔板叫做"有序列表"，英文名为 ul，里面的每个单元格的英文名为 li。ul 与盒子中的空间应保持一致，所以我们定义 ul 的时候，应与外面的盒子大小一致。

HTML 代码如下：

```
<div id = "nav">
<ul>
        <li>首页</li>
        <li>关于我们</li>
        <li>我们的技术</li>
        <li>案例展示</li>
        <li>联系我们</li>
</ul>
</div>
CSS 代码：
#nav ul{
width:960px;
height:35px;
}
```

如此，我们的"酒杯"出来了，要求横向排列，而不是纵向排列。我们知道<li>标签也是块状元素，所以不允许其他元素和自己处于同一行。本例总共 5 个<li>，所以它们就像台阶似的纵向排列起来。那么，我们怎样做才能让这些"酒杯"横向排列呢？我们可以用浮动 float。

CSS 代码：

```
#nav ul li{
width:100px;
float:left;
list-style:none;
}
```

最后导航加链接，HTML 代码如下：

```
<div id = "nav">
<ul>
        <li><a href = "#">首页</a></li>
```

```
    <li><a href = "#">关于我们</a></li>
    <li><a href = "#">我们的技术</a></li>
    <li><a href = "#">案例展示</a></li>
    <li><a href = "#">联系我们</a></li>
  </ul>
  </div>
```

4. 完整的代码

完整的代码如下：

```
<html>
<style type = "text/css">
.clr{ clear:both;}
#top{ width:100%;height:81px;background:url(top_bg.jpg);}
#top_in{ width:990px;margin:0 auto;height:81px;}
#logo{ width:280px;float:left;display:inline;margin-left:1px;}
#nav { width: 550px; float: right; display: inline; height: 45px; margin-top: 36px; line-
height:45px;}
#nav li{ width:100px;height:45px;float:left;display:inline;list-style:none}
#nav a{ width:100px;height:45px;display:block;text-align:center;color:#FFF;text-deco-
ration:none}
#nav a:hover{ background:#999;color:#000;}
</style>
</head>
<body>
<div id = "top">
  <div id = "top_in" style = "margin:0 auto">
    <div id = "logo"><img src = "logo.jpg"  /></div>
    <ul id = "nav">
      <li><a href = "#">首页</a></li>
      <li><a href = "#">关于我们</a></li>
      <li><a href = "#">我们的技术</a></li>
      <li><a href = "#">案例展示</a></li>
      <li><a href = "#">联系我们</a></li>
      <div class = "clr"></div>
```

```
    </ul>
    <div class = "clr"></div>
  </div>
</div>
</body>
</html>
```

需要注意的是：

（1）背景颜色用 top _ bg. jpg（黑色竖直线）代替；

（2）图片文件名为 logo. jpg。

三、电子商务网页设计

（一）网页结构设计

图 4 - 19 所示的是五迪科技有限公司的网页，整个网页分为上、中、下三层。上层左方是该公司的 Logo，右方是导航条；中间部分用图片控制；下层分为左、中、右三部分，左部分是"关于我们"信息，中部分是"案例展示"信息，右部分是"联系我们"信息。底部是五迪公司的版权所有信息。

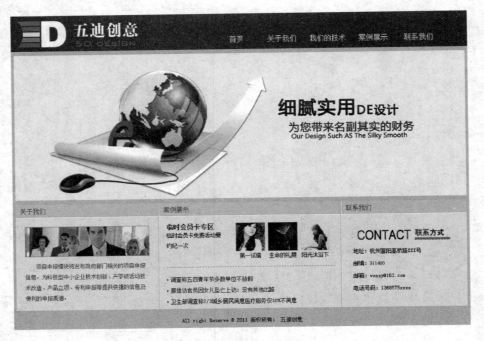

图 4 - 19　五迪公司主页

结构代码如下所示：

```
<div id = "top">
  <div id = "top_in" > </div>
</div>
<div id = "container">
  <div id = "head"></div>
    <div id = "page">
    <div id = "p_left">   </div>
    <div id = "p_mid" ></div>
    <div id = "p_right" ></div>
    <div id = "foot">
  </div>
</div>
```

网页的结构如图 4 - 20 所示。

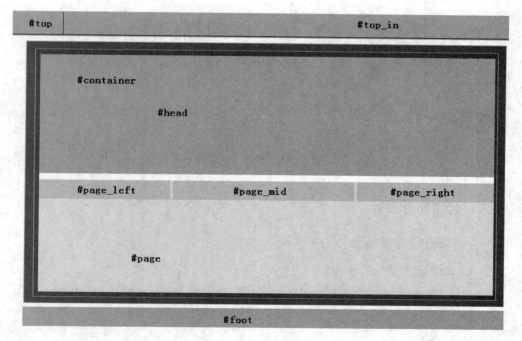

图 4 - 20　网页结构图

（二）图片广告设计

在导航条的基础上，图片广告插入＃contaienr 盒子中，使用＃head，那么 CSS 代码如下：

```
#head{ width:990px;height:327px;
        background:#CCC url(../images/head.jpg);
    margin:10px 0;}
```

HTML 代码如下：

```
<div id="container">
  <div id="head"></div>
</div>
```

运行代码的结果如图 4-21 所示。

图 4-21　图片广告控制

(三) 公司简介设计

1. 公司简介设计模块

（1）设置标题背景（关于我们）。

① 在相关位置设置 div 标签，类名为 title，内容为"关于我们"，写出相关语句。

```
<div id="page">
    <div id="p_left" class="left">
        <div class="title title_l">关于我们</div>
    </div>
    <div class="left" id="p_mid"></div>
```

```
<div class = "left" id = "p_right"></div>
</div>
```

② 设置 title 样式：高度 30px、文字颜色＃666、背景色＃dfdfdf、背景图片 page _ bottom _ bg.jpg 底部平铺、行高 30px、文字缩进 10px、文字大小 14px，写出相关样式设置语句。

```
.title{ height:30px;color:＃666;background:＃dfdfdf
url(../images/page_bottom_bg.jpg)bottom left repeat-x;
line-height:30px;text-indent:10px;font-size:14px;}
```

③ 设置标题宽度为 313px，并把宽度应用到标题（关于我们）部分，写出相关语句。

```
<div class="title title_1">关于我们</div>
        .title_1{ width:313px;}
```

（2）设置公司简介文字介绍。

① 在相关位置设置 div 标签，类名为 about，内容为公司简介图片（img _ about.jpg）和公司简介文字（文字内容参看效果图，公司简介文字放入一个段落标记中），写出相关语句。

```
<div id = "page">
    <div id = "p_left" class = "left">
      <div class = "title title_1">关于我们</div>
      <div class = "about">
      <img src = "images/img_about.jpg" width = "271" height = "66" />
      <p>
        项目申报模块将发布政府部门相关的项目申报信息，为科技型中小企业技术创新、产学研活动技术改造、产品立项、专利申报等提供快捷的信息及便利的申报渠道，
      </p>
      </div>
    </div>
```

② 设置 about 样式：宽度为 275px，距父级边框上边距为 20px，下边框为 0px，左右边距为 auto（水平居中）。

```
.about{ width:275px;
Margin-top:20px;
```

```
Margin-right:auto;
Margin-bottom:0px;
Margin-left:auto;}
```

③ 设置图片样式（采用二级选择器）：加实线，粗细 1px，颜色♯afafaf。

```
.about img{ border:1px solid ♯afafaf}
```

④ 设置段落样式（采用二级选择器）：上外边距 10px、字体大小 12px、行高 2em、文字颜色♯6d6d6d、文字缩进 2em。

```
.about p{ margin-top:10px;font-size:12px;line-height:2em;
color:♯6d6d6d;text-indent:2em}
```

⑤ 设置 page 参数。

```
♯page{ width:990px;height:240px;   margin:0 auto;background:♯efefef}
♯p_left{ width:315px;height:240px;background:url(../images/page_in_bg.jpg)right top re-
peat-y}
♯p_mid{ width:400px;height:240px;background:url(../images/page_in_bg.jpg)right top re-
peat-y}
♯p_right{ width:275px;height:240px;}
```

2. 制作"联系我们"模块

（1）设置标题背景（联系我们）。

① 在相关位置设置 div 标签，类名为 title，内容为"联系我们"，写出相关语句。

```
<div class="left" id="p_right">
    <div class="title title_r">
     联系我们
  </div>
```

② 设置标题宽度为 275px，并把宽度应用到标题（联系我们）部分，写出相关语句。

```
<div class="title title_r">联系我们</div>
Title_r{width:275Px;}
```

（2）设置"联系我们"文字介绍。

① 在相关位置设置 div 标签，类名为 contact，内容为"联系我们"图片（contact_title. jpg）和"联系我们"文字（文字内容参看效果图，"联系我们"文字放入一个段落标记中），写出相关语句。

```
<div class = "contact">
        <img src = "images/contact_title.jpg"  />
        <p>
        地址:杭州富阳高桥路 XXX 号<br />
        邮编:311400<br />
        邮箱:vonsy@163. com<br />
        电话号码:1368575×××
        </p>
    </div>
</div>
```

② 设置 contact 样式：宽度 225px、上外边距 25px、左外边距 25px、字体大小 12px、行高 28px，写出相关语句。

```
.contact{ width:225px;margin-top:25px;margin-left:25px;
font-size:12px;line-height:28px;}
```

运行结果如图 4 - 22 所示。

图 4 - 22　关于我们和联系我们结果图

（四）公司案例展示设计

1. 案例展示效果图

公司案例展示效果如图 4 - 23 所示。

图 4 - 23　公司案例效果

2. 制作案例展示模块的标题区域

制作样式 . title _ m {width:398px;}，然后应用到标题部分。

```
<div id = "p_mid" class = "left">
    <div class = "title title_m">
    案例展示
    </div>
```

3. 案例展示模块结构图

案例展示模块结构如图 4 - 24 所示。

图 4 - 24　公司案例展示模块结构图

4. 案例展示区域布局

案例展示区域布局代码如下：

```
<div id="p_mid" class="left">
    <div class="title title_m">案例展示</div>
    <div class="anli">
        <div class="a_top_l left"> </div>
        <ul class="a_top_r left"> </ul>
        <ul class="news"> </ul>
    </div>
</div>
```

（1）anli 样式设置：宽度 368px，距离父级边框左边框 16px，上边框 16px。

CSS 代码如下：

```
.anli {
    width:26px;
    margin_top:16px;
    margin_left:16px;}
```

（2）a_top_l 区域制作。

① 文本制作。有一个二级标题和一段文字。

```
<div class="a_top_l left">
        <h2>临时会员卡专区</h2>
        <p>临时会员卡免费活动曼约纪一次</p>
    </div>
```

② a_top_l 区域样式设置。区域宽度 130px，右外边距 15px，下外边距 8px，左浮动，设置对象作为行内元素显示。

CSS 代码如下：

```
.a_top_l{
    display:inline;
    float:left;
    width:130px;
```

```
    margin-right:15px;
    margin-bottom:8px;}
```

③ a＿top＿l文本区域样式设置（h2 和 p 样式设置）。

h2 样式：字体大小 14px，字体颜色 ♯683361，外边距 0px；

p 样式：段落文字大小 12px，段落行间距 23px，外边距 0px。

制作后的效果如图 4-25 所示。

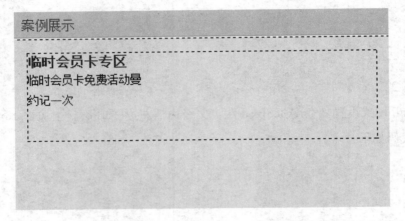

图 4-25　a＿top＿l效果

（3）a＿top＿r区域制作。

① 设置a＿top＿r的样式。区域宽度 223px，设置对象作为行内元素显示，内边距 2px。

CSS 代码如下：

```
.a_top_r{
    display:inline;
    width:223px;}
```

② 图片列表制作。设置图片列表项样式：宽度 64px；高度 84px（高度在图片宽度的基础上加 20px，用于存放图片文字）；左外边距 7px；左浮动；设置对象作为行内元素显示。

CSS 代码如下：

```
.a_top_r li{
    width:64px;
    height:84px;
```

```
    margin-left:7px;
    overflow:hidden;
    float:left;
    display:inline}
```

HTML 代码如下：

```
<ul class = "a_top_r left">
        <li><div class = "img_p"><img src = "images/1.jpg"  /></div><h3>第一
试镜</h3></li>
        <li><div class = "img_p"><img src = "images/2.jpg"  /></div><h3>生命
的礼赞</h3></li>
        <li><div class = "img_p"><img src = "images/3.jpg"  /></div><h3>阳光
沐浴下的少女</h3></li>
        <div class = "clr"></div>
    </ul>
    <div class = "clr"></div>
    <ul class = "news">
    <li><a href = "#">调查称五四青年节多数单位不放假</a></li>
    <li><a href = "#">原信访官员因女儿坠亡上访:没有其他出路</a></li>
    <li><a href = "#">卫生部调查称 2/3 城乡居民满意医疗服务仅 10％不满意</
a></li>
    </ul>
    </div>
    </div>
```

③ 制作图片文字说明样式。

h3 样式：字体大小 12px，行高 10px，文字居中显示，外边距 0px。

CSS 代码如下：

```
.a_top_r h3{
    font-size:12px;
    height:20px;
    line-height:20px;
```

```
text-align:center;
font-weight:normal}
```

④ 清除浮动。

```
<div class = "clr"></div>
```

（4）news 区域制作。

① 新闻列表项制作。

CSS 代码如下：

```
<ul class = "news">
    <li><a href = "♯">调查称五四青年节多数单位不放假</a></li>
    <li><a href = "♯">原信访官员因女儿坠亡上访:没有其他出路</a></li>
    <li><a href = "♯">卫生部调查称 2/3 城乡居民满意医疗服务仅 10% 不满意</a></li>
</ul>
```

② 设置新闻区域样式。

News 样式：宽度 368px，区域水平居中，上内边距 15px，上外边距 15px，左内边距 0px，新闻上方有粗细为 1px、颜色为 ♯999 的实线分隔。

CSS 代码如下：

```
.news{
    width:368px;
    margin:0 auto;
    padding-top:15px;
    margin-top:15px;
    border-top:1px dashed ♯999}
```

③ 设置新闻列表项样式。

News li 样式：行高 25px；无列表项目符号；列表项字体大小 12px；背景图片位于网站 images 目录下的 list_style.jpg、图片只在开头出现一次、水平方向设置为 0、垂直方向设置 10px（使图片向下移动 10px），文字缩进 8px。

CSS 代码如下：

```
.news li{
    height:25px;
```

```
        line-height:25px;
        list-style:none;
        font-size:12px;
    background:url(../images/list_style.jpg)0 10px no-repeat;text-indent:8px;}
```

④ 设置新闻超链接样式。

News li a 样式：超链接下划线无，文字颜色♯333。

CSS 代码如下：

```
.news li a{
    text-decoration:none;
    color:♯333}
```

（五）公司版权信息设计

1. 公司版权信息设计模块

新增一个 div，名为 foot，其 CSS 代码如下：

```
♯foot{
    width:100%;
    padding-top:20px;
    padding-bottom:20px;
    text-align:center;
    font-size:12px;}
```

HTML 代码如下：

```
<div id="foot">
    All right Reserve @ 2011 版权所有:五迪创意
    </div>
```

2. 公司主页全代码

我们将公司整个主页的 CSS 代码放在一个名为 style.css 的文件中，HTML 代码放在一个名为 index.html 的文件中。

（1）CSS 代码文件。

```
body,div,span,ul,li,p,h1,h2,h3,h4,h5,h6,img{ margin:0;padding:0;border:0}
```

```
body{ background:url(../images/bg.jpg);}

.clr{ clear:both;}

img{ display:block}

.left{ float:left;display:inline}

.right{ float:right;display:inline}

#top{ width:100%;height:81px;background:url(../images/top_bg.jpg);}

#top_in{ width:990px;margin:0 auto;height:81px;}

#logo{ width:280px;float:left;display:inline;margin-left:1px;}

#nav{ width: 550px; float: right; display: inline; height: 45px; margin-top: 36px; line-
height:45px;}

#nav li{ width:100px;height:45px;float:left;display:inline;list-style:none}

#nav a{ width:100px;height:45px;display:block;text-align:center;color:#FFF;text-deco-
ration:none}

#nav a:hover{ background:#999;color:#000;}

#container{ width:990px;margin:0 auto;}

#head{ width:990px;height:327px;

        background:#CCC url(../images/head.jpg);

        margin:10px 0;}

#page{ width:990px;height:240px;   margin:0 auto;background:#efefef}

#p_left{ width:315px;height:240px;background:url(../images/page_in_bg.jpg)right top re-
peat-y}

#p_mid{ width:400px;height:240px;background:url(../images/page_in_bg.jpg)right top re-
peat-y}

#p_right{ width:275px;height:240px;}

.title{ height:30px;color:#666;background:#dfdfdf url(../images/page_bottom_bg.jpg)
bottom left repeat-x;line-height:30px;text-indent:10px;font-size:14px;}

.title_l{ width:313px;}

.title_m{ width:398px;}

.title_r{ width:275px;}

.about{ width:275px;margin:20px auto 0px auto;}

.about img{ border:1px solid #afafaf}

.about p{ margin-top:10px;font-size:12px;line-height:2em;color:#6d6d6d;text-indent:2em}

.anli{ width:368px;margin-left:16px;margin-top:16px;}
```

```
.a_top_l{ width:130px;margin-right:15px;margin-bottom:8px;}

.a_top_l h2{ font-size:14px;color:#683361}

.a_top_l p{ font-size:12px;line-height:23px;}

.a_top_r{ width:223px;}

.a_top_r li{ width:64px;height:84px;margin-left:7px;overflow:hidden;float:left;display:
inline}

.a_top_r h3{ font-size:12px;height:20px;line-height:20px;text-align:center;font-weight:
normal}

.img_p{ width:64px;height:64px;overflow:hidden}

.a_top_r li img{ width:64px;}

.news{ width:368px;margin:0 auto;padding-top:15px;margin-top:15px;border-top:1px dashed
#999}

.news li{ height:25px;line-height:25px;list-style:none;font-size:12px;background:url(../
images/list_style.jpg)0 10px no-repeat;text-indent:8px;}

.news li a{ text-decoration:none;color:#333}

.contact{ width:225px;margin-top:25px;margin-left:25px;font-size:12px;line-height:28px;}

.intro{ width:920px;    border:1px solid #DDD;background:#EEE;padding:10px;margin:10px
auto;}

.intro_in{ width:880px;padding:20px;    background:#FFF;}

.uc_reg_l{ width:970px;margin-top:30px;margin-left:10px;padding-bottom:20px;    }

.uc_reg_l li{ height:42px;margin:10px 0;line-height:42px;clear:both;list-style:none}

.uc_reg_idp{ width:150px;font-size:14px;line-height:32px;color:#666;margin-right:10px;
text-align:right;float:left;display:inline}

.uc_reg_inp{ width:200px;height:28px;border:1px solid #ddd;line-height:28px;color:#
666;text-indent:5px;float:left;display:inline;}

.uc_reg_tips{ width:140px;font-size:12px;vertical-align:middle;line-height:18px;float:
left;padding-left:10px;color:#aaa}

.uc_reg_tips2{ width:113px;font-size:12px;vertical-align:middle;line-height:18px;float:
left;padding-left:10px;}

.uc_reg_red{ color:#F00;margin:0 5px;line-height:32px;}

.uc_reg_tips a{ color:#666}

.uc_reg_ck{ width:120px;}

.uc_reg_done{ text-align:center;width:99%;margin:0 auto}
```

```
.uc_reg_xiey{ line-height:30px;margin-left:2px;}.uc_reg_xiey a{ color:#069}.uc_reg_xiey
a:hover{ color:#F60}
    #foot{ width:100%;padding-top:20px;padding-bottom:20px;text-align:center;font-
size:12px;}
```

（2）HTML 代码文件。index. html 文件代码如下：

```
<!DOCTYPE html PUBLIC "-//W3C//DTD XHTML 1.0 Transitional//EN" "http://www.w3.org/TR/
xhtml1/DTD/xhtml1-transitional.dtd">
<html xmlns="http://www.w3.org/1999/xhtml">
<head>
<meta http-equiv="Content-Type" content="text/html;charset=utf-8" />
<title>五迪创意</title>
<link href="css/style.css" rel="stylesheet" type="text/css">
</head>
<body>
<div id="top">
  <div id="top_in" style="margin:0 auto">
    <div id="logo"><img src="images/logo.jpg"  /></div>
    <ul id="nav">
      <li><a href="#">首页</a></li>
      <li><a href="#">关于我们</a></li>
      <li><a href="#">我们的技术</a></li>
      <li><a href="#">案例展示</a></li>
      <li><a href="#">联系我们</a></li>
       <div class="clr"></div>
    </ul>
      <div class="clr"></div>
  </div>
</div>
<div id="container">
  <div id="head"></div>
  <div id="page">
    <div id="p_left" class="left">
```

```
<div class = "title title_l">关于我们</div>
<div class = "about">
<img src = "images/img_about.jpg" width = "271" height = "66" />
<p>
```

项目申报模块将发布政府部门相关的项目申报信息,为科技型中小企业技术创新、产学研活动技术改造、产品立项、专利申报等提供快捷的信息及便利的申报渠道,

```
</p>
</div>
</div>
<div id = "p_mid" class = "left">
<div class = "title title_m">
```

案例展示

```
</div>
<div class = "anli">
  <div class = "a_top_l left">
    <h2>临时会员卡专区</h2>
    <p>临时会员卡免费活动曼约纪一次</p>
  </div>
  <ul class = "a_top_r left">
    <li><div class = "img_p"><img src = "images/1.jpg"  /></div><h3>第一
试镜</h3></li>
    <li><div class = "img_p"><img src = "images/2.jpg"  /></div><h3>生命
的礼赞</h3></li>
    <li><div class = "img_p"><img src = "images/3.jpg"  /></div><h3>阳光
沐浴下的少女</h3></li>
    <div class = "clr"></div>
  </ul>
  <div class = "clr"></div>
  <ul class = "news">
    <li><a href = "#">调查称五四青年节多数单位不放假</a></li>
    <li><a href = "#">原信访官员因女儿坠亡上访:没有其他出路</a></li>
    <li><a href = "#">卫生部调查称 2/3 城乡居民满意医疗服务仅 10 % 不满意</
a></li>
```

```
        </ul>　</div>　</div>
    <div id = "p_right" class = "left">
      <div class = "title title_r">
      联系我们
      </div>
      <div class = "contact">
        <img src = "images/contact_title.jpg"　/>
        <p>
        地址:杭州富阳高桥路 XXX 号<br />
        邮编:311400<br />
        邮箱:vonsy@163.com<br />
        电话号码:1368575×××
        </p>
      </div>　</div>
    <div class = "clr"></div>
  </div></div>
  <div id = "foot">
  All right Reserve @ 2011 版权所有:五迪创意
  </div>
</body>
</html>
```

【任务实施】

任务一　儒易乾德导航条设计

■ 任务目的

本次任务的目标是通过儒易乾德导航条操作训练，掌握 CSS 基本语法和操作技巧，学会综合运用。

■ 任务要求

（1）了解儒易乾德导航条框架结构。

（2）熟悉列表框的运用。

（3）掌握 div 的基本结构。

（4）学会基本导航条的使用方法。

■ **任务内容**

下面给出具体的案例，通过执行 html 标注语言的基本程序和 CSS 基本语法，掌握其基本语法和操作技巧，并学会综合运用。

■ **任务步骤**

（1）打开 DW CS5 软件；

（2）输入以下内容：

```
<html>
<style type = "text/css">
<! --
#top{ width:100%;height:115px;
        background:url(../images/top_01.gif)repeat-x center top;} /* 增加一条横线 */
#top_in{ width:1003px;margin:0 auto}
.logo{ width:200px;height:85px;margin:15px 0 0 0;float:left;display:inline}/* 增加左浮
点 */
.top_nav{ width:300px;height:32px;margin-top:45px;line-height:23px;float:right;display:
inline}/* 增加右浮点 */
.clr{ clear:both;}
.red{ color:#F00;}
#nav{ width:100%;height:37px;background:url(images/nav_bg.jpg)repeat-x}/* 增加导航条
的背景图 */
#nav_in{ width:900px;height:37px;margin:0 auto;display:block;}
#nav_in li{ width:150px;height:37px;float:left;}/* 导航条项目左浮 */
#nav_in li a{ width:150px;height:37px;display:block;text-align:center;line-height:37px;
font-family:"Microsoft Yahei", Arial, Helvetica, sans-serif;color:#333}/* 导航条项目文字居
中,文字字型,文字颜色等 */
#nav_in li a:hover{ width:150px;height:37px;background:url(images/nav_bg_hover.jpg)no-
repeat right top;color:#FFF }/* 增加鼠标器图案 */
```

```
a{ text-decoration:none;}/* 消除下划线 */
li{ list-style:none}/* 消除列表序号 */
-->
</style>
</head>
<div id="top">
  <div id="top_in">
    <div class="logo"><a href="index.html"><img src="images/logo.jpg"/></a></div>
    <div class="top_nav">集团分公司 <span class="red">&gt;</span><a href="http://ruyi.com">浙江儒易乾德投资有限公司</a></div>
    <div class="clr"></div>
  </div>
</div>
<div id="nav">
  <ul id="nav_in">
    <li><a href="index.html">首页</a></li>
    <li><a href="intro.html">大弘儒风</a></li>
    <li><a href="pro.html">通功易事</a></li>
    <li><a href="news.html">兢兢乾乾</a></li>
    <li><a href="contact.html">厚德载物</a></li>
    <li><a href="#">养生人居</a></li>
  </ul></div>
</html>
```

运行以上程序的结果如图 4-26 所示。

图 4-26　儒易乾德导航条

■ 任务思考

(1) 实训中 CSS 格式有哪些?

（2）使用 DW CS5 软件能否创建 .CSS 文件类型？如何操作？

（3）请画出导航条的框架结构。

■ **任务报告**

1. 任务过程

目的要求：

任务内容：

任务步骤：

2. 任务结果

结果分析：

（可以使用表格方式、图形方式或者文字方式。）

3. 总结

通过任务，总结自己对 HTML 语言入门操作过程中的问题了解了多少，掌握了多少，还有哪些问题需要进一步掌握。

任务二 儒易乾德广告图片设计

■ **任务目的**

本次任务的目标是通过图片广告插入的训练，掌握图片控制的操作技巧，学会综合图片广告的运用。

■ **任务要求**

（1）掌握图片广告插入的 CSS 格式。

（2）熟悉对图片的控制方法。

■ **任务内容**

下面给出一个具体的案例代码，通过执行 HTML 标注语言的基本程序，掌握图片广告控制的基本语法和操作技巧。

■ **任务步骤**

（1）打开 DW CS5 软件。

（2）在原导航条代码的基础上，输入以下CSS代码：

```
＃head{
width:100％;height:415px;
background:url(images/head.jpg)repeat-x center top}/＊新增加head.jpg图＊/
＃head_in{
width:1003px;height:415px;
margin:0 auto;
position:relative}/＊小图f_flash.jpg右移＊/
.head_f{
width:521px;height:128px;
position:absolute;left:5px;
bottom:4px}/＊小图f_flash.jpg下移＊/
```

（3）HTML代码如下：

```
＜div id="head"＞
＜div id="head_in"＞
    ＜div class="head_f"＞
        ＜img src="images/f_flash.jpg" width="521" height="128" /＞＜/div＞
＜/div＞
＜/div＞
```

运行结果如图4-27所示。

图4-27　儒易乾德广告图片制作

■ **任务思考**

（1）实训中图片控制格式有哪些？

（2）使小图片下移的方法和技巧有哪些？

■ **任务报告**

1. **任务过程**

目的要求：

任务内容：

任务步骤：

2. **任务结果**

结果分析：

（可以使用表格方式、图形方式或者文字方式。）

3. **总结**

通过任务，总结自己对图片广告控制操作过程中的问题了解了多少，掌握了多少，还有哪些问题需要进一步掌握。

任务三　儒易乾德主页全部设计

■ **任务目的**

本次任务的目标是通过儒易乾德主页全部制作的操作训练，掌握主页图片、文字、列表等的语法和操作技巧，学会综合网页的设计。

■ **任务要求**

（1）掌握 DIV＋CSS 的概念。

（2）熟悉 CSS 的语法。

（3）掌握主页框架结构的设计。

（4）学会运用 DIV＋CSS 的各种属性来美化网页。

■ **任务内容**

下面给出一个具体的案例，通过执行 HTML 标注语言的基本程序和 CSS 样式的布局，掌握 DIV＋CSS 的基本语法和操作技巧，并学会综合网页的设计。

■ 任务步骤

（1）打开 DW CS5 软件。

（2）输入以下内容：

```
<html>
<style type="text/css">
<!--
body,html,div,span,ul,li,ol,dl,dd,dt,p,img,h1,h2,h3,h4,h5,h6,a{margin:0;padding:0;border:0}
h1,h2,h3,h4,h5,h6{font-size:12px;font-weight:normal}
img{display:block;}
a{text-decoration:none;}
li{list-style:none}
body{font-size:12px;color:#666;background:#FFF;}
#top{width:100%;height:115px;
      background:url(../images/top_01.gif)repeat-x center top;}/*增加一条横线*/
#top_in{width:1003px;margin:0 auto}
.logo{width:200px;height:85px;margin:15px 0 0 0;float:left;display:inline}/*增加左浮
点*/
.top_nav{width:300px;height:32px;margin-top:45px;line-height:23px;float:right;display:
inline}/*增加右浮点*/
.clr{clear:both;}
.red{color:#F00;}
#nav{width:100%;height:37px;background:url(images/nav_bg.jpg)repeat-x}/*增加导航条
的背景图*/
#nav_in{width:900px;height:37px;margin:0 auto;display:block;}
#nav_in li{width:150px;height:37px;float:left;}/*导航条项目左浮*/
#nav_in li a{width:150px;height:37px;display:block;text-align:center;line-height:37px;
font-family:"Microsoft Yahei",Arial,Helvetica,sans-serif;color:#333}/*导航条项目文字居
中,文字字形,文字颜色等*/
#nav_in li a:hover{width:150px;height:37px;background:url(images/nav_bg_hover.jpg)no-
repeat right top;color:#FFF}/*增加鼠标器图案*/
```

```
a{ text-decoration:none;}/* 消除下划线 */

li{ list-style:none}/* 消除列表序号 */

#head{ width:100%;height:415px;background:url(images/head.jpg)repeat-x center top}/*
新增加 head.jpg 图 */

#head_in{ width:1003px;height:415px;margin:0 auto;position:relative}/* 小图 f_flash.
jpg 右移 */

.head_f{ width:521px;height:128px;position:absolute;left:5px;bottom:4px}/* 小图 f_
flash.jpg 下移 */

#main{ width:1003px;margin:0 auto}/* 外围盒子的设置 */

#content{ width:805px;height:265px;padding-top:35px;float:left;display:inline;back-
ground:url(images/main_bg.jpg)no-repeat left 170px;}/* content 盒子的设置,背景图像是 main_
bg.jpg 竹子和一条横线 */

.news{ width:230px;height:150px;overflow:hidden;margin-left:30px;float:left;display:in-
line;font-size:12px;font-weight:normal;}/* 设置文字宽度并左浮 */

.idx_title{ width:100%;height:35px;}/* 下移一个宽度 */

.news_more{ width:45px;float:right;display:inline;padding-top:5px;}/* 图像位置调动一
下 */

.news_ul{ width:100%;border-top:1px dotted #999;padding-top:15px;}

.news_ul li{ width:100%;height:25px;overflow:hidden;line-height:25px;}

.news_ul li a{ color:#666}

.news_ul li a:hover{ color:#F60}

.intro{ width:270px;height:150px;overflow:hidden;margin:0 30px;float:left;display:in-
line;}/* 设置外盒子 */

.intro p{ text-indent:2em;line-height:23px;/* font-size:12px;color:#999 */}

.intro_img{ margin-left:10px;float:right;display:inline}/* 右浮 */

.con{ width:210px;height:150px;overflow:hidden;float:left;display:inline}/* 左浮 */

.con p{ width:160px;height:50px;line-height:23px;float:left;display:block}/* 文字设
置 */

.con_img{ float:right;display:inline}/* 图片右浮 */

.con ul{ width:99%; padding-top:20px;display:block}

.con li{ width:90px;height:23px;float:left;display:inline;color:#900}

.con a{ padding-left:2px;color:#900;}

.con a:hover{ color:#F30}

.foot_nav{ width:790px;margin-top:70px;margin-left:10px;clear:both;}
```

```
.foot_nav a{ padding-left:20px;padding-right:20px;line-height:23px;
text-align:center;
border-right:1px solid #666;color:#666;}.foot_nav a:hover{ color:#F30}
#magz{ width:195px;float:left;display:inline;position:relative}
.magz_up{ width:193px;height:255px;position:absolute;left:0;top:−15px;z-index:1;bor-
der:1px solid #CCC;border-bottom:0;}
.magz_up h2{  margin-top:15px;text-align:center;color:#900;
          font-family:"Microsoft Yahei",Arial,Helvetica,sans-serif;font-size:14px;}
.magz_up_box{ width:169px;margin:10px 6px 0px 6px;padding:5px 5px 0 5px;background:
#ddd;}
.magz_up_box p{ width:167px;height:60px;overflow:hidden;border:1px solid #ccc}
.magz_up_box img{ width:169px;}
.magz_up_box_inf{ width:159px;line-height:25px;padding-left:10px;}
.magz_ubi_more{ width:35px;height:18px;background:#d05a5a;line-height:18px;text-align:
center;color:#FFF;float:right;   margin-top:3px;text-indent:0}
.magz_ubi_more a{ color:#FFF}.magz_ubi_more a:hover{ color:#FF0}
.magz_down{ width:195px;height:30px;position:absolute;top:242px;background:#900}
-->
</style>
</head>
<div id="top">
  <div id="top_in">
      <div class="logo"><a href="index.html"><img src="images/logo.jpg"/></a>
</div>
      <div class="top_nav">集团分公司 <span class="red">&gt;</span><a href="
http://ruyi.com">浙江儒易乾德投资有限公司</a></div>
      <div class="clr"></div>
   </div>
</div>
<div id="nav">
  <ul id="nav_in">
    <li><a href="index.html">首页</a></li>
    <li><a href="intro.html">大弘儒风</a></li>
    <li><a href="pro.html">通功易事</a></li>
```

```
        <li><a href = "news. html">兢兢乾乾</a></li>
        <li><a href = "contact. html">厚德载物</a></li>
        <li><a href = "#">养生人居</a></li>
    </ul>
</div>
<div id = "head">
<div id = "head_in">
    <div class = "head_f">
    <img src = "images/f_flash. jpg" width = "521" height = "128" /></div>
</div></div>
<div id = "main">
    <div id = "content">
        <div class = "news">
            <div class = "idx_title">
            <span class = "news_more"><img src = " images/more_news. jpg" width = "44"
height = "13" /></span>
            <img src = "images/news_title. jpg" width = "115" height = "23" />
            </div>
    <ul class = "news_ul">
            <li> <a href = "news_in. html">刘云山在同人才研修班学员座谈时强调
</a></li>
            <li> <a href = "news_in. html">走中国特色发展道路 建社会主义文化强国
</a></li>
            <li> <a href = "news_in. html">央行报告:房价拐点初现端倪</a></li>
            <li> <a href = "news_in. html">楼评:房价冷暖还看限购政策的脸色</a>
</li>
            </ul>
        </div>
    <div class = "intro">
            <div class = "idx_title">
            <img src = "images/intro_title. jpg" width = "115" height = "23" />
            </div>
            <p>浙江儒易乾德投资有限公司是一家以房地产开发经营为主营业务,以各类城市
```

规划与设计、城市＜img src = "images/intro_img. jpg" width = "119" height = "77" class = "intro_img" /＞策划与研究、建筑工程设计、文化创意产业投资与开发、金融投资业等为…［详细]＜/p＞

  ＜/div＞

    ＜div class = "con"＞

     ＜div class = "idx_title"＞

     ＜img src = "images/con_title. jpg" width = "115" height = "23" /＞

     ＜/div＞

     ＜p＞

     ＜img src = "images/tel. jpg" width = "45" height = "44" class = "intro_img" /＞ + 86 − 571 − 28879379＜br /＞+ 86 − 571 − 28992589

     ＜/p＞

     ＜div class = " clr"＞＜/div＞

     ＜ul＞

     ＜li＞>＜a href = "＃"＞我们的服务＜/a＞＜/li＞

     ＜li＞>＜a href = "＃"＞业绩荣誉＜/a＞＜/li＞

     ＜li＞>＜a href = "＃"＞人才招聘＜/a＞＜/li＞

     ＜li＞>＜a href = "＃"＞分支机构＜/a＞＜/li＞

     ＜/ul＞

    ＜/div＞

   ＜div class = "clr"＞＜/div＞

 ＜div class = "clr"＞＜/div＞

   ＜div class = "foot_nav"＞

    ＜a href = "＃"＞首页＜/a＞

    ＜a href = "＃"＞集团简介＜/a＞

    ＜a href = "＃"＞版权声明＜/a＞

    ＜a href = "＃"＞联系我们＜/a＞

   ＜/div＞

 ＜/div＞

＜div id = "magz"＞

  ＜div class = "magz_up"＞

  ＜h2＞《养生人居》杂志社＜/h2＞

  ＜div class = "magz_up_box"＞

   ＜p＞ ＜a href = "＃"＞＜img src = "images/magz_img. jpg" width = "167" height = "66" /＞＜/a＞

```
            </p>
            <div class = "magz_up_box_inf">
            <div class = "magz_ubi_more"><a href = "#">查看</a></div> 2011 年 12
月 期刊
            </div>
        </div>


        <div class = "magz_up_box">
        <p> <a href = "#"><img src = "images/magz_img.jpg" width = "167" height = "
66" /></a>
        </p>
        <div class = "magz_up_box_inf">
        <div class = "magz_ubi_more"><a href = "#">查看</a></div> 2011 年 12
月 期刊
        </div>
        </div>
    </div>
    </div>
    <div class = "magz_down">
    </div>
    </div>
    <div class = "clr"></div>
</div>
</html>
```

（3）运行以上程序。运行以上程序后的效果如图 4 - 28 所示。

■ **任务思考**

（1）列表框的使用，特别是尾页的列表框如何使用?

（2）主页中第三层有三部分内容与书中介绍的案例类似，请说出有哪些不同。

■ **任务报告**

1. **任务过程**

目的要求：

图 4 - 28　儒易乾德主页

任务内容：

任务步骤：

2. 任务结果

结果分析：

（可以使用表格方式、图形方式或者文字方式。）

3. 总结

通过任务，总结自己对主页设计过程中的问题了解了多少，掌握了多少，还有哪些问题需要进一步掌握。

【项目训练】

一、填空题

1. DIV 是_____表中的_____技术，全称 Division，即划分。有时可以称其为_____。DIV 在编程中又称整除，即只得商的整数。

2. 块状元素自身_____且无法与其他元素相容，这里也包括_____的块状也是无法相容的。也就是说，块状元素一般是其他元素的一个_____，可容纳行内元素或＿＿＿＿＿＿元素，块状元素排斥其他元素与其位于同一行，＿＿＿＿＿和高度（height）属性起作用。

3. 内联元素只能容纳＿＿＿＿＿或者＿＿＿＿＿元素，它允许其他内联元素与其位于同一行，但＿＿＿＿＿和＿＿＿＿＿属性不起作用。

4. CSS 是 cascading style sheet 的缩写，称为＿＿＿＿＿，是对 HTML 语法的革新。样式表是＿＿＿＿＿的一部分，建立样式表的意义在于把＿＿＿＿＿ HTML 中，使其可以使用＿＿＿＿＿调用和＿＿＿＿＿属性，从而使网页中的对象产生动态的效果。

5. 文档流是指文档中＿＿＿＿＿在排列时所＿＿＿＿＿位置。文档流分为两种，分别是＿＿＿＿＿和＿＿＿＿＿。

6. CSS 背景属性有＿＿＿＿＿背景属性、＿＿＿＿＿背景图像属性、＿＿＿＿＿元素的背景颜色。

7. CSS 所支持的字体样式有＿＿＿＿＿字体样式、＿＿＿＿＿字体类型、＿＿＿＿＿字体大小、＿＿＿＿＿字体风格等。

二、思考题

1. 请简述 DIV 的概念。
2. 请简述 CSS 样式的概念。
3. 请简述盒子的概念。
4. 请简述 CSS 样式的类型。
5. 请简述 ID 与 class 的区别。
6. 请写出 CSS 的基本语法。
7. 请写出几种常用控制字体的属性。
8. 请写出几种常用控制图像的属性。

项目五
电子商务动态网站设计

【项目介绍】

　　电子商务是依托网络、信息技术开展的商务活动。作为一种新的流通方式，它不受时间和空间的限制，无论在采购还是销售方面都发挥了重要作用，可以降低交易成本、提高流通效率、增强客户满意度、提高企业竞争力等。动态网站是开展电子商务的关键平台。本项目以 ASP. NET 为语言介绍了网页计数器设计、用户访问计数器设计、网站购物车设计、网站聊天室设计等的内容、方法与技巧。

　　ASP. NET 是一种建立动态 Web 应用程序的技术。它是 .NET Framework 的一部分，可以使用任何 .NET 兼容的语言编写 ASP. NET 应用程序。在 ASP. NET 页面中，可以使用 ASP. NET 服务器端控件来建立常用的用户接口元素，并对其进行编程；可以使用内建可重用组件和自定义组件快速建立 Web Form，从而使代码大大简化。相对于原有的 Web 技术而言，ASP. NET 提供的编程模型和结构有助于快速、高效地建立灵活、安全和稳定的应用程序。

　　ASP. NET 提供了统一的 Web 开发模型，其中包括开发人员生成企业级 Web 应用程序所需的各种服务。ASP. NET 也提供了一种新的编程模型和结构，可以生成伸缩性和稳定性更好的应用程序，并提供更好的安全保护。ASP. NET 开发的网站具有用户与服务器交互的能力，也称"动态网站"。通过动态网站，用户可以共享数据，共同访问资源。

【学习目标】

■ 项目知识目标

1. 基本知识

(1) Response 对象的方法、属性及用法；

(2) Request 对象的方法、属性及用法；

(3) Server 对象的方法、属性及用法；

(4) Application 对象的方法、属性及用法；

(5) Cookie 对象的方法、属性及用法；

(6) Session 对象的方法、属性及用法。

2. 拓展知识

(1) 网页计数器的实现原理；

(2) 用户访问计数器的实现原理；

(3) 电子商务购物车的实现原理；

（4）聊天室的实现原理。

■ 项目技能目标

1. 基本技能

（1）使用 Response 对象的能力；

（2）使用 Request 对象的能力；

（3）使用 Server 对象的能力；

（4）使用 Application 对象的能力；

（5）使用 Cookie 对象的能力；

（6）使用 Session 对象的能力；

（7）使用 Web 服务器验证控件的能力。

2. 拓展技能

（1）设计实现网页计数器的能力；

（2）设计实现用户访问计数器的能力；

（3）设计实现电子商务购物车的能力；

（4）设计实现聊天室的能力。

【引导案例】

四种当今流行的动态网页设计技术

当今时代的发展速度越来越快，网站设计的发展日新月异，网页文件拓展名也在不断地更新，特别是近几年来，又出现了许多网站设计的新软件、新技术。C 语言、C++、JAVA 等编程语言不再仅仅局限于对软件的制作，也广泛运用于网站的设计，现在就来为大家一一介绍。

网络技术日新月异，细心的网友会发现网页文件扩展名不再只是".htm"，还有".php"".asp"等，这些都是采用动态网页技术制作出来的。

早期的动态网页主要采用 CGI 技术，CGI 即 Common Gateway Interface（公用网关接口）。用户可以使用不同的程序编写适合的 CGI 程序，如 Visual Basic、Delphi 或 C/C++等。虽然 CGI 技术已经发展成熟而且功能强大，但由于编程困难、效率低下、修改复杂，因此有逐渐被新技术取代的趋势。

下面介绍几种颇受关注的技术：

■ **PHP**

PHP 即 Hypertext Preprocessor（超文本预处理器），它是当今互联网上最为火热的脚本语言，其语法借鉴了 C、Java、PERL 等语言，但只需要很少的编程知识就能使用 PHP 建立一个真正交互的 Web 站点。

它与 HTML 语言具有非常好的兼容性，使用者可以直接在脚本代码中加入 HTML 标签，或者在 HTML 标签中加入脚本代码从而更好地实现页面控制。PHP 提供了标准的数据库接口，数据库连接方便，兼容性和扩展性强，可以进行面向对象编程。

■ **ASP**

ASP 即 Active Server Pages，它是微软公司开发的一种类似 HTML（超文本标识语言）、Script（脚本）与 CGI（公用网关接口）的结合体。它没有提供自己专门的编程语言，而是允许用户使用许多已有的脚本语言编写 ASP 的应用程序。ASP 的程序编制比 HTML 更方便且更有灵活性。它是在 Web 服务器端运行，运行后再将运行结果以 HTML 格式传送至客户端的浏览器。ASP 程序语言最大的不足就是安全性不够好。

ASP 的最大好处是可以包含 HTML 标签，也可以直接存取数据库及使用无限扩充的 ActiveX 控件，因此在程序编制上要比 HTML 方便而且更富有灵活性。通过使用 ASP 的组件和对象技术，用户可以直接使用 ActiveX 控件，调用对象方法和属性，以简单的方式实现强大的交互功能。

但 ASP 技术也并非完美无缺。由于它基本上是局限于微软的操作系统平台之上，主要工作环境是微软的 IIS 应用程序结构，又因 ActiveX 对象具有平台特性。因此 ASP 技术不能很容易地实现在跨平台 Web 服务器上工作。

■ **JSP**

JSP 即 Java Server Pages，它是由 Sun Microsystems 公司于 1999 年 6 月推出的，是基于 Java Servlet 以及整个 Java 体系的 Web 开发技术。

JSP 和 ASP 在技术方面有许多相似之处，不过两者来源于不同的技术规范组织，ASP 一般只应用于 Windows NT/2000 平台，而 JSP 则可以在 85% 以上的服务器上运行，而且基于 JSP 技术的应用程序比基于 ASP 技术的应用程序易于维护和管理，所以被许多人认为是未来最有发展前途的动态网站技术。

■ **NET**

NET 是 ASP 的升级版，也是由微软公司开发的，但是和 ASP 有天壤之别。NET 的版本有 1.1、2.0、3.0、3.5、4.0。它是网站动态编程语言中最好用的语言，不过易学难精。从 NET 2.0 开始，NET 把前台代码和后台程序分为两个文件管理，使得 NET

表现和逻辑相分离。NET 网站开发跟软件开发差不多。NET 的网站是编译执行的，效率比 ASP 高很多。NET 在功能性、安全性和面向对象方面都做得非常优秀，是非常不错的网站编程语言。

■ **总结**

虽然以上四种技术在制作动态网页上各有特色，但仍在发展中。通过以上介绍，我们了解到了当今社会上颇受关注的各种网站设计技术都有其优点，也有各自的缺陷。高校相关专业的学生都专门设置了单独的课程学习网站设计，其中每一种软件都会让大学生学习以及实践，可以依据自己的习惯来选择合适的软件进行软件设计。

思考与讨论：以上四种技术各自的特点是什么？它们之间有哪些联系？

【学习指南】

一、网页计数器设计

（一）ASP. NET 内置对象

ASP. NET 提供了许多内置对象，这些对象提供了许多功能。例如：可以在两个网页之间传递变量、输出数据，以及记录变量值等。这些对象在 ASP 时代已经存在，到了 ASP. NET 环境下，这些功能仍然可以使用，而且更强大。ASP. NET 内置对象有 Response、Request、Server、Application、Session 和 Cookie 等，相对于 ASP 内置对象而言，它们的功能得到了显著增强。虽然由于服务器控件技术的使用大大降低了 ASP. NET 开发对其内置对象的依赖性，但是在某些场合这些对象仍然是非常重要的，使用 ASP. NET 内置对象实现网站建设中的某些常用功能是非常方便而有效的。

本节将介绍 ASP. NET 内置对象的有关概念，并结合案例介绍它们的使用方法及其在网站建设中的用途。

1. Response 对象

（1）Response 对象的属性和方法。Response 对象是 HttpResponse 类的一个案例，用于控制服务器发送给浏览器的信息，包括直接发送信息给浏览器，重定向浏览器到另一个 URL，以及设置 Cookie 的值。表 5-1 和表 5-2 分别列举了 Response 对象的属性和方法。

表 5-1　**Response 对象的属性**

属性	说明
Buffer	获取或设置一个值，该值可指定是否缓冲输出，并在处理整个响应之后将其发送
BufferOutput	获取或设置一个值，该值指定是否缓冲输出，并在处理整个页面之后将其发送
Cache	获取 Web 页面的缓存策略
Charset	获取或设置输出流的 HTTP 字符集
ContentEncoding	获取或设置输出流的 HTTP 字符集
ContentType	获取或设置输出流的 HTTP MIME 类型
Cookies	获取响应 Cookie 集合
Filter	获取或设置一个筛选器对象，该对象用于在传输之前修改 HTTP 实体主体
Is Client Connected	获取一个值，通过该值指示客户端是否仍连接在服务器上
Output	启用输出 HTTP 响应流的文本输出
OutputStream	启用输出 HTTP 内容主体的二进制输出
RedirectionLocation	获取或设置 HTTP "位置" 标头的值
StatusCode	获取或设置返回给客户端的输出的 HTTP 状态代码
SupressContent	获取或设置一个值，该值可指示是否将 HTTP 内容发送到客户端

表 5-2　**Response 对象的方法**

方法	说明
AddFileDependencies	用于将一组文件名添加到文件名集合中，当前响应依赖于该集合
AppendHeader	将 HTTP 头添加到输出流
AppendToLog	将自定义日志信息添加到 IIS 日志文件中
BinaryWrite	将一个二进制字符串写入 HTTP 输入流
Clear	清除缓冲区流中的所有输出
Close	关闭到客户端的套接字连接
End	将当前所有缓冲的输出发送到客户端，停止该页的执行，并引发 Application_EndRequest 事件
Flush	向客户端发送当前所有缓冲的输出
GetType	获取当前案例的 Type
Redirect	将客户端重定向到新的 URL
Write	将信息写入 HTTP 输出流
WriteFile	将指定的文件直接写入 HTTP 输出流

（2）使用 Response 对象。Response 对象可以输出信息到客户端，包括直接发送信息到浏览器、重定向浏览器到另一个 URL，以及设置 Cookie 的值。

① 发送信息。向浏览器发送信息是 Response 对象最常用的功能，一般是通过其 Write（ ）方法实现。其语法形式为：

```
Response.Write(value);
```

【案例 5.1】 向网页中输出字符串。

新建网站，进入设计视图，双击页面进入 C♯ 代码编辑器，然后在 Page _ Load 事件中添加如下代码：

```
protected void Page_Load(object sender,EventArgs e)
{        Response. Write("<center>");
        for(int i = 2;i < 7;i+ +)
        {   Response. Write("<p>");
            Response. Write("<font size = ");
            Response. Write(i);
            Response. Write(">");
            Response. Write("坚持就是胜利!");
            Response. Write("</font>");
            Response. Write("</p>");
        }
        Response. Write("</center>");
}
```

运行结果如图 5 - 1 所示，通过循环使用 Response. Write（　）方法输出多个字符串"坚持就是胜利!"，而且利用循环变量 i 和 font 标记控制字体的大小。

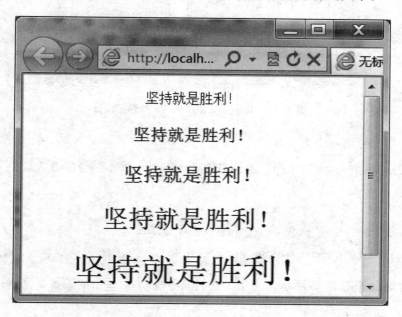

图 5 - 1　向网页中输出字符串

②重定向浏览器。在访问某个网站时，首先访问的是网站的主页，然后通过主页访问其他页面。如果想跳过主页，通常是在浏览器的地址栏中直接输入某个功能页面的地址，除此之外没有更加简单的方法。一方面，网站设计者不希望这样；另一方面，只有具有特定权限的用户才可以访问某些页面。网站设计者可以使用 Response 对象的 Redirect（ ）方法来强制用户进入某个必须首先访问的页面，其语法格式为：

```
Response. Redirect(Url);
```

【案例 5. 2】使用 Response. Redirect（ ）方法实现网页重定向。

新建网站，进入设计视图，然后按图 5 - 2 设计界面。双击转向按钮进入 C♯代码编辑器，然后在按钮事件中添加如下代码：

```
protected void Button1_Click(object sender, EventArgs e)
{          Response. Redirect("http://www. sohu. com");}
```

需要添加的代码只有一句，就是 Response. Redirect（"http://www. sohu. com"）；用于重定向到搜狐网，运行时单击按钮，就会重定向到搜狐网。在实际开发中，我们可以根据自己的需求让它重定向到指定的网页，无论是互联网上的网页还是本地的网页皆可。

图 5 - 2　**Response. Redirect** 案例界面设计

提示：如何弹出一个警告框？

可以使用 Response. Write（ ）方法和 JavaScript 脚本结合的方式获得 Windows 风格的警告框。

```
Response. Write("<script>alert('记录修改成功!')</script>");
Response. Write("<script language=javascript>alert('记录修改成功!')</script>");
```

弹出对话框如图 5 - 3 所示，使用时我们只需修改 alert 中的警告文字就可以了。

2. Request 对象

Request 对象是 HttpRequest 类的一个案例，其主要功能是从客户端获取数据。使

图 5-3　弹出对话框

用该对象可以访问任何 HTTP 请求传递的信息，包括使用 POST 方法或者 GET 方法传递的参数、Cookie 和用户验证。由于 Request 对象是 Page 对象的成员，因此在程序中可以直接使用。

（1）Request 对象的属性和方法。使用 Request 对象的 Form 属性，可以在多个 ASP. NET 页面之间传递消息，它通过使用 POST 方法的表格检索传送到 HTTP 请求正文中表格元素的值。Form 集合是按请求正文中参数的名称来索引的，Request. Form（element）的值就是请求正文中 element 的值。

使用 Request 对象的 QueryString 属性，可以检索 HTTP 查询字符串中变量的值，通过发送表格数据或者由用户在其浏览器的地址栏中输入查询都可以生成 HTTP 查询字符串。它与 Form 集合的区别是：使用 QueryString 集合检索 HTTP 查询字符串中变量的值时，变量和它的值是可见的。正因如此，不可以使用它来传递用户密码。另外，一般情况下也不使用它来传递数据量较大的信息。表 5-3 和表 5-4 分别列举了 Request 对象的属性和方法。

表 5-3　Request 对象的属性

属性	说明
ApplicationPath	获取服务器上 ASP. NET 虚拟应用程序的根目录路径
Browser	获取或设置有关正在请求的客户端浏览器的信息
ContentLength	指定客户端发送的内容长度（以字节计）
Cookies	获取客户端发送的 Cookie 集合
FilePath	获取当前请求的虚拟路径
Files	获取采用多部分 MIME 格式的由客户端上传的文件集合
Form	获取窗体变量集合
Item	从 Cookies、Form、QueryString 或 ServerVariables 集合中获取指定的对象
Params	获取 QueryString、Form、ServerVariables 和 Cookies 项的组合集合
Path	获取当前请求的虚拟路径
ServerVariables	获取 Web 服务器变量集合
QueryString	获取 HTTP 查询字符串变量集合
UserHostAddress	获取远程客户端 IP 主机地址
UserHostName	获取远程客户端 DNS 名称

表 5 - 4　**Request 对象的方法**

方法	说明
BinaryRead	对当前输入流进行指定字节数的二进制读取
Equals	确定两个 Object 案例是否相等
GetType	获取当前案例的 Type
MapPath	为当前请求将请求 URL 中的虚拟路径映射到服务器上的物理路径
SaveAs	将 HTTP 请求保存到磁盘
ToString	返回表示当前 Object 的 Type

（2）使用 Request 对象。

① 获取 URL 传递变量。使用 Request 对象的 QueryString 属性，可以获取 URL 地址中问号后面的数据，即 URL 附加信息。QueryString 主要用于获取 HTTP 协议中 GET 请求发送的数据。如果某个请求事件中被请求的 URL 地址中出现了问号以及其后的数据，那么该请求的方法为 GET。GET 方法是 HTTP 请求中的默认请求方法，也可以同时传递多个参数。

【案例 5.3】通过 Request 对象的 QueryString 属性接收 GET 方法传送的数据。

新建网站，首页为 Default. aspx，选择"网站"→"添加新项"菜单命令，添加一个新 Web 窗体 Default2. aspx。按图 5 - 4 设计界面：一个 Web 控件的文本框和一个"提交"按钮，且按钮的 PostBackUrl 属性值为接收数据的网页，这里是 Default2. aspx。在 ASPX 文件内注意修改表单 Form 的提交方法为"get"，即：

```
<form id = "form1" runat = "server" method = "get">
```

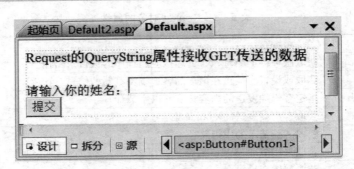

图 5 - 4　**用 Request 的 QueryString 属性接收 GET 传送数据效果图 1**

Default. aspx 的完整代码如下：

```
<html xmlns = "http://www.w3.org/1999/xhtml">
<head runat = "server"><title>无标题页</title></head>
<body><form id = "form1" runat = "server" method = "get"><div>
```

```
<strong><span style = "font-size:16pt">Request 对象的 QueryString 属性接收 GET 方法传
送的数据</span></strong><br/><br/>请输入你的姓名:
    <asp:TextBox ID = "TextBox1" runat = "server"></asp:TextBox><br /> 
    <asp:Button ID = "Button1" runat = "server" PostBackUrl = "~/Default2.aspx" Text = "提交"
/><br/><br/></div></form></body></html>
```

修改 Default2. aspx 文件代码,利用脚本和 Request 对象的 QueryString 属性接收
GET 传递来的数据,内容如下:

```
<html xmlns = "http://www.w3.org/1999/xhtml" >
<head runat = "server">
    <title>无标题页</title>
</head>
<body>
    <form id = "form1" runat = "server">    <div>
    <%    string name = Request.QueryString["TextBox1"];
        Response.Write("你的姓名是:" + name);    %>    </div>
</form></body></html>
```

运行结果如图 5-5 和图 5-6 所示。输入姓名后单击"提交"按钮,网页转向 De-
fault2. aspx 页面,并且显示从前一个页面转递来的姓名。要特别注意图 5-6 的地址栏,
网页地址的后面有一个"?"和传递的参数,这就是 GET 传递方法的特点。

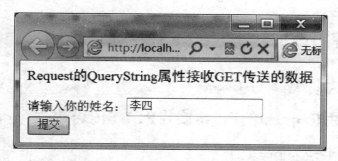

图 5-5 用 Request 的 QueryString 属性接收 GET 传送数据效果图 2

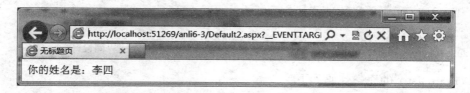

图 5-6 用 Request 的 QueryString 属性接收 GET 传送数据效果图 3

提示：脚本，又称为宏或批处理文件（以纯文本保存的程序），是使用一种特定的描述性语言，依据一定的格式编写的。脚本通常可以由应用程序临时调用并执行。各类脚本目前被广泛地应用于网页设计中，因为脚本不仅可以减小网页的规模和提高网页浏览速度，而且可以丰富网页的表现，如动画、声音等。动态程序一般有两种实现方式：一是二进制方式，二是脚本方式。二进制方式是先将我们编写的程序进行编译，变成机器可识别的指令代码（如.exe文件），然后执行。这种编译好的程序我们只能执行、使用，却看不到它的程序内容。

脚本简单地说就是一条条文字命令，这些命令是我们可以看到的（如可以用记事本打开查看、编辑）。脚本程序在执行时由系统的解释器（如IE浏览器）将其逐条翻译成机器可识别的指令，并按程序顺序执行。因为脚本在执行时多了一道翻译的过程，所以它比二进制程序执行效率稍微低一些。

② 获取表单传递值。当需要在网页之间传递信息时，还可以通过表单来实现。在这种情况下，表单传递的信息可以由Request对象的Form属性来获取，这就是使用Request.Form来获取POST方法所传递的数据。

【案例5.4】通过Request对象的Form属性接收POST方法传送的数据。

新建网站，首页为Default.aspx。选择"网站"→"添加新项"菜单命令，添加一个新Web窗体Default2.aspx。按图5-7设计界面：一个Web控件的文本框和一个"提交"按钮，按钮的PostBackUrl属性值为接收数据的网页，这里是Default2.aspx。在Aspx文件内注意表单Form的提交方法为"post"或者不写，因为"post"是默认值，即：

```
<form id = "form1" runat = "server">
```

图5-7 用Request的Form属性接收POST传送数据界面设计

Default.aspx的完整代码如下：

```
<html xmlns = "http://www.w3.org/1999/xhtml" >

<head runat = "server"> <title>无标题页</title></head>

<body><form id = "form1" runat = "server"> <div><strong>

<span style = "font-size:16pt">用 Request 的 Form 接收 POST 传送数据</span></strong>
<br /><br />请输入你的姓名:<asp:TextBox ID = "TextBox1" runat = "server"></asp:TextBox
><br />     

<asp:Button ID = "Button1" runat = "server" PostBackUrl = "~/Default2.aspx" Text = "发送"
/></div></form></body></html>
```

修改 Default2. aspx 文件代码,利用脚本和 Request 对象的 Form 属性接收 POST 传递来的数据,内容如下:

```
<html xmlns = "http://www.w3.org/1999/xhtml" >

<head runat = "server"> <title>无标题页</title></head>

<body> <form id = "form1" runat = "server"> <div>

    <%  string name = Request.Form["TextBox1"];

        Response.Write(name);   %>

</div> </form></body></html>
```

运行结果如图 5 - 8 和图 5 - 9 所示。输入姓名后单击"提交"按钮,网页转向 De-fault2. aspx 页面,并且显示从前一个页面转递来的姓名。要特别注意图 5 - 8 的地址栏,网页地址的后面没有"?"和参数,这与前面介绍的 GET 传递方法不同。

图 5 - 8 用 Request 的 Form 属性接收 POST 传送数据效果图 1

图 5 - 9 用 Request 的 Form 属性接收 POST 传送数据效果图 2

注意：接收传递来的数据有 Request. QueryString、Request. Form、Request ［］ 三种方式。QueryString 仅用于 GET 方式。Form 用于 POST 方式。Request ［］ 方式可以获取 Cookie、Form、QueryString 和 ServerVariables 类型的值，即所有通过 Form 提交的都可以，同时也支持 GET 方法的数据。

③ ASP. NET 跨页提交。为了便于比较，我们回顾一下网页传递数据的传统方法。在 HTML 的表单元素中有一个 Action 属性，用来指定服务器端使用哪项资源（资源是指一个网页、一段脚本、程序等）来处理这些被提交的数据。例如：

```
<body>
<form name = "frmSample" method = "post" action = "target_url">
<input type = "text" name = "fullname" id = "fullname" />
<input type = "button" name = "Submit" value = "submit" /> </form>
</body>
```

在文本域（名字是 fullname）中输入的值将被提交给表单元素的 Action 属性指定的页面或者程序。对于现在的 ASP. NET 开发者，这种方式已经不再适用了。

ASP. NET 1. x 只提供了提交到本页的方式。在很多情况下，解决方案中会有跨页提交的需求，有时可以通过 Response. Redirect 或者 Server. Transfer 方式转移到另外一个页面，然后模拟一个跨页回调的效果，但是 ASP. NET 2.0 提供了从一个表单页面提交到另一个表单页面的跨页提交功能。

在 ASP. NET 2.0 中要实现跨页提交，需要在源表单页面里设置控件的 PostBack-URL 属性来实现 IButtonControl（如 Button、ImageButton 和 LinkButton）接口来定位到目标表单页面。当用户单击 Button 控件的时候，表单页就会跨页提交到目标表单页面，而不需要在源表单页面中进行任何设置或编写任何的代码，这就是前面两种提交方式。

还可以通过 FindControl （ ）方法在目标页面中检索源表单页面中的信息。目标表单页面获得 "跨" 过来的那一页请求的信息是通过一个非空的 PreviousPage （ ）方法。这个属性代表着源表单页面并且为源表单页面及其控件建立引用。源表单页面上的控件在目标页面上可以通过 PreviousPage 的 FindControl （ ）方法来获得。请看如下代码：

```
protected void Page_Load(object sender, EventArgs e)
{    ...
    TextBox txtStartDate = (TextBox)PreviousPage. FindControl("txtStartDate ");    }
```

大家可以尝试用这种方法来改写案例 5.3 和案例 5.4，可以获得同样的效果。在案例 5.3 中，只须修改 Default2. aspx 中的一条语句即可。例如：

```
string name = Request.QueryString["TextBox1"];
```

改为：

```
string name = ((TextBox)PreviousPage.FindControl("TextBox1")).Text;
```

案例 5.4 可做同样修改，当然这时已经不需要 Request 对象了。

除此之外，还有一个跨页提交接收数据的方法，就是在源表单页已经确定的情况下，使用@PreviousPageType 指令，这个指令可以在目标表单页中以强类型的方式访问源表单页。PreviousPage 属性返回一个强类型的结果来对源表单页进行引用，它允许访问源目标页的公共属性。这部分内容留给同学们自己研究。

3. Server 对象

Server 对象提供了对服务器上方法和属性的访问。最常用的方法是创建 ActiveX 组件的案例，其他方法可用于将 URL 或 HTML 编码成字符串，或者将虚拟路径映射到物理路径以及设置脚本的超时时间等。

（1）Server 对象的属性和方法。Server 对象的属性和方法分别如表 5－5 和表 5－6 所示。

表 5－5　Server 对象的属性

属性	说明
MachineName	获取服务器的计算机名称
ScriptTimeout	获取或设置请求超时时间

表 5－6　Server 对象的方法

方法	说明
ClearError	清除前一个异常
CreateObject	创建 COM 对象的一个服务器案例
Execute	使用另一页执行当前请求
HtmlDecode	对已编码的字符串进行解码
HtmlEncode	对要在浏览器中显示的字符串进行编码
MapPath	返回与 Web 服务器上指定虚拟路径对应的物理文件路径
Transfer	终止当前页的执行，并为当前请求执行新页
UrlDecode	对字符串进行解码，该字符串为了进行 HTTP 传输而进行编码并在 URL 中发送到服务器
UrlEncode	对字符串进行编码，以便通过 URL 从 Web 服务器到客户端进行可靠的 HTTP 传输
UrlPathEncode	对 URL 字符串的路径部分进行 URL 编码，并返回已编码的字符串

（2）使用 Server 对象。Server 对象的大多数方法和属性均作为实用程序的功能服务。例如：使用它们可以实现转变字符串格式，创建捆绑对象，以及控制页面显示时间等。

① 获取计算机名和脚本过期时间。需要输出服务器的计算机名，此时只需使用 Server 对象的 MachineName 属性即可。可以在 ASPX 中添加这样的脚本：

```
< % Response. Write(Server. MachineName); % >
```

Server 对象的 SriptTimeout 属性用于设置脚本运行的最长时间，以限制脚本运行时间。脚本运行时间的最长限制有一个默认值，这是防止无限次循环的有效措施。不过在一些特殊场合，也许需要脚本运行时间大于默认值。例如：当生成一个十分巨大的主页时，我们肯定不希望主页显示到一半就过了限制时间，此时就可以利用 Server 对象的 ScriptTimeout 属性来设定我们期望的限制时间。下面的脚本将过期时间设为 150 秒：

```
< % Server. ScriptTimeOut = 150 % >
```

需要注意的是：设置的 ScriptTimeout 值要比 IIS 默认的设定值大才起作用。也就是说，如果我们设定 ScriptTimeout 的值小于默认值，则过期时间还以默认值计。

② 向浏览器输出 HTML 代码。向浏览器输出 HTML 代码要用到 HtmlEncode（　）方法和 HtmlDecode（　）方法。其中，HtmlEncode（　）方法对指定的字符串进行 HTML 编码，而 HtmlDecode（　）方法对 HtmlEncode（　）的编码进行解码。下面通过两个案例来说明它们的功能。

【案例 5.5】运用 Server 对象的 HtmlEncode（　）方法向浏览器输出 HTML 代码。

新建网站，然后在首页的 ASPX 文件中添加脚本，对一个含标记的字符串进行 HtmlEncode 编码输出并对比不编码输出内容。

```
<body><form id = "form1" runat = "server"> <div>
   < % Response. Write(Server. HtmlEncode("<center><h4>成功属于永不放弃的人!<br
></h4></center>"));
        Response. Write("<center><h4>成功属于永不放弃的人!<br></h4></center
>");  % >
   </div> </form></body>
```

运行结果如图 5-10 所示。用到 Server 对象 HtmlEncode 编码的字符串被原样输出，其中的标记语言也被输出，而没有编码的字符串中的标记语言被浏览器解释执行，只输出非标记文字内容。

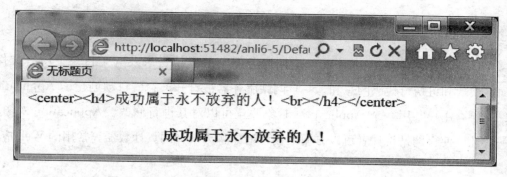

图 5 - 10　**Server 对象的 HtmlEncode（　）方法案例演示**

【案例 5.6】使用 Server 对象的 HtmlDecode（　）方法解码。

新建网站，然后在首页的 ASPX 文件中添加脚本，对一个含标记的字符串先进行 HtmlEncode 编码，再用 HtmlDecode 解码输出，内容如下：

```
<html xmlns = "http://www.w3.org/1999/xhtml">
<head runat = "server"> <title>无标题页</title></head>
<body><form id = "form1" runat = "server"> <div>
    <% string a = Server.HtmlEncode("<center><h4>成功属于永不放弃的人!<br></
h4></center>");
        Response.Write("运用 HtmlEncode 编码后的输出:" + a);
        Response.Write("<br>");
        Response.Write("运用 HtmlDecode 解码后的输出:" + Server.HtmlDecode(a));
%>
        </div> </form></body></html>
```

运行结果如图 5 - 11 所示。用到 Server 对象的 HtmlEncode（　）方法编码的字符串被原样输出，其中的标记语言也被输出；而使用 HtmlDecode（　）方法对其解码后，只输出非标记文字内容，其中的标记语言被浏览器解释执行。

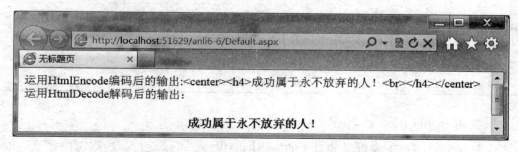

图 5 - 11　**Server 对象的 HtmlDecode（　）方法案例演示**

（二）Application 对象和网页计数器

Application 对象是运行在 Web 应用服务器上的虚拟目录及其子目录下所有文件、页面、模块和可执行代码的总和。一旦网站服务器被打开，它就自动创建了 Application 对象。所有用户共用一个 Application 对象并且可以对其进行修改。Application 对象的这一特性，使得网站设计者可以方便地创建诸如聊天室和网页计数器等常用的 Web 应用程序。

1. Application 对象的属性和方法

表 5-7 列出了 Application 对象的属性，表 5-8 列出了 Application 对象的方法。

表 5-7　**Application 对象的属性**

属性	说明
Allkeys	获取 HttpApplicationState 集合中的访问键
Contents	获取对 HttpApplicationState 对象的引用
Count	获取 HttpApplicationState 集合中的对象数
Item	获取对 HttpApplicationState 集合中对象的访问。重载该属性以允许通过名称或者数字索引访问对象。在 C# 中，该属性为 HttpApplicationState 类的索引器
StaticObjects	获取由<object>标记声明的所有对象，其范围设置为 ASP. NET 应用程序中的 Application

表 5-8　**Application 对象的方法**

方法	说明
Add	将新对象添加到 HttpApplicationState 集合中
Clear	从 HttpApplicationState 集合中移除所有对象
Get	通过名称或者索引获取 HttpApplicationState 对象
GetKey	通过索引获取 HttpApplicationState 对象名
Lock	锁定对 HttpApplicationState 变量的访问以促进访问同步
Remove	从 HttpApplicationState 集合中移除命名对象
RemoveAll	从 HttpApplicationState 集合中移除所有对象
Set	更新 HttpApplicationState 集合中的对象值
UnLock	取消对 HttpApplicationState 变量的访问锁定以促进访问同步

2. 使用 Application 对象

一个 Application 对象就是硬盘上的一组网页以及 .aspx 文件。数据可以在 Application 对象内部共享，因此可以覆盖多个用户。一个网站可以拥有多个 Application 对象，而且可以为特定的 ASP. NET 文件创建特定的 Application 文件。我们应首先学习如何使用 Application 对象的自定义属性。

可以根据特定的需要为 Application 对象定义属性，用以存储一些公用的数据，语法形式为：

```
Application["属性名"]
```

这些存储数据可以被网页内的其他位置或其他网页访问。

【案例 5.7】运用 Application 对象在一个网页内传递值。

新建网站，然后进入首页的设计视图，添加部分脚本，定义 3 个 Application 属性，属性名分别是 regardMorning、regardAfternoon 和 regardNight，分别用它们存储一些字符串，最后到网页的后面访问输出这些字符串。ASPX 文件的内容如下：

```
<body> <form id="form1" runat="server"> <div>
   <% Application["regardMorning"] = "您好,欢迎光临本网站!";
      Application["regardAfternoon"] = "您好,下午好!";
      Application["regardNight"] = "这么晚了,您该休息了!"; %>
</div> <center> <h3>
   <% = Application["regardMorning"] %> <br />
   <% = Application["regardAfternoon"] %> <br />
   <% = Application["regardNight"] %>
</h3> </center> </form>
</body>
```

运行结果如图 5-12 所示。Application 对象存储的值被顺利输出，说明了 3 个属性的存储功能。

图 5-12　在网页内传递信息

3. 网页计数器的实现

网页计数器是指用来统计某网页被用户访问总次数的程序。实现网页计数器是 Application 对象的主要应用之一。由于 Application 对象是所有用户共享的，因此可以用来存储计数器的值。当有新用户访问网页时，可以自动增加计数器的值。

【案例 5.8】运用 Application 对象实现网页计数器。

新建网站，然后进入首页的 HTML 源代码，添加脚本。ASPX 文件的内容如下：

```
<html xmlns = "http://www.w3.org/1999/xhtml">
<head runat = "server"><title>用 Application 实现简单的网页计数器</title>
</head><body> <form id = "form1" runat = "server"> <div>
<% Application["count"] = Convert.ToInt32(Application["count"]) + 1; %>
    <center><h3>你是本站第<% = Application["count"] %>位访客!</h3></center
></div> </form></body></html>
```

主要脚本语言如下：

```
<% Application["count"] = Convert.ToInt32(Application["count"]) + 1; %>
```

类似于常用的 i＝i＋1，只是一种累加，并运用 Application 属性能存储值的特性，从而实现了简单的计数器功能。因为 Application 属性值类型是字符串，所以加 1 时先要转换类型为整数型才能相加。只要有用户访问这个网页，它就会自动计数。程序运行结果如图 5-13 所示。

图 5-13　用 Application 对象实现简单的网页计数器案例演示

这种简单计数器有一个明显的问题，就是当多个用户同时修改 Application 对象的属性值时容易造成死锁。我们应对其进行改进，运用 Application 对象的 Lock（ ）和 UnLock（ ）方法，在修改 Application 属性前先锁定它，然后修改，修改结束后立即解锁，从而有效解决了死锁问题。改进后的 ASPX 文件内容如下：

```
<html xmlns = "http://www.w3.org/1999/xhtml" >
<head runat = "server"> <title>改进的 Application 网页计数器</title>
</head><body><form id = "form1" runat = "server"> <div>
    <% Application.Lock(  );
      Application["count"] = Convert.ToInt32(Application["count"]) + 1;
      Application.UnLock(  );   %>
    <center ><h3>你是本站第<% = Application["count"]%>位访客!</h3></center
> </div> </form></body></html>
```

注意：改进的计数器中还有一个问题，就是 Application 里存储的计数值有可能丢失。IIS 重启或服务器重启、崩溃都可能导致丢失。计数值一旦丢失，又得从零计数。实际应用的计数器需要在磁盘上建立一个文件，每次将计数值保存到这个文件中，从而防止 Application 数据丢失。

二、用户访问计数器设计

（一）Cookie 对象及用户访问计数器

1. Cookie 对象

用户用浏览器访问一个网站，Web 服务器并不知道是谁正在访问。但一般网站都希望能够知道访问者的一些信息。例如：是不是第一次访问，访问者上次访问时是否有未做完的工作，这次是否为其继续工作提供了方便等。Cookie 为网站保存用户信息提供了一种有效的方法。支持 Cookie 的浏览器则允许网站将一小段文本信息存储到浏览器所在的计算机中，这样当用户下次访问该网站时，该网站就可以检索到以前保存的信息。

Cookie 就是服务器暂时存放在用户电脑里的资料（.txt 格式的文本文件），以便服务器用来辨认用户的计算机。当用户在浏览网站的时候，Web 服务器会将一小段资料放在其计算机上，Cookie 会帮用户将在该网站上的某些操作记录下来。当用户再次访问同一个网站时，Web 服务器会事先查看有没有上次留下的 Cookie 资料。如果有，就会依据 Cookie 里的内容来判断使用者，随后给出特定的网页内容。

在 HTTP 协议下，Cookie 只不过是一个文本文件，它是服务器或者脚本用以维护用户信息的一种方式。Cookie 可以记录用户的相关信息，如身份标识、密码、购物方式、访问站点的次数等。只要用户连接到服务器，Web 站点就可以访问 Cookie 信息。网站可以利用 Cookie 跟踪统计用户访问该网站的习惯，如什么时间访问、访问了哪些页面、在每个网页的停留时间等。利用这些信息，一方面可以为用户提供个性化的服务，另一方面也可以作为了解所有用户行为的工具，这对网站经营策略的改进有一定的参考价值。

2. Cookie 对象的使用

Response 对象和 Request 对象都有一个共同的属性 Cookies，它是存放 Cookies 对象的集合，可以使用 Response 对象的 Cookies 属性设置 Cookies 信息，而使用 Request 对象的 Cookies 属性读取 Cookies 信息。下面用一段代码演示 Cookies 的操作过程。

```
protected void Page_Load(object sender,EventArgs e)
{        //创建一个新 Cookie,名称为 user
        HttpCookie myCookie = new HttpCookie("user");
        myCookie. Value = "It is your cookies";    //为 Cookie 赋值
        Response. Cookies. Add(myCookie);       //用 Response 对象保存创建的新 Cookie
        Response. Write("<center>Cookies 的值是:</center><br/><center>");
Response. Write(Request. Cookies["user"]. Value + "</center>");
        //用 Resquest. Cookie 提取名称为 user 的 Cookie 值 }
```

Cookie 对象采用键/值对的方式来记录数据，如下语句：

```
myCookie. Expires = DateTime. Now. AddHours(1);
```

指定 Cookie 中数据何时失效，这里是 1 小时后失效。如果不指定失效时间，则退出网页立即失效。

【案例 5.9】记录用户访问网站信息。

新建网站，进入设计视图，然后拖入一个标签，ID 为默认的 Label1。双击视图空白处，进入 C＃代码设计页面，为页面的 Page ＿ Load 事件添加代码，其内容及说明如下：

```
protected void Page_Load(object sender,EventArgs e)
{    if(!Page. IsPostBack)
    {    int Num = 1;
        HttpCookie myCookie = Request. Cookies["VistNum"];  //取出 Cookies
        DateTime now = DateTime. Now;    //得到当前时间
        if(myCookie != null)    //名称为 VistNum 的 Cookies 是否存在
        {  Num = Convert. ToInt16(myCookie. Value);
          Num + +;
```

```
      }   //如果存在,取出 Cookies 存的值,加 1
      else //如果不存在,创建 Cookies
      {   myCookie = new HttpCookie("VistNum");}
          myCookie. Value = Num. ToString(   );
          myCookie. Expires = now. AddHours(48);//数据两天后无效
          Response. Cookies. Add(myCookie);//Cookies 中的值不能修改能覆盖
          Label1. Text = "您是第" + Num. ToString(   ) + "次访问本站";
      }   }
```

运行结果如图 5 - 14 所示。当用户访问网页时会显示第几次访问,当然浏览器的 Cookies 必须设置为允许使用。本案例存在的问题是:访问网站不同网页或单击浏览器的刷新按钮也会加 1,这是不合理的。改进方法是在 Session _ OnStart 事件函数中取出 Cookie 的值加 1,并显示用户访问本站的次数,后面将详细讲解。

图 5 - 14　Cookies 记录网站访问次数

(二) Global. asax 文件及改进的用户访问网站计数程序

1. Global. asax 文件

Global. asax 文件也称 ASP. NET 应用程序文件,它提供了一种在一个中心位置响应应用程序级或模块级事件的方法。用户可以使用这个文件来实现应用程序的安全性以及其他一些任务。下面让我们详细看看如何在应用程序开发中使用这个文件。

Global. asax 位于应用程序根目录下。虽然 Visual Studio. NET 会自动插入这个文件到所有的 ASP. NET 项目中,但是它实际上是一个可选文件。删除它不会出问题——当然是在你没有使用它的情况下。. asax 文件扩展名指出它是一个应用程序文件,而不是一个使用 ASPX 的 ASP. NET 文件。

Global. asax 文件被配置为任何(通过 URL 的)直接 HTTP 请求都被自动拒绝,所以用户不能下载或查看其内容。ASP. NET 页面框架能够自动识别对 Global. asax 所做的任何更改。当 Global. asax 被更改后,ASP. NET 页面框架会重新启动应用程序,包括关闭所有的浏览器会话，去除所有状态信息，并重新启动应用程序域。

Global. asax 文件中包含多个事件，下面列出几个典型事件：

（1）Application_Init：应用程序被案例化或第一次被调用时，该事件被触发。对于所有的 HttpApplication 对象案例，它都会被调用。

（2）Application_Disposed：应用程序被销毁之前触发，这是清除以前所用资源的理想时机。

（3）Application_Error：当应用程序遇到一个未处理的异常时，该事件被触发。

（4）Application_Start：当 HttpApplication 类的第一个案例被创建时，该事件被触发。

（5）Application_End：当 HttpApplication 类的最后一个案例被销毁时，该事件被触发。在一个应用程序的生命周期内它只被触发一次。

（6）Session_Start：当一个新用户访问应用程序 Web 站点时，该事件被触发。

（7）Session_End：当一个用户会话超时、结束或离开应用程序 Web 站点时，该事件被触发。

在不同环境下，这些事件可能非常有用，使用这些事件的一个关键问题是：应事先知道它们被触发的顺序。Application_Init 和 Application_Start 事件在应用程序第一次启动时被触发一次。相似地，Application_Disposed 和 Application_End 事件在应用程序终止时被触发一次。此外，基于会话的事件（如 Session_Start 和 Session_End）只有在用户进入和离开站点时使用，其余的事件则处理应用程序请求，有一定的触发顺序。

2. 改进的用户访问网站计数程序

【案例 5.10】改进的用户访问网站计数程序。

新建网站，添加 Global. asax 文件，并添加 Session_Start 事件代码。Global. asax 文件位于网站的根目录。每个网站都可以有一个唯一的 Global. asax 文件，该文件实际上是一个可选文件，使用 VS2005 创建网站并不包括该文件。

选择"网站"→"添加新项"菜单命令，出现"添加新项"对话框。从模板列表中选中"全局应用程序类"，然后单击"添加"按钮，将添加 Global. asax 文件。该文件中定义了一个运行在服务器端的代码块，其中已预定义了事件 Session_Start、Session_End、Application_Start、Application_End、Application_BeginRequest 和 Application_EndRequest 的处理函数。另外，还可以增加其他事件处理函数、变量和方法。

Global. asax 文件的 Session _ Start 代码如下：

```
void Session_Start(object sender,EventArgs e)
{       //在新会话启动时运行的代码
        int Num = 1;
        HttpCookie myCookie = Request. Cookies["VistNum"];   //取出 Cookies
        DateTime now = DateTime. Now;        //得到当前时间
        if(myCookie! = null)//名称为 VistNum 的 Cookies 是否存在
        { Num = Convert. ToInt16(myCookie. Value);
            Num + + ;
        }    //如果存在,取出 Cookies 存的值,加1
        else //如果不存在,创建 Cookies
        {    myCookie = new HttpCookie("VistNum");    }
        myCookie. Value = Num. ToString(   );
        myCookie. Expires = now. AddHours(48);//数据两天后无效,否则退出网页失效
        Response. Cookies. Add(myCookie);   //Cookies 中的值不能修改,只能覆盖    }
```

相应地，对网页的 Page _ Load 事件作修改，主要用于显示 Cookies 保存的计数值，内容如下：

```
protected void Page_Load(object sender,EventArgs e)
    {   if(!Page. IsPostBack)
    {   int Num = 1;
        HttpCookie myCookie = Request. Cookies["VistNum"];   //取出 Cookies
        if(myCookie! = null)                //名称为 VistNum 的 Cookies 是否存在
        {   Num = Convert. ToInt16(myCookie. Value);
        }   //如果存在,取出 Cookies 存的值
        Label1. Text = "您是第" + Num . ToString(   ) + "次访问本站";    } }
```

运行结果初看上去与上一个案例一样，如图 5 - 14 所示，但在刷新网页和访问该网站不同网页时计数不会增加。只有关闭网站重新打开时才会增加计数，非常合理。

注意：回想一下前面运用 Application 对象的网页计数器案例，同样存在这个问题（即访问网站不同网页或单击浏览器的刷新按钮也会加 1）。大家也可以对其加入 Global. asax 文件，编写出更加实用的程序。

三、网站购物车设计

（一）Session 对象

当浏览器从网站的一个网页链接到另一个网页时，有时希望为这些被访问的网页中的数据建立某种联系。例如：一个网上商店的购物车要记录用户在各个网页中所选的商品，此时用 Session 对象就可以解决这类问题。当用户使用浏览器进入网站，访问网站中的第一个网页时，Web 服务器将自动为该用户创建一个 Session 对象，在 Session 对象中可以建立一些变量，这个 Session 对象以及 Session 对象中的变量只能被这个用户使用，其他用户不能使用。

当用户浏览网站中的不同网页时，Session 对象和存储在 Session 对象中的变量不会被清除，这些变量始终存在。当浏览器离开网站或超过一定时间与网站失去联系时，Session 对象被撤销，同时存储在 Session 中的变量也不存在了。使用在 Session 对象中建立的变量和方法，可以在网页之间传递数据。

在 ASP 中，Session 对象的功能本质上是用 Cookie 实现的。如果用户将浏览器上的 Cookies 设置为禁用，那么 Session 就不能工作。但在 ASP. NET 中，只要在 web. config 文件中将＜sessionstate cookieless＝"false" /＞设置为 true，不使用 Cookies，Session 也会正常工作。

1. Session 对象的属性和方法

属性 Timeout 表示 Session 对象的超时时限（以分钟为单位）。如果用户在该超时时限之内不刷新或请求网页，则该用户的 Session 对象将终止。默认值是 20 分钟。

方法 Abandon（　）用以删除 Session 对象中所有的变量并释放 Session 对象的资源。如果未明确地调用 Abandon（　）方法，一旦超过属性 Timeout 指定时间，那么服务器将删除 Session 对象。

创建一个 Session 变量 string1 并给它赋值：

```
Session["string1"] = "test";
```

方法 RemoveAll（　）和 Clear（　）用于清除 Session 中的所有变量。Session 对象的属性和方法分别如表 5-9 和表 5-10 所示。

2. 使用 Session 对象

Session 对象可以用来储存客户在浏览网页时的爱好。例如：客户所喜欢的背景颜色、

表 5 - 9　Session 对象的属性

属性	说明
CodePage	获取或设置当前会话的代码页标识符
Contents	获取对当前会话状态对象的引用
Count	获取会话状态集合中的项数
IsCookieless	获取一个值，该值可指示会话 ID 是嵌入在 URL 中还是存储在 HTTP Cookie 中
IsNewSession	获取一个值，该值可指示会话是否与当前请求一起创建
IsReadOnly	获取一个值，该值可指示会话是否为只读
Keys	获取存储在会话中的所有值的集合
Mode	获取当前会话状态模式
SessionID	获取用于标识会话的唯一 ID
StaticObjects	获取 ASP. NET 应用程序文件 global. asax 中的<object runat="server" scope=" session" />
Timeout	获取并设置终止会话之前各请求之间所允许的超时时限（以分钟为单位）

表 5 - 10　Session 对象的方法

方法	说明
Abandon	取消当前会话
Add	将新的项添加到会话状态中
Clear	清除会话状态中的所有值
CopyTo	将会话状态值的集合复制到一维数组中（从数组的指定索引处开始）
Remove	删除会话状态集合中的项
RemoveAll	删除所有会话状态值

客户喜欢纯文本网页还是外观绚丽多彩的网页等都可以使用 Session 来跟踪。另外，还可以跟踪访问者从一个网页跳转到另一个网页。获取类似的信息有助于网站设计者对网站进行改进和完善。

（1）利用 Session 的自定义属性保存信息。这是 Session 对象最基本的作用，其语法格式和使用方法与 Application 对象类似。与 Application 对象保存信息不同的是：Session 对象只能针对一个用户，这些信息只有该用户能够访问、修改，而且有过期期限，过期后信息丢失。

【案例 5.11】利用 Session 的自定义属性保存信息。

新建网站，把首页 Default. aspx 设计成用户登录网页，然后拖入 3 个 Web 控件：2 个 TextBox 控件（分别为输入用户名的 TextBox1 和输入密码的 TextBox2）和 1 个 Button 控件（ID 为 Button1，提交按钮），TextBox2 的 TextMode 属性选择 Password，

用于密码输入。Default.aspx 文件的内容如下：

```
<body style = "text-align:center">
<form id = "form1" runat = "server">
<table style = "width:257px;text-align:center"> <tr>
<td colspan = "3" rowspan = "3" style = "height:167px">
<strong><span style = "font-size:16pt">用户登录<br />
</span></strong><br />用户名:<asp:TextBox ID = "TextBox1" runat = "server"  Width
= "138px"></asp:TextBox><br/>
 密  码:<asp:TextBox ID = "TextBox2" runat = "server" TextMode =
"Password" Height = "22px" Width = "138px"></asp:TextBox><br />
<br /><br /><asp:Button ID = "Button1" runat = "server" Text = "提交" PostBackUrl = "
~/Default1.aspx" /><br /></td></tr> <tr> </tr>
<tr> </tr></table> </form></body>
```

选择"网站"→"添加新项"菜单命令，添加一个新的 Web 窗体，命名为
Default1.aspx。这个文件用来接收从首页传来的数据，并验证用户名和密码，然后根据
验证结果分别处理：验证正确就转向系统的主页；不正确则提示不合法，不允许进入系
统。为了简便，这里的用户名和密码分别预设为"张三"和 1234。Default1.aspx 的内
容如下：

```
<body> <form id = "form1" runat = "server" >
    <% if((Request.Form["TextBox1"] = = "张三")&&(Request.Form["TextBox2"] = = "
1234"))
        {  Session["name"] = Request.Form["TextBox1"];
            Response.Redirect("default2.aspx");          }
        else
        {  Response.Write("你不是合法用户!");  }  %>
</form></body>
```

最后添加一个 Web 窗体，命名为 Default2.aspx，作为登录成功后进入的网页，即
系统主页，用于显示欢迎信息和成功登录的用户名（这个用户名是用 Session 对象保存
的）。该文件比较简单，其内容如下：

```
<body> <form id = "form1" runat = "server"> <div>
<% Response.Write("<h2>这是首页!</h2>");
```

```
Response. Write("<h3>欢迎你!"+Session["name"]+"</h3>");  %>
</div> </form></body>
```

运行结果如图 5-15 所示，输入正确的用户名和密码，转向并显示登录成功页，如图 5-16 所示。这里显示了用 Session 对象存储的用户名，如果用户名或密码错误，用户登录不成功，就会显示不合法的信息，如图 5-17 所示。

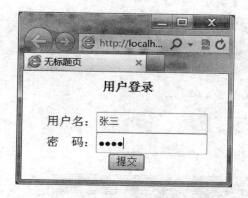

图 5-15 Session 保存信息案例首页

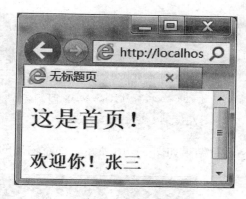

图 5-16 登录成功页

图 5-17 登录失败页

（2）Session 的唯一性和 Session 终止。

Session. SessionID：服务器为一个客户分配的唯一标识。

Session. Timeout：Session 的超时时限，系统默认为 20 分钟。

当用户登录网站后，服务器会为其分配一个 Session，不同用户的 Session 是不同的。Session 对象的 SessionID 属性是用以区别 Session 的唯一标志，每个 Session 都具有一个唯一的 SessionID。

为了确定用户是否已经离开网站，也就是用户对应的 Session 在什么时候结束，需要对 Session 设置一个超时时限。如果用户在该期限内没有对站点的任何页面提出请求或者刷新页面，则服务器认为该用户已经离开，接着撤销为其创建的 Session。系统默认的 Session 超时期限为 20 分钟，可以通过 IIS 更改它，也可以在程序中更改，例如：

```
Session. Timeout = 25;
```

下面通过案例 5.12 来显示用户的 SessionID 和 Timeout 值。

【案例 5.12】显示用户的 SessionID 和 Timeout 值。

新建网站，修改首页 ASPX 文件内容，用 Response 对象输出 SessionID 和 Timeout 值。ASPX 文件的内容如下：

```
<body> <form id = "form1" runat = "server"> <div>
  <% Response. Write("你的 SessionID 是:" + Session. SessionID);
    Response. Write("<br/>");
    Response. Write("Session 的 Timeout 时间是:" + Session. Timeout);    %>
</div> </form></body>
```

运行结果如图 5 - 18 所示，注意输出的 Timeout 值是默认值。

图 5 - 18   显示用户的 SessionID 和 Timeout 值

（二）利用 Session 对象实现电子商务网站中的购物车功能

Session 对象的一个重要应用就是实现电子商务网站中的购物车功能。早期，在电子商务网站中的购物车功能实现基本上是直接对数据库进行操作，这种实现方式很简单。但是在实际中应用则行不通，由于对数据库的频繁操作势必使数据库服务器的负担加重，当用户较多时还可能导致数据库服务器瘫痪，因此必须寻求一种新的解决方法，而使用 Session 对象实现购物车功能就是不错的选择。

在 ASP. NET 中用 Session 实现购物车功能，其基本原理是：对用户的数据请求暂时存储在 Session 对象里面，并依据实际需求，对 Session 中的值进行修改。确认数据符合需求之后，再一次性向数据库提交数据，进行写入。它的实现大体包括以下步骤：

（1）向购物车中添加商品。

（2）从数据库中查出对应的商品信息，修改购物车中的商品数量，且不允许大于数据库中商品数量。

（3）购物车中的商品信息显示，结账成功后清空购物车。

【案例 5.13】电子商务简易购物车的实现。

设计一个电子商务的简易购物车，可以选购彩电（海尔彩电、康佳彩电和长虹彩电，见图 5－19）、鞋类（冰鞋、跑鞋和旅游鞋，见图 5－20），要求每类物品都有专门网页，可以同时选购多类物品，选购后可以在购物车里查看所购物的状态，如图 5－21所示。

（1）界面设计。新建一个网站，然后在首页（即 Default.aspx）设计视图中按图 5－19所示进行布局。从工具箱中拖入 3 个 CheckBox 控件、1 个 Button 按钮和 2 个超链接，用于彩电销售。

添加一个 Web 窗体，文件名为 Default2.aspx，按图 5－20 所示设计界面。也拖入 3个 CheckBox 控件、1 个 Button 按钮和 2 个超链接，用于鞋类销售。其他物品的链接指向 Default.aspx，图 5－19 中的其他物品链接指向 Default2.aspx 文件。

再添加一个 Web 窗体，文件名为 Default3.aspx，用于购物车状态显示，其界面比较简单，如图 5－21 所示。输入两排用于提示信息的文字，即"购物车状态"和"购物情况显示"。前两个页面中的查看购物车链接都指向 Default3.aspx。

图 5－19　彩电销售页

图 5－20　鞋类销售页

图 5－21　购物状态显示

（2）ASPX 文件编写。对于彩电销售页，打开 Default.aspx 文件，然后修改代码内容如下：

```
<body> <form id="form1" runat="server"> <div>彩电销售页:<br />
<asp:CheckBox ID="CheckBox1" runat="server"  Text="海尔彩电"  /> <br />
<asp:CheckBox ID="CheckBox2" runat="server" Text="康佳彩电" />           <br />
<asp:CheckBox ID="CheckBox3" runat="server" Text="长虹彩电" /><br />  
```

```
    <asp:Button ID = "Button1" runat = "server" Text = "提交"  PostBackUrl = "~/default.aspx"
/></div>
    </form>  <a href = "default2.aspx">其他物品</a>  <a href = "
default3.aspx">查看购物车</a>
    <%    if(Request["Button1"] = = "提交")    //如果单击了提交按钮
        {   if(Request["CheckBox1"] = = "on")
            { Session["s1"] = "海尔彩电";} //用 Session 保存选中值
            if(Request["CheckBox2"] = = "on")
            { Session["s2"] = "康佳彩电";    }
            if(Request["CheckBox3"] = = "on")
            { Session["s3"] = "长虹彩电";    }
        }   %>  </body>
```

对于鞋类销售页，打开 Default2.aspx 文件，然后修改代码内容如下：

```
    <body> <form id = "form1" runat = "server"><div>鞋类销售页<br />
<asp:CheckBox ID = "CheckBox1" runat = "server" Text = "冰鞋" />        <br />
<asp:CheckBox ID = "CheckBox2" runat = "server" Text = "跑鞋" />        <br />
<asp:CheckBox ID = "CheckBox3" runat = "server" Text = "旅游鞋"/>        <br />   <br />
    <asp: Button ID = "Button1" runat = "server" Text = "提交"   PostBackUrl = "~/
default2.aspx" /></div>
    </form>  <a href = "default.aspx">其他物品</a>  <a href = "
default3.aspx">查看购物车</a>
        <% if(Request["Button1"] = = "提交")
        { if(Request["CheckBox1"] = = "on")
            {   Session["s4"] = "冰鞋";    }
            if(Request["CheckBox2"] = = "on")
            {   Session["s5"] = "跑鞋";    }
            if(Request["CheckBox3"] = = "on")
            {   Session["s6"] = "旅游鞋";   }
        }   %></body>
```

对于购物状态显示页，打开 Default3.aspx 文件，再编写代码，内容如下：

```
<head runat = "server"> <title>购物车状态</title></head>
<body> <form id = "form1" runat = "server">  <div>
    <span style = "font-size:12pt">购物情况显示:</span></div>
        <%   int i;
            string[]s = {"s1","s2","s3","s4","s5","s6"};
            for(i = 0;i<=5;i++)   //去掉没有内容的 Session 显示,防止空行
            { if(Session[s[i]]! = null)
    Response. Write(Session[s[i]] + "<br/>");} //显示选中的物品
        %> </form></body>
```

（3）C#代码编写及调试。本项目不需要单独编写 C#代码，按钮只起到刷新并发送页面的作用。调试过程如下所示。

① 单击"启动调试"按钮，然后在彩电销售页中选项彩电，再单击"提交"按钮。

② 单击"其他物品"链接到鞋类销售页买鞋。在鞋类销售页的操作与彩电销售页一样，选好物品后单击"提交"按钮，确定选择。

③ 在两个物品销售页面中都可以单击"查看购物车"链接，查看购物状态，选择的所有物品都在该页显示出来，达到项目的要求。

本项目并没有要求对购物数量计数，为了简化，都以购买一件计算。实际购物车需要统计购买数量并与数据库的存量作对比，而且购买后还有付款过程，这些内容希望大家思考如何实现。

四、网站聊天室设计

（一）项目实施背景

该项目实现了一种简易的文本"聊天室"，具有"用户注册""用户登录""在线聊天"三大模块，实现了验证注册、验证登录、统计在线聊天人数、显示聊天内容等功能。后台使用 SQL 语言操控 Access 数据库，能进行数据的插入（insert）、查找（select）。本部分的叙述参照软件工程的规范，从简单文字聊天室的功能设计开始，进行数据库设计、系统的详细设计，为学生提供开发动态网站的完整流程。

（二）聊天室的功能设计和数据库设计

1. 功能设计

本聊天室包括 3 个页面，即注册页面、登录页面、讨论页面，功能模块如图 5 - 22

所示。注册页面（index. aspx）中需要输入用户名、密码、年龄和邮箱，登录页面（login. aspx）需要输入用户名和密码，讨论页面（talk. aspx）包括统计人数、聊天区和退出功能。

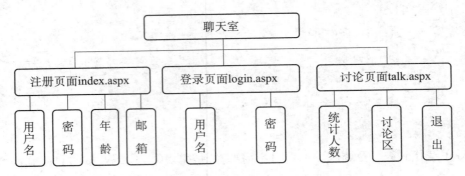

图5-22　功能模块设计图

2. 数据库设计

采用 Access 2003 创建数据库，数据库名为 dl. mdb，库中含有名为 use 的数据表，数据表中一共有 5 个字段，分别为：ID（自动编号）、uname（文本类型，用来存储用户名）、passwd（文本类型，用来存储用户密码）、age（文本类型，用来存储用户年龄）、email（文本类型，用来存储用户电子邮箱地址），如图 5-23 所示。

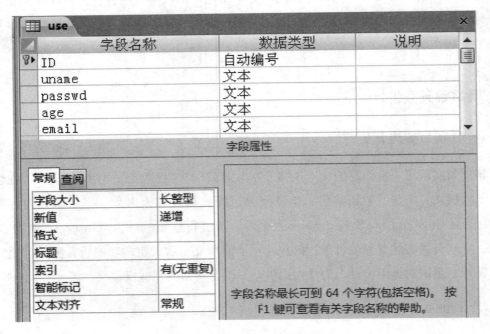

图5-23　数据库 use 表结构设计

（三）系统的详细设计

1. **注册页面**（index. aspx）

此页面的主要功能是对于首次来聊天室的用户进行注册，用户注册成功后可以登录。

（1）界面设计。如图 5 - 24 所示，这里主要用到了 Web 控件中的文本框（textbox）和按钮（button）、Web 服务器的验证控件。验证控件主要包括以下几种：①对用户名文本框的验证：必填验证（RequiredFieldValidator，ErrorMessage 属性值设为"必须输入用户名"）；正则验证（RegularExpressionValidator，ErrorMessage 属性值为"必须是字母，且只能包含字母、数字和下划线"，正则表达式为"［a-zA-Z］［a-zA-Z0-9 ＿］{0,}"）。②对确认密码文本框的验证：必填验证（RequiredFieldValidator，ErrorMessage 属性值设为"必须输入密码"）；比较验证（CompareValidator，ErrorMessage 属性值设为"密码和确认密码必须一致"）。③对用户年龄文本框的验证：必填验证（RequiredFieldValidator，ErrorMessage 属性值设为"必须输入年龄"）；范围验证（RangeValidator，ErrorMessage 属性值设为"年龄应该在 1 到 150 之间"，设置整型数值范围最大值为 150、最小值为 1）。④对电子邮箱文本框的验证：必填验证（Required-FieldValidator，ErrorMessage 属性值设为"必须输入 E-mail 地址"）；正则验证（RegularExpression-Validator，ErrorMessage 属性值为"输入正确的 E-mail 地址"，正则表达式为". {1,}@. {1,} ＼ ＼. ［a-zA-Z] {2, 3}"）。

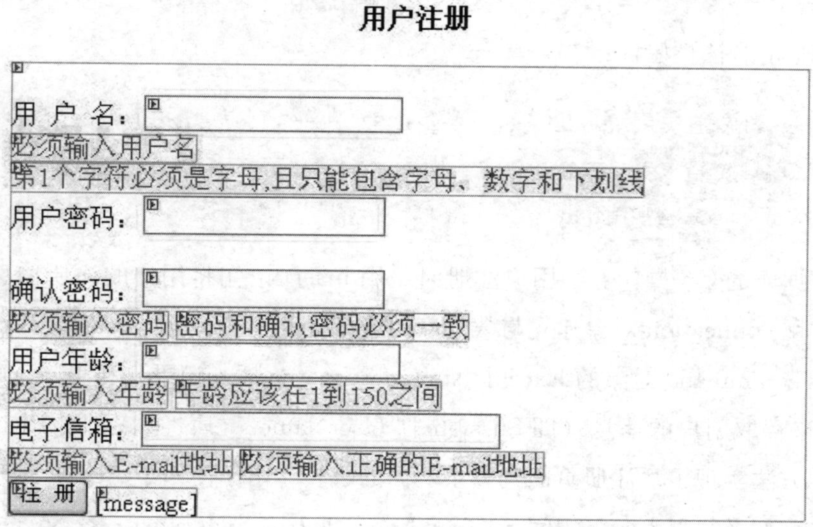

用户注册

图 5 - 24　注册页面设计视图

本页面用到了 Web 服务器的四种验证控件：必填验证（RequiredFieldValidator）、比较验证（CompareValidator）、范围验证（RangeValidator）、正则验证（RegularExpressionValidator）。具体代码如下，要特别注意重要属性值的设置。

用户名非空验证（其他的非空验证与此相同，略）：

```
<asp:RequiredFieldValidator id = "require1" ControlToValidate = "user_name"
ErrorMessage = "必须输入用户名"  runat = "server" Display = "Dynamic"/>
```

用户名合法验证：

```
<asp:RegularExpressionValidator id = "Regular1" ControlToValidate = "user_name"
        ValidationExpression = "[a-zA-Z][a-zA-Z0-9_]{0,}"
        ErrorMessage = "第1个字符必须是字母,且只能包含字母、数字和下划线" runat
= "server" Display = "Dynamic" />
```

核对两次输入密码是否一致的比较验证：

```
<asp:CompareValidator id = "Compare1" ControlToValidate = "password1"ControlToCompare = "
password2" ErrorMessage = "密码和确认密码必须一致" runat = "server"  Display = "Dynamic" />
```

年龄的合法验证：

```
<asp:RangeValidator id = "Range1" ControlToValidate = "age" MinimumValue = "1"
MaximumValue = "150" ErrorMessage = "年龄应该在1到150之间" Type = "Integer" runat = "serv-
er"  Display = "Dynamic" />
```

邮箱地址的合法性验证：

```
<asp:RegularExpressionValidator id = "Regular2" ControlToValidate = "email"
ValidationExpression = ".{1,}@.{1,}\\.[a-zA-Z]{2,3}" ErrorMessage = "必须输入正确的 E-
mail 地址" runat = "server" Display = "Dynamic" />
```

（2）数据库的 C♯ 操作。当用户注册时，用 insert 语句将用户的注册信息插入数据库表中，利用 connection 对象建立与数据库的连接，利用 commmand 对象执行插入语句命令，利用 commmand 对象的 ExecuteNonQuery（ ）插入记录。利用 asp. Net 内置对象 Session 来存取用户的信息（即 Session ["UserName"] 属性），利用 Response 对象的 Redirect 方法实现了从注册页面到登录页面的跳转。由于使用了 Access 数据库的相关对象，文件首部必须引入命名空间 System. Data. OleDb。index. aspx. cs 文件中注册按钮的具体 C♯ 代码及说明如下所示：

```
//建立 Connection 对象(  )
        OleDbConnection conn = new OleDbConnection(   );
        conn. ConnectionString = " Provider = Microsoft. Jet. OLEDB. 4. 0; Data Source = " +
Server. MapPath("App_Data/DL. mdb");
        //建立 Command 对象
        string myname = user_name. Text;
        string strSql;
        strSql = "Insert Into use(uname, passwd, age, email) values(" + user_name. Text + "
,`" + password1. Text + ",`" + age. Text + ",`" + email. Text + " `)";
        OleDbCommand cmd = new OleDbCommand(strSql, conn);
        try {//执行操作,插入记录
            conn. Open(   );
            cmd. ExecuteNonQuery(   );
            conn. Close(   );
            Session["UserName"] = myname;
            Response. Redirect("login. aspx");//正常添加后,返回首页
        }
        catch(Exception   e1)
        {    message. Text = "发生错误,没有正常注册";}
```

用户注册程序运行效果如图 5 - 25 所示。

图 5 - 25　用户注册的执行效果图

2. 登录页面（login. aspx）

此页面使用户注册完自己的详细信息之后，用注册过的用户名和密码登录，登录成功，则进入"在线讨论"页面。如果信息填写不全或填写有误，则会出现相应的提示信息。

（1）界面设计。如图5-26所示，用户名和密码都用Web控件中的文本框TextBox来实现，普通文本框的TextMode属性值为"SingleLine"，密码文本框的TextMode为"Password"。返回注册是个超链接，指向前面设计的index. aspx文件；有3个标签，2个用来指示输入用户名和密码（ID分别是username和password），1个用于提示用户名和密码错误（ID为message）。

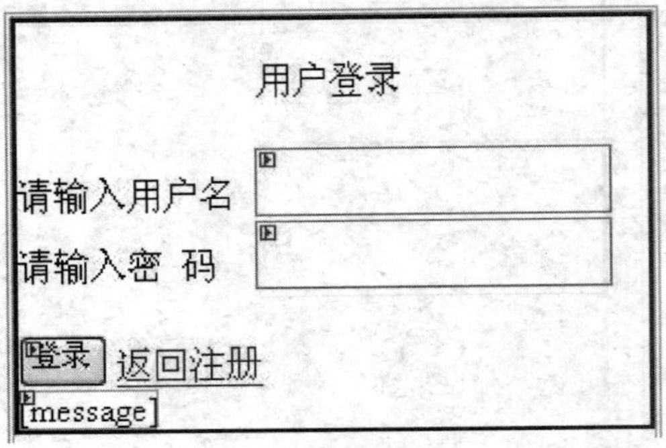

（2）功能设计及数据库操作。按钮（Button）的OnClick事件中用Application对象实现了在线人数的统计（即Application["num"]属性），以及用Application获取用户登录时存储在Appication中的信息，然后用if条件语句判断登录的用户是否注册过。

图5-26　用户登录界面设计

数据库的操作：数据库操作过程中，用到了SQL的Select语句，首先用Connection对象建立和数据库的连接，然后用Command对象的ExecuteReader（　）方法建立DataReader对象，从数据库获取数据。login. aspx. cs文件中的按钮单击事件，C#代码如下所示：

```
        string myname = username. Text;
        string mypass = password. Text;
        if(myname ! = "" && mypass ! = "")
    {    OleDbConnection conn = new OleDbConnection(   );
         conn. ConnectionString = "Provider = Microsoft. Jet. OLEDB. 4. 0;Data Source = "
+ Server. MapPath("App_Data/DL. mdb");
         string strSql = "select * from use where uname ='" + myname   + "' and passwd
='" + mypass + "'";
         conn. Open(   );
         OleDbCommand cmd = new OleDbCommand(strSql,conn);
         OleDbDataReader dr = cmd. ExecuteReader(   );
```

```
        if(dr. Read(  ))
            message. Text  =  "登录成功!";
        else
            message. Text  =  "密码或用户名错误,请确认!";
        conn. Close(  );
        if(message. Text  = =  "登录成功!")
        {   Session["UserName"] =  myname;
            Application. Lock(  );//先锁定再改写,防止死锁
            Application["num"] = Convert . ToInt32(Application["num"]) + 1;
            Application. UnLock(  );//改写后解开锁定
            Response. Redirect("talk. aspx");//登录成功后转向 talk. aspx 文件
        }
    }
        else
            message. Text  =  "请填写完整的信息";
```

用户登录程序运行效果如图 5-27 和图 5-28 所示。

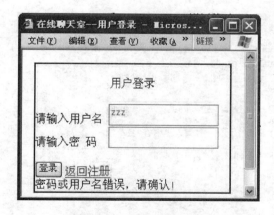

图 5-27　用户登录效果图 1

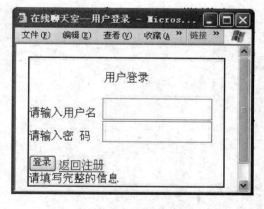

图 5-28　用户登录效果图 2

3. 讨论页面 (talk. aspx)

讨论页面用于登录成功的用户输入发言、参与讨论,并集中显示所有用户的发言。

(1) 界面设计。如图 5-29 所示,本页面有两个文本框:一个多行文本框 cont 用来显示讨论的内容,另一个单行文本框 cont1 用来输入参与讨论的发言。最上方的标签 counter 用来显示在线的人数,最下方有两个按钮,一个完成用户"发送"发言内容功能,一个完成用户退出功能。

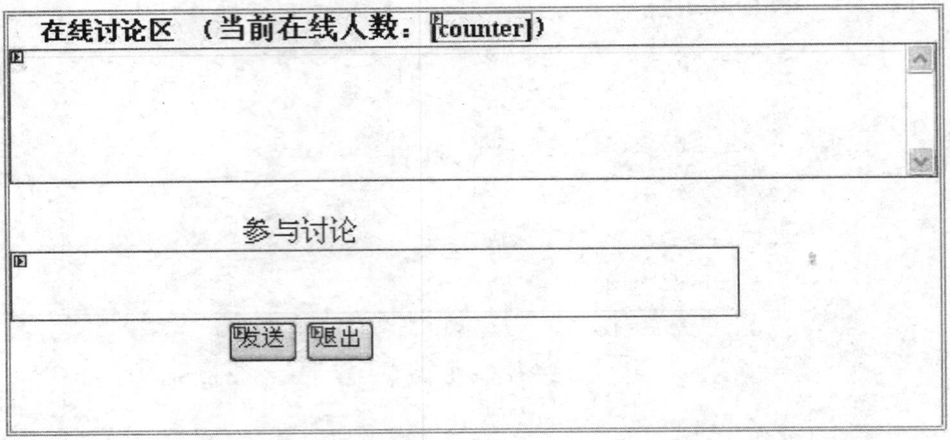

图 5-29 讨论页面界面设计

（2）功能设计。从 login.aspx 页面登录成功后会显示讨论页面，在页面上方显示在线人数。每登录一个用户在线人数会增加 1，当用户点击退出按钮时，在线人数就会减 1。用户在文本框中如果输入信息，点击发送，在页面上会显示用户的姓名、所发信息的内容及信息发送的时间，点击退出则会返回登录页面。这块功能的实现主要使用了 Application 对象。主要 C#代码如下所示：

```
//页面装载时自动运行的 Page_Load 事件代码
protected void Page_Load(object sender, EventArgs e)
    {    //首先显示讨论的内容
        cont.Text = Convert.ToString(Application["message"]);
        counter.Text = Application["num"].ToString( );//显示在线人数
        this.cont1.Focus( );//把焦点移到用于输入发言的文本框
    }
//下面是发送按钮的单击事件代码
    protected void bbs_fengzx_com_talk(object sender, EventArgs e)
    {   string  name, content;
        name = Session["username"].ToString( );//用 Session 对象获取登录的用户名
        content = Request["cont1"];//获取发言的内容
        Application.Lock( );//先锁定 Application 对象再修改
        Application["message"] = name + "说:" + content + "      " + DateTime.Now +
"\\n" + Application["message"];//向 Application 中添加新发言
        Application.UnLock( );//解锁锁定的 Application 对象
```

```
            cont. Text = Application["message"]. ToString(   );//显示发言内容
      }
//下面是退出按钮代码,实现在线人数的减1
      protected void logout(object sender,EventArgs e)
      { if(Convert . ToInt32(Application["num"]) = = 0)
      Application["num"] = 0;//Application 属性值不能为负数最小为 0
        else
        { Application. Lock(   );//锁定 Application 对象再减 num 属性值
         Application["num"] = Convert . ToInt32(Application["num"]) - 1;
         Application. UnLock(   );
        }
       Response. Redirect("login. aspx");//退出后返回到登录页面
      }
```

多个用户在线页面运行的效果如图 5 - 30 所示。

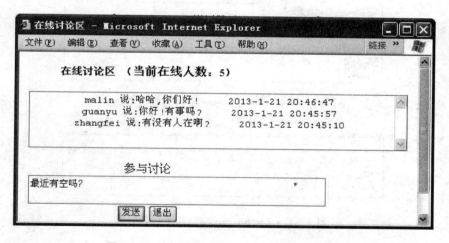

图 5 - 30 讨论页面（talk. aspx）运行效果图

【任务实施】

任务一 利用 Form 获取表单传递值

■ 任务目的

了解关于 ASP. NET 内部对象的知识，通过实训学习 Response、Request 对象的常用属性及用法。

■ **任务要求**

（1）掌握 Response 对象的用法。

（2）掌握 Request 对象的用法。

（3）页面简洁美观，布局合理。

（4）选用合适的和必要的控件，数据类型准确，有清晰的结果输出以及必要的提示信息。

■ **任务内容**

如图 5-31 和图 5-32 所示，利用 Request. Form 和表单的 POST 提交方式完成任务，要求在 Default. aspx 文件中输入信息提交，在 Incept. aspx 中接收数据并用 Response 显示。

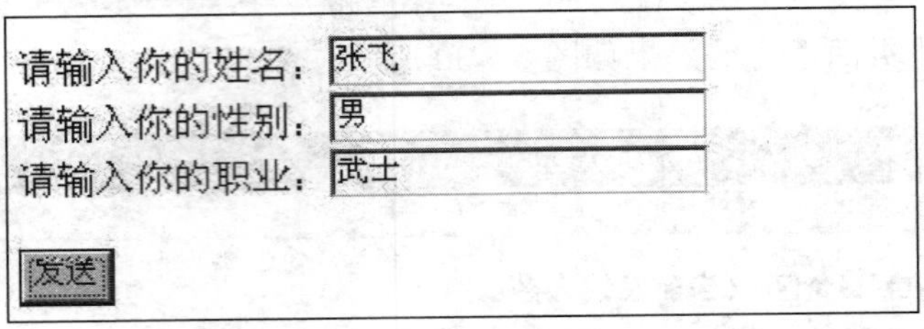

图 5-31　Default. aspx 文件运行效果

图 5-32　Incept. aspx 文件接收显示数据

■ **任务步骤**

（1）界面设计；

（2）控件属性设置；

（3）编写 C♯ 程序；

（4）调试修改程序，最后完成要求的功能。

■ **任务思考**

（1）表单的提交方式有哪几种？

（2）表单的数据接收方式有哪几种？各有什么特点？

（3）跨页提交和本页提交要注意些什么？

■ **任务报告**

1. **任务过程**

目的要求：

任务内容：

任务步骤：

2. **任务结果**

结果分析：

（可以使用表格方式、图形方式或者文字方式。）

3. **总结**

通过任务，总结自己对表单的跨页提交问题了解了多少，掌握了多少，还有哪些问题需要进一步学习。

任务二　利用 Application 对象实现网页计数器功能

■ **任务目的**

了解关于 ASP. NET 内部对象的知识，通过实训掌握 Application 对象的常用属性及用法，并实现网页计数器功能。

■ **任务要求**

（1）掌握 Application 对象的用法。

（2）了解资源死锁的知识以及防止死锁的方法。

（3）熟悉网页计数器的原理及实现方法。

（4）页面简洁美观，布局合理。

（5）选用合适的和必要的控件，数据类型准确，有清晰的结果输出以及必要的提示信息。

■ **任务内容**

使用 Application 对象设计一个网页计数器，要求使用 lock 和 unlock 方法防止同时访问造成的死锁。改写 Global. asax 文件，阻止访问不同网页或单击浏览器的刷新按钮时的计数。

■ **任务步骤**

（1）界面设计。

（2）控件属性设置。

（3）改写 Global. asax 文件，编写 C♯程序。

（4）调试修改程序，最后完成要求的功能。

■ **任务思考**

（1）Application 对象的作用是什么？

（2）为什么要使用 lock 和 unlock 方法？

（3）Global. asax 文件有什么作用？

■ **任务报告**

1．**任务过程**

目的要求：

任务内容：

任务步骤：

2．**任务结果**

结果分析：

（可以使用表格方式、图形方式或者文字方式。）

3．**总结**

通过任务，总结自己对 Application 对象掌握了多少，Application 的特点及其适用于哪些情况，Global. asax 文件还可以使用在哪些方面，如何实现资源的独占访问。

任务三　使用 Session 对象实现电子商务网站中的购物车功能

■ **任务目的**

了解关于 ASP. NET 内部对象的知识，通过实训掌握 Session 对象的常用属性及用法，并实现简单的电子商务网站中的购物车功能。

■ 任务要求

（1）掌握 Session 对象的用法。

（2）熟悉电子商务网站中的购物车的原理及实现方法。

（3）页面简洁美观，布局合理。

（4）选用合适的和必要的控件，数据类型准确，有清晰的结果输出以及必要的提示信息。

■ 任务内容

使用 Session 对象设计一个购物车，可以进行球类（篮球、排球、乒乓球）、笔类（钢笔、毛笔、铅笔）和作业本（田字本、拼音本、作文本）的选购，要求每一类都有专门的网页，可以同时选购多类物品，还可以查看购物车状态。要求使用 Button 的 PostBackUrl 属性和 Server. Transfer（　）方法完成。

■ 任务步骤

（1）首个页面的界面设计。

（2）控件属性设置。

（3）编写 C♯程序。

（4）其他页面的界面设计、属性设置和 C♯程序编写。

（5）调试修改程序，最后完成要求的功能。

■ 任务思考

（1）Session 对象的作用是什么？

（2）Button 的 PostBackUrl 属性和 Server. Transfer（　）方法在功能上有什么不同？

（3）电子商务网站中的购物车功能的实现原理是什么？

■ 任务报告

1. 任务过程

目的要求：

任务内容：

任务步骤：

2. **任务结果**

结果分析：

（可以使用表格方式、图形方式或者文字方式。）

3. **总结**

通过任务，总结自己对 Session 对象掌握了多少，Session 的特点及其适用于哪些情况，如何选择使用 Button 的 PostBackUrl 属性和 Server. Transfer（　）方法，如何实现电子商务网站中的商用多功能购物车功能。

【项目训练】

一、填空题

1. ASP. NET 提供了许多_____对象，这些对象提供了许多功能。例如：可以在两个网页之间_____，_____，以及_____等。

2. Response 对象可以输出_____到_____，包括直接发送信息到_____，重定向浏览器到另一个_____，以及设置 Cookie 的值。

3. Request 对象是_____类的一个案例，其主要功能是从客户端_____数据。使用该对象可以访问_____请求传递的信息，包括使用_____方法或者_____方法传递的参数、Cookie 和用户验证。

4. Server 对象提供了对_____方法和_____的访问。最常用的方法是创建_____的案例，其他方法可用于将 URL 或 HTML 编码成_____，或者将_____映射到物理路径以及_____的超时时间等。

5. Application 对象是运行在_____上的_____及其子目录下所有_____、_____、_____和可执行代码的总和。一旦_____被打开，它就自动创建了 Application 对象。

6. 网页计数器是指用来_____某网页被用户_____的程序。实现网页计数器是_____对象的主要应用之一。

7. _____对象和_____对象都有一个共同的属性 Cookies，它是存放 Cookies 对象的_____，可以使用_____的 Cookies 属性设置 Cookies 信息。

8. 属性＿＿＿＿＿＿＿＿＿表示 Session 对象的＿＿＿＿＿＿＿＿＿。如果用户在该超时时限之内＿＿＿＿＿＿＿＿＿或＿＿＿＿＿＿＿＿＿，则该用户的 Session 对象将终止。默认值是＿＿＿＿＿＿＿＿＿分钟。

二、思考题

1. 请简述 Response 对象。
2. 请简述 Server 对象。
3. 请简述 Application 对象。
4. 请简述网页计数器的概念。
5. 请简述 Cookie 对象的使用。
6. 请简述 Global. asax 文件。
7. 请简述 Session 对象的使用。

项目六
电子商务网站运营管理

【项目介绍】

　　电子商务网站运营管理是网站建设生命周期中持续时间最长的环节，也是资源投入最多的阶段。电子商务网站运营管理是为了让网站能够长期稳定地运行在互联网上，及时地调整和更新网站的内容，在瞬息万变的信息社会中抓住更多的网络商机。这个阶段工作质量的高低，直接关系到该电子商务网站目标的最终实现。本项目以网站数据化指标运营管理为例，引入电子商务网站运营管理概念（包括 6S 理论、管理制度、管理部门岗位职责等）、电子商务网站运营管理（包括运营组织架构、管理模式、服务策略等）。通过电子商务网站运营数据分析，读者能了解网站运营数据分析的内容，掌握网站运营分析的商业指标以及网站运营中的完美配合等。

【学习目标】

1. 了解网站运营管理部门岗位；
2. 了解网站运营管理制度；
3. 掌握网站运营管理理论；
4. 掌握网站运营组织架构；
5. 掌握网站服务策略层次。

【引导案例】

网站数据化指标运营管理

　　一个企业建立的数据分析体系通常细分到了具体可执行的部分，可以根据设定的某个指标的异常变化，立即执行相应的方案，以保证企业的正常运营。EC 数据分析联盟根据以往的经验，理出电子商务企业的数据分析体系。这里的数据分析体系只是一个大致的、框架性的、共性的指标，更多的则需要大家根据自身的情况去细化和完善，从而制定对企业更有意义的指标。

1. 网站流量指标

　　网站流量指标主要从网站优化、网站易用性、网站流量质量以及客户购买行为等方面进行考虑。目前，流量指标的数据来源通常有两种：一种是通过网站日志数据库处理，另一种是通过网站页面插入 JS 代码的方法处理。两种收集日志的数据各有长、短处。大型企业都会有日志数据仓库，以供分析、建模之用。大多数企业还是使用 GA 来进行网站监控与分析。网站流量指标可细分为数量指标、质量指标和转换指标。例如：我们常见的页面浏览量（PV）、独立访客（UV）、新访客数、新访客比率等就属于流量数量指标；跳出率、页面/站点平均在线时长、PV/UV 等则属于流量质量指标；针对具体的目标，涉及的转换次数和转换率则属于流量转换指标，如用户下单次数、加入购物车次数、成功支付次数以及相对应的转化率等。

2. 商品类目指标

商品类目指标主要用来衡量网站商品正常运营水平，这一类目指标与销售业绩指标以及供应链指标关联甚密。譬如商品类目结构占比、各品类销售额占比、各品类销售库存量单位（SKU）集中度以及相应的库存周转率等，不同的产品类目占比又可细分为商品大类目占比情况以及具体商品不同大小、颜色、型号等各个类别的占比情况等。

3. 供应链指标

这里的供应链指标主要是指电子商务网站商品库存和商品发送方面，而关于商品的生产以及原材料库存运输等不在考虑范畴之内。这里主要考虑从客户下单到收货的时长、仓储成本、仓储生产时长、配送时长、每单配送成本等。譬如仓储中的分仓库压单占比、系统报缺率（与前面的商品类目指标有极大的关联）、实物报缺率、限时上架完成率等，物品发送中的分时段下单出库率、未送达占比以及相关退货比率、COD 比率等。

4. 经营环境指标

这里将电子商务网站经营环境指标分为外部竞争环境指标和内部购物环境指标。外部竞争环境指标主要包括网站的市场占有率、市场扩大率、网站排名等，这类指标通常采用第三方调研公司的报告数据，相对于独立的 B2C 系统网站而言，淘宝此方面的数据要精准得多。内部购物环境指标包括功能性指标和运营指标（这部分内容和之前的流量指标是一致的），常用的功能性指标包括商品类目多样性、支付配送方式多样性、网站正常运营情况、链接速度等。

5. 销售业绩指标

销售业绩指标直接与公司的财务收入挂钩，这一指标在所有数据分析体系中起提纲挈领的作用，其他数据指标都可以根据该指标细分。这里将销售业绩指标分解为网站销售业绩指标和订单销售业绩指标，其实两者并没有太大的区别。网站销售业绩指标重点在网站订单的转化率方面，订单销售业绩指标重点则在具体的毛利率、订单有效率、重复购买率、退换货率方面。当然还有很多指标，如总销售额、品牌类目销售额、总订单、有效订单等，上文并没有一一列出。

6. 营销活动指标

一场营销活动做得是否成功，通常从活动效果（收益和影响力）、活动成本以及活动黏合度（通常以用户关注度、活动用户数、客单价等来衡量）等几方面考虑。这里将营销活动指标区分为市场运营活动指标、广告投放指标以及对外合作指标。其中，市场运营活动指标和广告投放指标主要考虑新增访客数、订单数量、下单转化率、每次访问成本、每次转换收入以及投资回报率等指标；对外合作指标则根据具体合作对象而定，譬如某电子商务网站与返利网合作，首先考虑的也是合作回报率。

7. 客户价值指标

一个客户的价值通常由三部分组成：历史价值（过去的消费）、潜在价值（主要从用户行为方面考虑，RFM 模型为主要衡量依据）、附加值（主要从用户忠诚度、口碑推广等方面考虑）。这里将客户价值指标分为总体客户价值指标以及新、老客户价值指标，这些指标主要从客户的贡献和获取成本两方面来衡量。例如：用访客人数、访客获取成本以及从访问到下单的转化率来衡量总体客户价值指标，而对老客户价值的衡量除了考虑上述因素外，更多的是以 RFM 模型为考虑基准。

资料来源：http：//www.wandone.com/newsitem.aspx? id＝25106.

思考与讨论：除了以上指标之外，还有哪些指标能体现网站数据化指标运营管理？

【学习指南】

一、电子商务网站运营管理概述

（一）网站运营管理的 6S 理论

6S 是一个网站管理工作的基础。将 6S 运用到网站管理中，可以提升网站质量、网站形象、服务水平，提高网站管理工作效率。6S 实施不到位的网站，必然会出现资金、精力的浪费。6S 理论框架如图 6－1 所示。

1. 第一个 S：Seiri（整理）

Seiri（整理）是 6S 理论中的第一层，其含义是：区分必要的栏目和不必要的栏目，去掉可以去掉的栏目及版块。也就是说进行重新分类，使网站版面井然有序，不至于出现混乱的感觉。通过整理，可以提高网站管理人员的工作效率，使力量更集中、目标更明确，同时使网站的主题更鲜明。

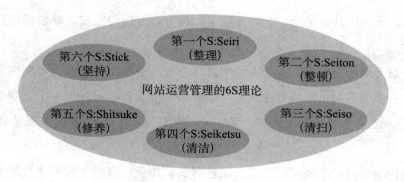

图 6-1　6S 理论框架

砍掉一些网站栏目需要魄力，有些网站管理人员可能觉得这些版块或栏目每天都能带来流量，所以舍不得丢弃，这样的心态是不利于网站发展的。目前大多数人，包括投资者，都是流量的盲目崇拜者。

2. 第二个 S：Seiton（整顿）

Seiton（整顿）是 6S 理论中的第二层，其含义是：调整页面设计，优化用户体验。也就是说，网站应当用最简单、高效的方式充分满足用户的需求，争取让用户在 10 秒钟之内找到所需要的信息。

网络竞争比传统经济中的竞争更残酷。在传统经济中，用户可以货比三家，而在网络上，用户可以货比万家，用户轻点鼠标就离你而去，所以，一定要在最醒目的地方告诉用户这里能满足其所需，让他们安心留下来。

3. 第三个 S：Seiso（清扫）

Seiso（清扫）是 6S 理论中的第三层，其含义是：去掉网站内的一切垃圾内容，包括那些过期的文字资料和图像资料、过期的广告信息、已解决的客户反馈信息、SPAM 回帖等，让网站保持干净整洁。

清扫的对象：漂浮广告、过多的站内广告、SPAM 回帖等各种影响网站形象的内容。当然还包括清理过期内容、及时清理缓存等，这样还能提高网站的运行速度。

4. 第四个 S：Seiketsu（清洁）

Seiketsu（清洁）是 6S 理论中的第四层，其含义是：将清扫工作持之以恒，制度化、公开化。另外，找到垃圾内容产生的源头并堵住它。例如：修补网站程序，阻止AD 群发软件的登录；从一开始就禁止灌水、AD、枪稿，防止成为风气，导致这一现象的蔓延，创造一个没有污染的网站。

5. 第五个 S：Shitsuke（修养）

Shitsuke（修养）是 6S 理论中的第五层，其含义是：网站管理人员的一言一行体现自身的修养，代表网站的形象，要对管理工作负责，对用户负责，要发扬团队精神，严格执行规定。

修养是指人的行为和涵养，与人的性格、心理、道德、文化等有着紧密的联系，即一个人综合素质的表现。网站管理人员一定要做一个真我的人、做一个自律的人、做一个守纪的人、做一个挑战自己的人、做一个自省的人，这样才能将网站管理得井井有条。

团队精神的形成并不要求团队成员牺牲自我，相反，挥洒个性、表现特长保证了成员共同完成任务目标，而明确的协作意愿和协作方式则产生了真正的内心动力。团队精神是组织文化的一部分，良好的管理可以通过合适的组织形态将每个人安排至合适的岗位，充分发挥集体的潜能。如果没有正确的管理文化，没有良好的从业心态和奉献精神，就不会有团队精神。

作为网站管理团队成员，应该知道自己必须要做的事，养成好的习惯，做一个优秀的人。

6. 第六个 S：Stick（坚持）

Stick（坚持）是 6S 理论中的第六层，其含义是：网站管理人员要坚决保持优良的工作作风、习惯、行为。坚持常常是成功的代名词，只要每个人都坚持下去，网站运营管理就能逐渐见到成效。

（二）网站运营管理制度

企业电子商务网站建成以后，一定要设置网站管理员（Webmaster）。网站管理员就是监守网站这个虚拟办公室的人员，是企业的客户、合作伙伴等一切网站来客的网站联络人，同时肩负着这个虚拟办公室的日常运营及维护的重任。

1. 设置网站管理员的必要性

（1）能及时与往来客户保持联系。一些企业电子商务网站建成后，企业网站所设置的电子信箱一直没有正常使用或很少人使用，没有发挥电子邮箱应有的作用。要知道，客户访问了企业的网站后，如对某些方面感兴趣，往往会随时给企业留言、发封邮件。这些网站的访客有可能成为企业的客户，应该给予必要的重视，对他们提出的问题应及时解决并回复，有助于企业建立良好的公众形象，进一步增加网站回头客的数量。反之，如果没有设置网站管理员来专门负责处理网站访客的邮件信息的话，这些网站访客的留言或电子邮件就会石沉大海，迟迟得不到回复。这样一来会急剧减少网上访客的数量，因为谁也不愿意与一个死气沉沉的网站进行交流。而且根据经验，尽管网站上有地址、电话、传真号码，但访问者还是喜欢用电子邮件联系，因为网站本身就突出了这种通信优势。所以，一定要保持网站与访问者能及时通话，这就需要专人负责。

（2）能对网站进行日常的技术管理。网站管理员，顾名思义，就是管理网站的人。就网站的特殊性而言，它好比企业运营的电子版，要进行建设、维护、更新，才能与企业的发展同步。一些网站在建站初期，未能将信息全部组织到位，这种情况是很常见的。关键是要在建站后，不断更新、补充、维护历史资料。如果过了很长一段时间依然内容干巴巴，没有更多的东西，内容从不更新，甚至链接、界面凌乱，文件丢失的话，只会使辛辛苦苦建立的网站无人访问。反复访问企业电子商务网站的访问者，必然对该企业感兴趣，是企业的潜在客户。能否成为企业的业务对象，成为企业的真正客户，就在于网站能否为这些潜在的客户提供必要的服务。

一个不稳定的网站对企业的业务系统来说是致命的，一个因网络不通而被拒之门外的客户，他首先看到的是这家企业的服务质量。因此，网络不能被孤立地对待，必须将其作为企业的一个部分。对于一个信息化的企业来说，网络就是业务，企业必须从业务的角度来看待网络管理，高效率的网络管理手段是业务成长的保障。

（3）对网站进行监控。网站是对外开放的，以便让每个客户进行访问，但是要注意网站的安全问题，即要防止某些心怀不轨的访客对网站进行攻击，他们或者修改网页进行恶作剧或流言恐吓，或者破坏系统程序或施放病毒使系统陷入瘫痪，或者盗用服务器磁盘空间建立自己的主页或兴趣站点，传播黄色、反动消息，或者窃取政治、军事、商业秘密，或者进行电子邮件骚扰，或者转移账户资金，窃取金钱，从而构成了一个复杂的黑客群体，对网站计算机系统和信息网络构成极大的威胁。

这就需要网站管理员对网站进行严密的防护，设置防火墙，采用加密算法进行密钥传输，进行用户身份认证等。但这些还远远不够，因为网络安全的强度只取决于网络中最弱链接的强弱程度，所以要及时发现网站的漏洞并维护。如果没有网站管理员，或者网站管理员的管理水平不能及时跟上，将会给网站留下许多安全隐患，给黑客入侵造成许多可乘之机。因为黑客只需要一台计算机、一根电话线、一个调制解调器就可以远距离作案。

综上所述，配备专业的网站管理员是非常重要的，所以，网站设立后必须配备网站管理员，使企业电子商务网站更好地健康运营起来。

2. 网站管理员的素质

网站管理员的素质包括两个方面：一是对网站管理员的技能要求，二是对网站管理员的道德要求。技能要求如下所示：

（1）能熟练使用 E-mail、FTP、BBS 等网络工具；

（2）基本掌握 HTML 语言，能对网页进行修改编写；

（3）能使用一种图形处理软件（如 Photoshop），进行一般图片扫描操作；

（4）熟悉一些防病毒软件、防火墙系统，最好对网络有很深刻的理解。

现在有些企业网站已设置了专职人员，更多的企业是派人兼管，这应视企业的实际情况而定。不可否认的是，随着网络技术的进一步发展与应用，网站管理员这种新的职位将会在企业的经营管理活动中起到越来越重要的作用。

3. 制定网站管理制度

对网站的维护及管理必须形成制度，网站应由专人负责、专人管理，职责分明，以保证网站发挥其应有的作用。网站管理制度主要包括以下几方面的内容：

（1）网站管理员制度：

① 网站管理员的组成；

② 网站管理员的素质；

③ 网站管理员的职责；

④ 网站管理员的奖惩。

（2）网站管理员管理网站的内容：

① 对服务器、交换机、路由器等硬件设备的维护和保养，完整记录设备的使用状态；

② 对网站进行日常的技术管理和检测，保证网络畅通；

③ 网站内容的更新频率；

④ 信息发布按流程动作（建立栏目，信息员提交初审，负责人签发，网站管理员发布制度）；

⑤ 建立信息发布日志，记录每次信息发布的时间，做好发布信息审批表及原始资料的归档工作。

（3）网站安全的有关规定：

① 对网站安全进行监控，注意维护网站安全性，及时排除各种安全隐患；

② 备份网站数据，在不可抗灾难发生后能够尽快恢复网站服务；

③ 注意网站防杀毒工作，定期对服务器进行查毒杀毒，避免病毒发作造成网站数据损坏；

④ 加强网站管理员的职业道德建设，为网络用户严守秘密。

4. 网站管理员的职责

网站管理员的基本职责是负责信息中心的 WWW、SQL 服务器以及应用系统的运行、管理和维护工作，保证系统安全及可靠地运行；负责网站开发、信息发布以及应用系统的开发。具体内容如下：

（1）有清醒的政治头脑和较强的信息处理能力，熟悉国家的网络管理法规，能严格遵守并正确执行相应的法规。

（2）负责本企业 WWW 服务器管理工作，确保企业网站安全畅通地发布在网络上。

（3）负责 SQL 数据库服务器的管理工作，确保各种数据能在企业电子商务网站各子系统被安全高效地共享。

（4）负责网站的设计、制作、发布等工作。

（5）负责信息的收集、编辑及网上的及时发布等工作，并对网站信息进行及时的更新和备份、归档，对要发布的信息和准备嵌入的链接进行登记备案。

（6）为企业提供丰富的网络信息资源和信息服务。

（7）做好相应的日志记录工作。

（8）坚持计算机、行政管理的业务学习，不断提高专业水平，特别是要掌握网站设计新技术，并能推广新技术的应用。

（三）网站运营管理部门岗位职责

1. 总编岗位职责

（1）协调下级岗位的工作；

（2）将部门经理分配下来的任务，按下级岗位进行分配，并监督执行；

（3）将其他部门派发的任务，经部门经理审核后，按下级岗位进行分配，并监督执行；

（4）在职责范围内，协调下级岗位与其他部门岗位的工作；

（5）在职责范围内，对下级岗位不能处理的问题进行处理；

（6）对于在职责范围内不能处理的问题，上报部门经理进行处理；

（7）协助人事行政人员对空缺的下级岗位人员进行招募；

（8）负责对下级岗位人员工作绩效的考核和评审，以及转正、解职、升职、降级的申请；

（9）在下级岗位空缺时，临时负责下级岗位工作；

（10）部门经理安排的其他相关工作。

2. 商品编辑岗位职责

（1）将采购部门采集提供的商品信息进行整理；

（2）将整理好的商品信息在网站平台进行发布；

（3）根据业务流程需要，参照采购部门、仓储部门同步来的信息，对已经发布的商品信息进行价格修改、库存调整、下架删除、分类调整等管理；

（4）根据采购部门制定的货架展示规划，对网站展示货架的商品进行定期更新调整；

（5）根据采购部门制定的货架展示规划，将美工编辑设计制作完成的广告图片上传，对网站广告信息进行定期更新调整；

（6）对采购部门采集的信息不能满足要求的，就不能满足要求的部分，要求采购部门重新采集；

（7）对采购部门重新采集仍不能满足要求的商品信息，替代采购部门完成信息采集工作；

（8）采购部门相关岗位空缺时，临时替代采购部门相关岗位，完成商品信息采集工作；

（9）美工编辑岗位空缺时，临时替代美工编辑，完成广告图片的设计制作工作；

（10）网站总编安排的其他相关工作。

3. 美工编辑岗位职责

（1）根据网站策划制定的网站专题策划案，进行网站专题页面的设计制作；

（2）根据网站采购部门制作的货架展示规划，对网站广告需要的图片进行设计制作；

（3）根据业务发展需要，对网站部分模块进行重新设计制作；

（4）网站所需静态页面的设计制作与更新维护；

（5）网站总编安排的其他相关工作。

4. 文案编辑岗位职责

（1）根据网站基础需要，制定和收集网站基础展示文档，并发布到网站平台上；

（2）根据网站业务流程需要，制定网站业务流程文档，并发布到网站平台上；

（3）根据网站业务流程需要，制定网站宣传文档，并发布到网站平台上；

（4）根据网站业务流程需要，制定网站相关的各种宣传语、广告词等；

（5）对于需要制作静态网页的文档，交美工编辑进行页面设计制作；

（6）网站总编安排的其他相关工作。

5. 流程编辑岗位职责

（1）管理网站订单流程，将用户订单汇总整理，提交给物流配送部门安排配送；

（2）根据物流配送部门同步来的流程信息，更新网站订单状态；

（3）根据客户服务部门同步来的流程信息，更新网站订单状态；

（4）定期进行网站订单统计工作，形成报表文件，存档并报告给相关部门和人员；

（5）管理网站项目流程，根据网站销售部门的项目要求，建立相关项目用户、项目名称、积分规律，并进行相应的积分审核、积分生成、积分发送等工作；

（6）定期进行项目流程统计工作，形成报表文件，存档并报告给相关部门和人员；

（7）定期对网站其他统计项目进行汇总，形成报表文档，存档并报告给相关部门和人员；

（8）根据公司业务需要，不定期对相关项目进行统计汇总，形成报表文档，报告给相关部门和人员；

（9）其他相关的流程工作，保证网站运营流程通畅。

二、电子商务网站的具体运营管理

（一）网站运营组织架构

电子商务网站的一般组织架构是由运营总监、客服中心、售后中心、采购发货中心、电子交易中心、技术部、网络部、设计部、编辑部组成，如图 6-2 所示。以下重点介绍几个部门。

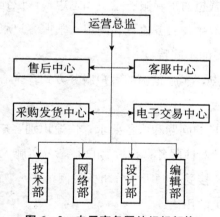

图 6-2 电子商务网站组织架构

1. 客服中心

（1）客服中心的基本要求：提供优质的服务。其基本方法是：解决客户服务问题，满足客户优质服务要求，掌握客户服务技巧，懂得不同类型客户的应对方法，提高客户满意度。

（2）客服中心的基本职能：

① 了解需求，解决客户疑议；

② 了解市场、产品、服务的需要；

③ 解决客户购买前咨询、购买中的服务需求；

④ 客户异议处理；

⑤ 客户抱怨处理。

（3）快速判断客户服务需求的五个要素：

① 听。接受并耐心倾听客户要求，完整理解客户用意与要求。

② 察。察觉客户的语气和态度，察觉客户的形体动作语言和表情。

③ 问。善于使用问题导向询问客户，引导客户找出问题所在。

④ 断。判断客户问题所在，判断客户所属的类型和个性特点。

⑤ 定。断定客户存在的问题及个性问题、所需要的服务需求问题。

（4）客户服务的基本原则：

① 接受客户的服务请求；

② 兑现服务的承诺和条款，解决客户问题，承担相应责任；

③ 良好的服务态度和服务行为，尊重客户，平等对待客户；

④ 及时、快捷、周到地服务客户，使客户感到满意。

（5）提供优质服务的方法：

① 观念。树立为客户着想的正确服务意识和思想，认识到客户服务的作用和责任。

② 技能。了解行业、产品及服务流程、规定，掌握客户服务的基本方法和要求，熟悉不同客户心态和行为表现的不同特点。

③ 关键。针对客户特点，实施正确的客户服务方式；全心而灵活地服务，全面提高客户满意度。

④ 技巧。快速发现客户的问题和服务要求；快速识别客户的类型和个性特点；善于根据不同客户的特点实施针对性服务；把握客户心态，实施人性化服务；多从客户的角度着想，自然就有好方法；接受→倾听→分析→发问……

（6）客户服务中应避免的用语：

① 冷淡的话；

② 没感情的话；

③ 否定性的话；

④ 他人的坏话；

⑤ 太专业的用语；

⑥ 过于深奥让人理解不透的话。

（7）客户资料管理：

① 资料收集。在公司的日常营销工作中，收集客户资料是一项非常重要的工作，它直接关系到公司的营销计划能否实现。客户资料的收集要求客服专员每日认真提取客户信息档案，以便关注这些客户的发展动态。

② 资料整理。客服专员将提取的客户信息档案递交给客服主管，由客服主管安排信息汇总，并进行分析分类，分派专人管理各类资料，并要求每日及时更新，避免遗漏。

③ 资料处理。客服主管按照负责客户数量均衡、兼顾业务能力的原则，将客户分配给相关客服专员。客服专员应在一周内与负责的客户进行沟通，并做详细备案。

（8）对不同类型的客户进行不定期回访。客户的需求不断变化，通过回访不但可以了解不同客户的需求和市场情况，还可以发现自身工作中的不足，以及时补救和调整，满足客户需求，提高客户满意度。

回访方式：电话沟通、电邮沟通、短信沟通等。

回访流程：从客户信息档案中提取需要统一回访的客户资料，统计整理后分配到各客服专员，通过电话（或电邮等方式）与客户进行交流沟通，并认真记录每一个客户的回访结果，填写回访记录表（此表为回访活动的信息载体），最后分析结果并撰写回访总结报告，进行最终资料归档。

2. 售后中心

（1）高效的投诉处理。完善投诉处理机制，注重处理客户投诉的规范性和效率性，形成闭环的管理流程，做到有投诉即时受理，迅速有结果，处理后有回访，使得客户的投诉得到高效和圆满的解决，并建立投诉归档资料。

（2）投诉处理工作的三个方面：

① 为客户投诉提供便利的渠道；

② 对投诉进行迅速有效的处理；

③ 对投诉原因进行彻底的分析。

（3）投诉策略：

① 投诉解决宗旨：挽回不满意客户。

② 投诉解决策略：短→渠道、短平→代价平、快→速度快。

（4）认识服务与品牌的关系：客户永远都是对的；客户是商品的购买者，不是麻烦的制造者；客户最了解自己的需求、爱好，这是企业需要收集的信息；失去品牌比损失一次交易更可怕。

3. 采购发货中心

（1）采购计划编制：

① 负责根据销售量、库存量、销售增长比例、批发市场货源量等制定每天、每星期、每月的采购计划；

② 负责各类采购合同的签订和管理、落实工作，并制定相应的管理制度；

③ 采购产品的入库与结算；

④ 对不合格的产品及时进行退货处理，对供货单位进行质量审核；

⑤ 负责制定采购工作各项管理制度。

（2）供应商管理：

① 对主要供应商进行等级、品质、交货期、价格、服务、信用等能力的评估；

② 采购前要询价、比价、议价；

③ 合理编制采购计划，实施采购；

④ 处理与协调和供应商之间的关系；

⑤ 组织对同类商品市场信息的搜集和分析。

（3）发货管理：

① 进货管理：采购订单、采购入库、采购退货、进/退单据和供货商的往来账务查询及管理。

② 销售管理：销售订单、销售出库、客户退货、销/退单据和客户的往来账务查询及管理。

③ 库存管理：多仓库之间商品调拨、库存盘点、其他库存出入库、赠品库存等商品库存的预警查询与管理。

④ 产品打包与发货：打包前检查产品好坏、配件赠品、发货单等。

4. 技术部

（1）程序开发：

① 电子商务网站建设；

② 网站构架；

③ 网站各部分功能测试、调整；

④ 根据其他部门需求及时调整程序设计过程中的不足与缺陷，及时调整测试；

⑤ 网站版本升级程序设计，制定相关程序设计方案书。

（2）网站优化：

① 关键词挖掘；

② 网站架构分析；

③ 网站页面优化；

④ 网站外链建设；

⑤ 网站整体分析；

⑥ 各大搜索引擎排名分析；

⑦ 关键字排名分析。

5. 网络部

（1）广告合作：

① 网站各搜索引擎排名分析；

② 跟百度、搜狗等建立合作；

③ 网站关键词分析调整，做到时时监控；

④ 根据需要与其他各大网站建立友情链接、广告合作等相关事宜；

⑤ 建立网站分析相关报表，进行浏览分析（饼图、折线图和面积图等）。

（2）相关活动策划：

① 各大季节活动方案制定；

② 各大促销活动制定；

③ 根据库存量制定相关的特别活动（包括降价、捆绑销售、买一送一等）；

④ 关注竞争对手的相关活动策略、价格变化等；

⑤ 关注整个大市场环境，对销售产品定位和市场销售策划作出调整；

⑥ 关注新产品的及时信息，对关键词进行提炼分析（如各大网站的新产品软文发布）。

6. 设计部

（1）整体视觉形象制定：

① VI 部分设计（包括标识、标准色、部分应用系列、产品包装等）；

② 网站页面设计；

③ 产品图片拍摄处理。

（2）网络广告设计：

① 各种宣传活动设计；

② 合作广告设计；

③ 促销活动设计。

（3）图片规范：

① 网站图片规范制定；

② 网络广告规范制定。

7. 编辑部

（1）新产品发布：

① 产品属性归类整理发布；

② 产品图片归类整理发布；

③ 新产品功能介绍及客服培训。

（2）软文发表：

① 各大咨询网站上的软文发表；

② 软文关键词提炼；

③ 关注新产品的及时信息（及时发表）。

（3）广告文案：

① 各大合作网站广告文案撰写；

② 各大季节活动方案文案撰写；

③ 各大促销活动制定文案撰写；

④ 公司整体视觉形象文案策划。

（二）网站运营管理模式

1. "客户—管理者"用户管理模式

"客户—管理者"用户管理模式的结构如图 6-3 所示。

（1）客户的购物流程。所有客户通过注册登录，进入网站提供的主页面后，按以下流程进行购物：

① 浏览网站所提供的商品；

② 寻找并挑选自己所需的商品；

③ 将所选商品放入购物车；

④ 校验购买信息；

⑤ 选择结算方式；

⑥ 填写订单信息；

⑦ 确认订单的正确性。

"客户—管理者"用户管理模式对于客户来说，整个购物过程自始至终都是十分安全可靠的，客户可以使用现金也可以使用电子钱包进行交易。在购物过程中，客户可以使用任何一种浏览器进行浏览和查看，购物后无论什么时候，一旦需要，客户即可开机

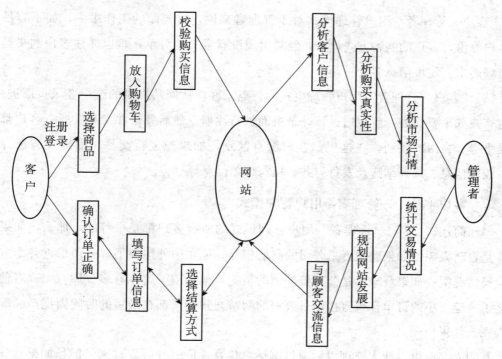

图 6-3　"客户—管理者"用户管理模式

调出电子购物订单，利用浏览器进行查阅。由于客户信用卡上的信息别人是看不见的，因此保密性很好，用起来十分安全可靠。这种电子购物方式非常方便，单击电子钱包取出信用卡，即可利用电子商务服务器立即确认销售商店是真的还是假冒的。有了电子商务服务器的安全保密措施，就可以保证客户购物的销售商店必定是真的，保证客户安全可靠地购到货物。在实际进行过程中，即从客户输入订货单开始到拿到销售商店出具的电子收据为止的全过程仅需 5～20 秒。这种购物方式十分省事、省力、省时，购物过程中的所有业务活动都是在极短的时间内完成的。

（2）管理者的管理流程。管理者根据客户注册的信息，按以下流程进行管理：

① 分析客户身份；

② 分析客户购买的真实性；

③ 分析客户购买的倾向；

④ 分析市场行情；

⑤ 统计交易情况；

⑥ 规划网站的发展；

⑦ 发掘重量级客户；

⑧ 跟客户进行必需的交流。

"客户—管理者"用户管理模式对于管理者来说，需要做的工作很多，如不容易确定客户身份，客户的购物方式单一，经常出现没有意义的订单，难以抓住客户购买趋向和市场需求，垃圾信息多。

（3）"客户—管理者"用户管理模式的特点。客户从网站提供的统一登录页面进入，所有客户如果要交易，就得通过该登录页面进行注册，然后登录并交易。所有客户都将享受平等、自由的权利。在这里，客户没有区别，如果想进行交易，都得经历选择商品、校验信息、选择结账及发货方式、填写订单信息等过程。

2. "客户＋员工—管理者"用户管理模式

（1）简述。"客户—管理者"用户管理模式的所有客户都是平等的，那么，如果登录者是自己人呢？如果登录者是公司的高层领导，他在国外想要了解公司最近各个方面的发展情况呢？如果登录者是公司搞外销的员工，他希望了解还有多少库存，或者他跟人签了一笔不小的订单，想直接通过公司的网站通知物流部在最短的时间内把产品配送出去呢？如果……

有的人会说可以让人整理以后通过电话、传真、E-mail 等发过来，但是如果这样的话，电子商务网站作为信息中心的作用就不存在了。还有的公司做了两个网站，一个对外，一个对内，但这样太麻烦了。

所以，只面对"客人"的"客户—管理者"用户管理模式不适用于所有电子商务网站；而既面对"客人"又面对"自己人"的"客户＋员工—管理者"用户管理模式才是有以上疑问的公司做电子商务网站时应该选用的。也就是说，"客户＋员工—管理者"用户管理模式是要建立一个集成公司所有商务事务的信息平台。

（2）"客户＋员工—管理者"用户管理模式的结构。"客户＋员工—管理者"用户管理模式的结构如图 6-4 所示。

从图 6-4 中可以看出，公司的登录对象分为三种：客户、员工、管理者。而客户本身又分为两种：重要客户和一般客户。他们的职责是不同的，他们在电子商务中的地位也是不同的。

电子商务网站对于一般客户，没有必要给予特殊待遇。他们通常只是随意地浏览一下网站，偶尔进行一次交易。而重要客户在登录网站的时候有着直接的目的，他们要求进行大宗的交易，需要跟企业进行洽谈和交流，需要了解企业的发展动向，他们通常是企业真正的"上帝"。

图 6-4 中的"在职员工"是指那些有一定权力的在职人员，如外销员、业务员等需要经常跟重要客户进行洽谈、磋商、交流的人员，这样的人通常是公司的脊梁。

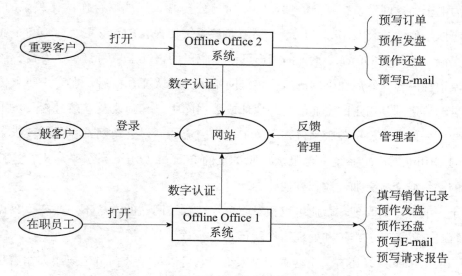

图 6-4　"客户＋员工—管理者"用户管理模式

（3）"客户＋员工—管理者"用户管理模式的特点。"客户＋员工—管理者"用户管理模式在"客户—管理者"用户管理模式的基础上新增了两个模块，即"重要客户"和"在职员工"，他们都是通过 Offline Office 系统进入，可以在脱机的情况下完善自己的信息。当你再次上网时，你直接把填好的信息传到网站上即可，当然，也可以直接进入公司的网站。

另外，我们知道，公司有些东西是不能让客户知道的，所以网站的用户登录页面应该分为客户和员工两个登录口径，而这样的区分又没必要让客户知道。员工页面除了有给客户看的网页外，还应该有给员工自己看的东西，如公司事务表、某同事给他发的便条、个人需要上传的业绩报告、公司库存情况、公司物流信息分布，以及在线与某位同事或客户的交流情况等。

Offline Office 系统的功能近似于玩网络游戏时用的私人服务器或者网际常用的软件代理人。首先，公司给每一位"在职员工"的计算机装上 Offline Office 系统，然后初始化使用者信息，并把信息传到公司的服务器上，多重确认信息的正确性，使在职员工计算机上的 Offline Office 系统和公司在职员工数据库中的信息绝对相符。此过程也就是在Offline Office 系统中内置数字证书。这样在职员工在脱机的情况下就可以办公，而上网以后，先是 Offline Office 通过网站服务器的认证，然后进入设定好的安全网络连接中，之后进入在职员工登录页面。如果登录者不能在员工登录页面很好地完成登录的话，该网页自动转接到一般客户浏览页中，而且不可返回。由于有重重的把关，因此安全没有问题。这就相当于每一位在职员工都有一个电子商务平台。

因为电子商务网站重在其商务性，所以对与公司有长期战略合作伙伴关系的客户，企业也应该给他们一个 Offline Office 2 系统，该系统使得客户能够更快捷地与企业进行交易及交流。Offline Office 2 系统的用户可以在脱机的情况下填写订单、发盘、还盘或一般交流信件内容，然后在上网的时候，经网站服务器认证合格后，在客户要求传送的时候，自动传送到其指定的企业的某一地址或数据库中。其确认及登录过程与员工登录过程一样。如果客户想单独跟某位在职员工进行交流的话，公司网站在他的要求下，直接将他的 Offline Office 系统平台跟该在职员工的 Offline Office 系统平台进行连接，使得他们的交易或交流更加快捷和方便。

对于一般客户的管理，企业可以相对简单，其登录网站的方法不用改变，只需几位员工进行日常的整理、维护和处理工作就行。

Offline Office 系统还有一个内置记录系统，它可以记录公司员工或跟公司有长期伙伴关系的客户对 Offline Office 的使用情况，及时核实客户跟公司的交易情况，记载客户的交易倾向，以及向企业反馈的员工及客户信息。

3. 两种管理模式的比较

在"客户—管理者"用户管理模式中，整个网站是一个错综复杂的平台，管理者充当着信息统计者、核实者、调查者、分析者及管理员等诸多角色。在这一模式中，客户的所有信息都得在客户登录网站并注册后的信息中查找及分析。即使你知道某一大宗交易的客户的用户名是正确的，你也不得不考虑别人是否已将信息截取、篡改或伪装。所以管理者的事务繁杂，公司的大小事务都得管，都得考虑。然而我们知道，如果管理者太忙于干烦琐的事情，就会无暇考虑公司的决策或发展方向，造成不必要的损失。

而在"客户＋员工—管理者"用户管理模式中，客户可以直接跟某位确定员工进行交流，该确定员工可以及时判断并处理客户的信息，并且这种交流在企业的监控之下进行，在安全方面没有问题。这样管理者摆脱了种种复杂琐碎的整理工作，而单一地将各个 Offline Office 系统反馈过来的信息进行整理，可以轻轻松松地进行公司整体规划和决策。这样的模式有利于将业务流程和信息系统集成在一起。

（三）网站客户服务管理

1. 服务策略

随着以服务为导向的时代的到来，服务已经成为各企业不得不打的一张牌。"主动、向上、超越"将成为电子商务企业向客户服务的价值观，它包含：

（1）主动的服务。即想在客户前面，主动走到客户身边，发现并满足客户个性化、定制化的应用需求。

（2）向上的服务。即不断提升服务能力，不断推出新的服务产品及服务项目，为客户创造更多的价值。

（3）超越的服务。即超越客户满意度。

2. 服务就是产品

服务是一种特殊的产品。它与传统产品相比，具有无形性、异质性、生产与消费的同步性等特点，因此，要想提供高质量的服务，需要对传统的营销组合进行调整。

服务一般是以无形的方式，在客户与服务员工、客户与管理者、有形资源商品或服务系统之间发生的可以解决客户问题的一种或一系列行为。服务就是经济，如果用一句话概括，就是当前社会经济中形成的以服务竞争为主要竞争手段的经济。企业家认识到，实施服务战略更容易构成企业间的差别，更有利于建立牢固的用户关系，从而赢得长期利益。

比尔·盖茨指出，微软公司今后80％的利润都将来自产品销售后的各种开发、换代、维修和咨询等服务，只有20％的利润来自产品销售本身，服务质量将决定微软未来的命运。

总之，电子商务企业要创造品牌、经营品牌，关键是要转变观念、搞好服务。在企业丰富了服务内容、提高了服务质量之后，必将赢得用户最大的满意，谋求最大的市场占有率。一句话，服务就是产品、服务就是经济、服务就是力量。

3. 服务需要创新和个性化

任何有效的服务策略，其出发点都应当是选择目标客户，然后，电子商务企业的经营活动都应当围绕这个客户群体来设计、创新。这样，比起其他向一般客户提供服务的竞争者，电子商务企业就更能满足客户的需求。高度关注为特定的客户群体服务，可以使企业同时以较低的成本创造较高的客户满意度。

个性化服务是指在网站的内容以及风格方面，在一定范围内由用户确定自己需要的信息内容和显示形式。一个良好的网站应该为用户提供个性化服务，其主要内容包括：

（1）新闻浏览个性化。在用户可以浏览所有新闻的基础上，根据用户设定的栏目和显示比例，按照用户的需要显示用户最感兴趣的新闻。

（2）论坛服务个性化。在用户可以浏览和参加所有论坛的基础上，根据用户设定的内容显示相应的论坛内容。

（3）社区服务个性化。在用户可以享受到所有社区服务的基础上，根据用户的需要屏蔽掉其不需要的服务项目，在用户需要时再提供给用户。

（4）界面风格个性化。在提供给用户统一界面风格的基础上，根据用户设定的风格显示给用户特定风格的界面。

个性化服务在改善客户关系、培养客户忠诚度以及增加网上销售方面具有明显的效果，但个性化服务的前提是获得尽可能详尽的用户个人信息，这两者之间存在一定的矛盾。为了获得某些个性化服务，在个人信息可以得到保护的情况下，用户才愿意提供有效的个人信息。

现在有一种比较乐观的观点认为，网络营销已经进入了个性化服务甚至是一对一营销的阶段，个性化服务是实现网站商业利润的关键，是电子商务成功的秘诀。从理论上说，个性化营销无疑具有重要价值，但在现实中过分强调个性化服务而忽视基本服务则会本末倒置，得不偿失。其主要原因在于：

第一，过于分散的个性化服务增加了服务成本和管理的复杂程度，对用户来说则可能因过于复杂的选择而不知所措，甚至产生反感情绪。

第二，个性化服务受个人信息保护的制约，不可能要求客户提供非常全面的个人资料，否则会引起抵触情绪，结果只能适得其反；同时，对大量用户资料的分析、管理和应用也需要投入过多的资源。

第三，用户对个性化服务的需求是有限的，因此，并不是什么样的个性化服务都有价值，个性化服务不应强调形式，服务的内容才是最重要的。

因此，个性化服务的营销价值是有限的，是一种理想化的高级形态的营销手段，不应盲目夸大，同时个性化服务不是空中楼阁，需要在一定的基础条件下进行，如完善的网站基本功能、良好的品牌形象等。当然也不可能等待万事俱备才想起开展个性化服务，而应是一个量力而行、循序渐进的过程，需要在借鉴他人成功经验的基础上根据自身条件逐步建立起一套行之有效的服务体系。

4. 创新大客户经营服务策略

大客户是最有价值的客户。目前，大客户已成为市场竞争的焦点，如邮政账单的开发，其首选目标都是大客户。邮政大客户使用的邮政业务量大、消费额高、市场潜力巨大，20％的客户能实现80％的业务收入。因此，应从战略的高度重视大客户经营服务工作，创新大客户服务策略。

（1）树立营销新理念，创新服务举措。当前，应尽快把大客户工作从产品推销型转向服务营销型，进一步树立客户是企业重要战略资源的营销新理念，利用客户关系管理的理念，建立新型的大客户服务机制，从"三优"服务到一站式服务、派驻制服务，不断改进服务方式，通过满意服务，创新服务品牌，增强市场竞争力。

（2）适应客户需求，实施差异化服务。电子商务企业应有效地掌握和了解大客户实际需求情况，及时为其提供个性化服务和一揽子解决方案，逐步形成"方案营销"的新理念、新方式。要推行富有"人情味"的大客户服务理念，不但要关心用户办理不办理我们的业务，而且对用户的特殊需求或难处也要关心，更多地为他们着想，尽我们的所能在业务上、服务上或其他方面给予相应的支持，争取与客户建立一种良好的、长期的、相互依存和相互合作的关系。

（3）灵活运用弹性资费，提高客户忠诚度。针对大客户不同的需求和服务提出相应的资费策略，体现电子商务企业对客户价值的关注，从而提高大客户的忠诚度。另外，应根据方便用户的原则为大客户提供多种电子交易方式，加强客户信用管理，并对客户进行信用等级划分，对不同等级的大客户采取相应的付费模式。

5. 服务策略的必要性

以往在电子商务企业营销活动中，有相当一部分企业只重视吸引新客户，而忽视维持现有客户。由于企业将管理重心置于售前和售中，造成售后服务中存在的诸多问题得不到及时有效的解决，使得现有客户大量流失。企业为保持销售额，必须不断补充"新客户"，如此不断循环。企业可以在一周内失去 100 个客户，而同时得到另外 100 个客户，表面看来销售业绩没有受到任何影响，而实际上争取这些新客户的成本显然要比维持老客户昂贵得多，从客户盈利性的角度考虑是非常不经济的，这显然在竞争激烈的买方市场上将会举步维艰。

电子商务企业要实行以客户为中心的管理模式，以客户份额作为衡量标准。大多数企业都是通过短期的市场份额变化来估计企业的得失，随着信息技术在企业经营活动中的广泛应用，企业对市场和客户信息的把握更为准确，所以，企业更需要注重客户份额所带来的长期收益。这主要有以下两方面原因：

（1）传统上一般以短期利润的增减论企业的成败，而短期利润是以交易量为基础的；服务策略则投资于客户的忠诚度，通过维持客户来使企业获得长期收益，而不计较一时得失。

（2）信息技术实现了企业与客户间交互式的沟通，有助于企业与客户建立长期关系。这样，以客户份额作为衡量企业业绩的标准显得更为现实。

其实，增加市场份额并不一定能够改善收益。企业争取高市场份额的成本可能会大大超过所能获得的收入。尤其是在已经获得较高市场份额后再进一步扩大市场份额，往往得不偿失。实现以客户为中心的战略，首先需要建立一个完整的用户视图，这是对客户进行正确分析的基础。

6. 服务策略的作用

客户资源已经成为企业利润的源泉。一个企业只要多增加5%的客户，则利润会有显著增加，如图6-5所示。

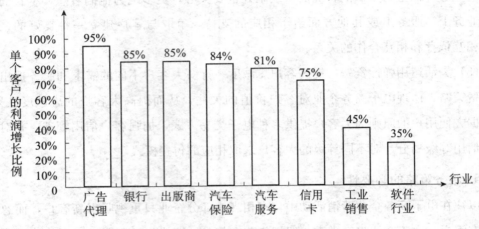

图6-5　客户增加5%对利润的影响

现有客户购买量大，消费行为可预测，服务成本较低，对价格也不如新客户敏感，还能提供免费的口碑宣传。维护客户忠诚度，使得竞争对手无法争夺这部分市场份额，同时能保持企业员工队伍的稳定。总之，客户服务策略可以给企业带来如下益处：

（1）从现有客户中获取更多客户份额。由于企业着眼于和客户发展长期的互惠互利的合作关系，从而提高了相当一部分现有客户对企业的忠诚度。忠诚的客户愿意更多地购买企业的产品和服务，其支出是随意消费支出的两到四倍。而且随着忠诚客户年龄的增长、经济收入的提高或客户企业本身业务的增长，其需求量也将进一步增长。

（2）减少销售成本。企业吸引新客户需要大量的费用，如各种广告投入、促销费用以及了解客户的时间成本等。但维持与现有客户长期关系的成本却逐年递减。虽然在建立关系的早期，客户可能会对企业提供的产品或服务有较多不满，需要企业作出一定的投入，但随着双方关系的发展，客户对企业的产品或服务越来越熟悉，企业也十分清楚客户的特殊需求，所需的关系维护费用就变得十分有限了。

（3）提高员工忠诚度。这是客户维系策略的间接效果。如果一个企业拥有相当数量的稳定客户群，也会使企业与员工之间形成长期和谐的关系。在为那些满意和忠诚的客户提供服务的过程中，员工体会到自身价值的实现，而员工满意度的提高导致客户服务质量的提高，使客户满意度进一步提升，形成一个良性循环，如图6-6所示。

（4）赢得口碑宣传。对于企业提供的某些较为复杂的产品或服务，新客户在作购买决策时会感觉有较大的风险，这时他们往往会咨询企业的现有客户。而具有较高满意度

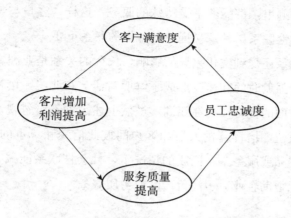

图 6 - 6　客户服务策略对员工忠诚度的影响

和忠诚度的老客户的建议往往具有决定作用，他们的有力推荐往往比各种形式的广告更为奏效。这样，企业既节省了吸引新客户的销售成本，又增加了销售收入，从而企业利润又有了提高。

（四）网站客户服务策略层次

客户服务策略分为以下三个层次：

1. 第一层次

服务客户的手段主要是利用价格刺激来增强客户关系，增加财务利益。在这一层次，客户乐于和企业建立关系的原因是希望得到优惠或特殊照顾。如酒店可对常客提供高级别住宿，航空公司可以倡导给予经常性旅客以奖励，超级市场可对老客户实行折扣等。尽管这些奖励计划能改变客户偏好，但很容易被竞争对手模仿，因此不能长久保持与客户的关系优势。

建立客户关系不应该是企业单方面的事情，企业应该采取有效措施使客户主动与企业建立关系。

2. 第二层次

既要增加财务利益，又要增加社会利益，而社会利益要优先于财务利益。企业员工可以通过了解单个客户的需求，使服务个性化和人性化，来增加企业和客户的社会性联系。例如：在保险业中，与客户保持频繁联系以了解其需求的变化，逢年过节送一些卡片之类的小礼物以及共享一些私人信息，都会增加此客户留在该保险公司的可能性。

信息技术能够帮助企业建立与客户的社会性联系。企业及其分支机构通过共享个性化客户信息数据库系统，能够预测客户的需求并提供个性化的服务，而且信息能够及时更新。无论客户走到哪里，都能够享受特殊的服务，这样，客户与整个企业（包括分支机构）都建立了社会性联系，其意义远比财务上的联系重要。

另外，社会性联系还受到文化差异的影响，长久的关系是亚洲文化中不可或缺的部分，这与美国人过于强调时间和速度形成了鲜明对照。在北美，培育客户关系主要在于产品、价格和运输方面的优势；而在亚洲，虽然上述因素不可忽视，但业务往来中非经济因素占据了主导地位，培育营销人员和客户间彼此信赖和尊重的关系显得尤为重要。需要强调的是，在产品或服务基本同质的情况下，社会性联系能减少客户"跳槽"现象的发生，但它并不能帮助企业克服高价产品或劣质服务。

3. 第三层次

第三层次最高。它是在增加财务利益和社会利益的基础上，附加了更深层次的结构性联系。所谓结构性联系，即提供以技术为基础的客户化服务，从而为客户提高效率和产出。这类服务通常被设计成一个传递系统。例如：企业可以为客户提供特定的设备或网络系统，以帮助客户管理订货、付款、存款等事务；医药公司帮助医院管理存货、订货、采购等。而竞争者要开发类似的系统需要花上几年时间，因此不易被模仿。

无论是财务性联系还是社会性联系，当面临较大的价格差别时，都难以维持。在B2B市场上，只有通过提供买方所需的技术服务及援助，建立关系双方的结构性联系，才能真正实现双方长期友好的合作。良好的结构性联系为关系双方提供了一个非价格动力，并且提高了客户转换供应商的成本，同时会吸引竞争者的客户，从而增加企业收益。

当然，这里并不是要否定赢得新客户的作用，侧重于赢得新客户的策略在一定的条件和环境下，对企业的生存和发展起着至关重要的作用。但是企业管理策略的重心必须随着市场环境的变化而变化。竞争日益激烈的市场环境使得企业不得不改变策略，侧重于老客户的维系，发展与客户的长期合作关系。当然，与此同时，企业也需要获取新客户，但这已经不是目前市场环境下企业营销活动的重心了。

【任务实施】

任务一　模拟客户服务中的服务礼仪——更好地倾听客户的心声

■ 任务目的

学生能掌握如何去倾听客户的心声，倾听客户的心声时需要注意的问题。

■ 任务要求

模拟一家企业（可以任意选择）或去一家真正的企业，倾听客户的心声。

■ 任务内容

1. 引导

怎样才能更好地倾听客户的心声呢？请注意如下几点：

（1）切题——所问问题与整个问题要相关。

（2）耐心——不要打断客户的话，避免虚假。

（3）反应——不要做空洞的答复。

（4）别急——留给自己几秒钟，仔细考虑一下你听到的信息。

2. 同理心倾听

在下列客户服务情况下，需要用同理心倾听：

当我们不确定我们是否了解客户的真实想法，当我们不确定对方是否知道我们了解他，当交流互动掺杂着强烈的情绪因素（如客户投诉）。

同理心倾听的回应技巧是：

（1）重复字句，帮助说话者觉得被了解。

（2）用自己的话重整其意。

（3）深入了解并且开始用自己的话来反映对方的感受。

（4）用肢体语言及音调来表达感受。

同理心倾听回应有助于确认了解的语句有：

（1）据我了解……据我所知……

（2）你觉得……我感觉到你……所以……

（3）你认为……我猜想我听到的是……我不确定我是否听懂了……

（4）但……你相当看重……就如我听到的……

（5）你现在的感觉是……你当时一定觉得……你的意思是说……

■ 任务步骤

1. 做法

针对下面每一种情景，请用同理心来回应。

（1）经理要求两位助理——王芳和陈超负责布置一个展台。王芳说："让陈超自己

负责，我不想跟他一起布置任何展台，因为他从不公平分担工作，并且有点自私。"经理对王芳的同理心回应是_____

_____。

（2）一位客户打电话来说："你们的服务态度太差，我来办业务排了很长时间的队，排得心很烦，可是服务人员说话声音又小。"接待人员的同理心回应是_____

_____。

（3）王先生觉得我们的服务场所播放音乐是一种干扰。王先生挥着他的手说："你们可不可以多为他人着想？不是所有的人都喜欢听音乐的，这么吵就不要再放了！"你对王先生的同理心回应是_____

_____。

（4）公司要求客户在下雨天不要把雨伞带入商场，或者要套上胶袋才行，可是李女士不肯这样做。你对她的行为的同理心回应是_____

_____。

2. 问题

（1）同理心倾听对客户服务有何实际意义？

（2）请举一两个例子说明你使用同理心倾听的基本技巧，其有哪些作用？

■ 任务思考

（1）什么是同理心？

（2）客户服务的基本原则是什么？

（3）客户服务的基本方法与技巧有哪些？

■ 任务报告

1. 任务过程

目的要求：

任务内容：

任务步骤：

2. 任务结果

结果分析：

（可以使用表格方式、图形方式或者文字方式。）

3. 总结

通过任务一的实施，总结自己对客户服务过程中的问题了解了多少，掌握了多少，还有哪些问题需要进一步掌握。

任务二 网站信息发布管理

■ 任务目的

学生能了解网站信息发布管理的内容，了解网站信息发布管理的功能，掌握网站信息发布管理的操作流程。

■ 任务内容

（1）在线调查管理；

（2）文件发布管理；

（3）广告发布管理；

（4）新闻发布管理；

（5）网站转化率计算；

（6）链接信息发布管理；

（7）平均订货额计算；

（8）邮件信息发布管理；

（9）浏览用户指标管理；

（10）案例分析管理；

（11）网站流量统计管理。

■ 任务要求

寻找一家企业网站或者自己建设网站，根据任务内容并参考书中的知识进行组织实训，也可以几个人组成一个小组进行。

■ 任务步骤

寻找一家企业网站，如淘宝网中的某一家企业，主动与客服人员沟通，取得信任后完成以上任务内容。

■ **任务思考**

（1）如何主动与客服人员进行沟通？

（2）网站信息发布过程有哪些？

（3）浏览用户指标如何进行管理？

■ **任务报告**

1. 任务过程

目的要求：

任务内容：

任务步骤：

2. 任务结果

结果分析：

（可以使用表格方式、图形方式或者文字方式。）

3. 总结

通过任务二的实施，总结自己对网站信息发布管理过程中的问题了解了多少，掌握了多少，还有哪些问题需要进一步掌握。

任务三　网站企业员工工作管理

■ **任务目的**

学生能了解网站企业员工工作管理的内容，掌握网站企业员工工作管理的操作。

■ **任务内容**

（1）查看领导布置的任务；

（2）查看历史汇报记录；

（3）领导点评查阅；

（4）修改当天汇报。

■ **任务要求**

寻找一家企业网站或者自己建设网站，根据任务内容并参考书中的知识进行组织实训，也可以几个人组成一个小组进行。

■ 任务步骤

寻找一家企业网站，如淘宝网中的某一家企业，主动与客服人员沟通，取得信任后完成以上任务内容。

■ 任务思考

（1）简述网站员工工作管理的内容。

（2）对当天汇报进行修改有何意义？

（3）在进行项目进展汇报时应注意什么？

■ 任务报告

1. 任务过程

目的要求：

任务内容：

任务步骤：

2. 任务结果

结果分析：

（可以使用表格方式、图形方式或者文字方式。）

3. 总结

通过任务三的实施，总结自己对网站企业员工工作管理过程中的问题了解了多少，掌握了多少，还有哪些问题需要进一步掌握。

【项目训练】

一、填空题

1. 6S 是一个网站管理工作的＿＿＿＿＿＿＿。将 6S 运用到网站管理中，可以提升网站质量、＿＿＿＿＿＿、＿＿＿＿＿＿，提高网站管理＿＿＿＿＿＿。

2. 设置网站管理员的必要性有：＿＿＿＿＿＿＿＿＿＿保持联系、＿＿＿＿＿＿＿＿＿＿＿＿＿管理、＿＿＿＿＿＿＿＿＿＿监控等。

3. 网站管理制度主要包括＿＿＿＿＿＿＿＿＿、＿＿＿＿＿＿＿、＿＿＿＿＿

等内容。

4. 电子商务网站的一般组织架构是由＿＿＿＿＿＿＿＿、客服中心、＿＿＿＿＿＿＿＿＿、

＿＿＿＿＿＿＿＿＿＿＿、＿＿＿＿＿＿＿＿＿＿＿、＿＿＿＿＿＿＿＿＿＿、＿＿＿＿＿＿＿＿＿、

设计部、＿＿＿＿＿＿＿＿＿＿组成。

5. 一个良好的网站应该为用户提供个性化服务，其主要内容为：＿＿＿＿＿＿＿＿＿＿、

＿＿＿＿＿＿＿＿＿＿、＿＿＿＿＿＿＿＿＿＿＿、＿＿＿＿＿＿＿＿＿＿ 等。

二、思考题

1. 简述 6S 理论的内容。

2. 简述网站管理员的素质和技能要求。

3. 简述网站管理员的职责内容。

4. 简述管理者的管理流程。

5. 简述网站服务策略的内容。

项目七
电子商务网站运营维护

【项目介绍】

随着互联网的普及和发展，电子商务成为企业和商家的最终选择，它具有开放性、国际性、实时性、互动性和低成本的特点，是"永不关门"的商场。电子商务的实施和运作依赖于电子商务系统，电子商务网站是电子商务系统工作和运行的主要承担者和表现者。建立一个功能完善、界面美观、符合企业自身情况的电子商务网站，是企业能否成功实施电子商务的重要保证。我们应该看到，建立电子商务网站并不是最终目的，而仅仅是进行电子商务活动的开端。在网站运作后，只有不断改进设计、提供更多的服务，不断更新、增添信息，电子商务网站才会具有生命活力，实现建立站点的最终目的。电子商务网站运营维护包括多层次、多类型的工作，既有日常的维护管理，也有定期或不定期的更新；既有信息技术层面的网页设计的优化，也有营销和管理层面的创意。本项目以电子商务网站如何运营维护为例，引入电子商务网站运营维护的基本概念（包括运营维护的方案、网络安全等）和电子商务网站运营维护的内容（包括硬件维护、系统维护、数据库维护、内容维护等）。

【学习目标】

1. 了解电子商务网站运营维护模式；
2. 了解电子商务网站安全技术；
3. 掌握电子商务网站维护的方法和技巧；
4. 掌握网站面临的安全性威胁及防范措施。

【引导案例】

电子商务网站如何运营维护

一般电子商务网站运营维护内容如下：

1. 网站内容的更新

当今处于信息时代，人们最关心的是有无需要的信息、信息的可靠性、信息是否为最新信息等。一个电子商务网站建立起来之后，要让它发挥尽可能大的作用，吸引更多的浏览者和客户群，就必须研究和跟踪最新的市场变化情况，及时发布企业最新的产品、价格、服务等信息，保持网站内容的实效性。网站内容的更新包括以下三个方面：

第一，维护新闻栏目。网站的新闻栏目是客户了解企业的门户，其应将企业的重大活动、产品的最新动态、企业的发展趋势、客户的服务措施及时、真实地呈现给客户，让新闻栏目成为网站的亮点，以此吸引更多的客户前来浏览、交易。

第二，维护商品信息。商品信息是电子商务网站的主体，随着外在条件的变化，商品的信息（如商品的价格、种类、功能等）也在不断地变化，网站必须追随其变化，不断地对商品信息进行维护更新，反映商品的真实状态。

第三，为保证网站中的链接通畅，网站的维护人员要经常对网站所有的网页链接进行测试，保证各链接正确无误。

内容更新是网站维护过程中的一个瓶颈，如何快捷地更新网页、提高更新效率，可以从以下四个方面予以考虑：

第一，在网站的设计时期，就应充分考虑网站的维护计划，因为网站的整体运作具有开放性、动态性和可扩展性，所以网站的维护是一项长期工作，其目的是提供一个可靠、稳定的系统，使信息与内容更加完整、统一，并使内容更加丰富、新颖，不断满足用户更高的要求。

第二，在网站的开发过程中，对网站结构进行策划设计时，既要保证信息浏览环境的方便性，又要保证信息维护环境的方便性。

第三，制定一整套信息收集、信息审查、信息发布的信息管理体系，保证信息渠道的通畅和信息发布流程的合理性，既要考虑信息的准确性和安全性，又要保证信息更新的及时性。

第四，根据需要选择合适的网页更新工具，如数据库技术和动态网页技术。

2. 对网站访问量数据进行分析

在网站建设中，访问者的多少直接关系到网站的经营与生存。一个网站访问次数的多少是其受用户欢迎程度和发展前景强弱的体现，电子商务网站访问量统计是电子商务网站的一个重要组成部分。

通过对访问量数据的分析，可以找出网站的优势与不足，从而对网站进行相应的修改，增加网站的可读性，更好地实现网站的建设目标；还可以根据数据变化规律和趋势随时调整网站的发展方向；另外有助于选择更合适的网站宣传推广手段。

3. 用户信息的收集和及时反馈

电子商务网站是一个动态网站，具有很强的交互性，迅速地交互反应是电子商务网站成功的关键。例如：多数电子商务网站都包含留言簿、BBS、投票调查、电子邮件列表等信息发布和存储系统，它提供了与浏览者交流、沟通的平台。通过这些平台，可以收集浏览者提出的各种意见和建议，了解浏览者的需求。

　　浏览者访问了网站后，往往会随时留言、发邮件，提出自己的问题。这些浏览者往往会成为网站潜在的客户群，应该给予必要的重视。对他们提出的问题应及时解决并回复，这样有助于为网站树立良好的公众形象，进一步增加网站客户的数量。

　　在网站的日常维护中，对于用户的各种反馈信息都要作及时的处理，使用户在最短的时间内得到满意的答复。要正确处理用户提出的建议和问题，要保证用户报告的问题能得到解决。

4. 维护网站安全

　　电子商务网站是对外开放的，这便于企业发布商务信息和客户选择所需商品，但这同时也给网站的安全带来了威胁，保证网站的安全运营是网站维护不可或缺的一部分。为了维护网站的良好形象，保证网站业务系统的正常运行，保证商务信息不外泄，网站管理人员应该不断寻找网络中的薄弱环节和安全漏洞，及时进行修复和改进。

　　由以上论述可见，在电子商务活动中，网站是企业与用户交流、沟通的窗口，是买方和卖方信息交汇与传递的渠道，是企业展示其产品与服务的舞台，是企业体现其形象和经营战略的载体。一个电子商务网站能否发挥预期的效用、达到建站的目的、收到应有的效益，很大程度上依赖于网站内容的丰富程度、网页的更新程度及相关信息的回复速度，这就要求网站的运营维护应该到位。任何一个电子商务网站建成后，无论规模大小，都不可能一劳永逸，事物在不断地变化，网站的内容也需要随之不断调整。因此，电子商务网站的全面管理和不断维护更新是网站高效运行的前提和保障。

　　资料来源：http://www.ebrun.com/online_trading/7811.html.

　　思考与讨论：网站内容的更新除了以上内容，还有哪些内容？为什么？

【学习指南】

一、电子商务网站运营维护概述

(一) 网站运营维护的意义与方案

1. 网站运营维护的意义

　　网站维护也称后期维护，是指在不改动网站功能、页面结构的前提下进行的文字更换、图片修改。为了保持网站的时效性，一个网站不可能在建成之后就永远不再有任何变化。网站相当于企业的出版物，其后期维护是一种日常性事务，但由于不同企业经营性质等因素上的差异，其在一定时间内更新的次数也有多有少。

电子商务网站的魅力，很大程度在于它能源源不断地提供最新、最及时的商品信息和资料。如果有一天我们登录到其电子商务网站，发现上面的商品信息全都是几年前的信息，商品的价格、样式等只能查到几年前的资料，久而久之就再也没有人会去登录这些电子商务网站了。我们把电子商务网站归入信息产业，因为信息是一切活动的中心，是电子商务企业存在和发展的基础。网站运营维护的意义有：

（1）有新鲜的内容才能吸引人。在传统的商场中，开张三年却从没有添加或减少过一种商品，这种现象是不存在的，也是不可思议的。但是，一个电子商务网站从制作完成后几年内从没维护和更新过，也从没有卖出过一样商品，这样的现象在现代电子商务网站中却屡见不鲜。

现代网络不缺少网站，缺少的是新鲜的内容，这很多人都知道，但很少有人知道它的严重性。企业花费了时间、精力，投入了资金和热情，寄予了期望的网站，不仅因为缺少推广，而且因为缺乏维护、缺少更新，当人们第二次光临企业的网站时，看到的是以前的信息，谁愿意为此而浪费宝贵的时间呢？想让更多的人来光顾企业的网站，只有考虑给它添加新鲜的要闻或不断更新产品、有用的信息，才会吸引更多的关注。

（2）让企业的网站充满生命力。一个网站只有不断更新才会有生命力，人们上网无非是获取所需，只有不断地提供人们所需要的内容的网站才能有吸引力。网站好比一个电影院，如果每天上映的都是10年前的老电影，而且总是同一部影片，试想谁还会来第二次呢？

（3）与推广并进。网站推广会给网站带来访问量，但这很可能只是昙花一现，真正想提高网站的知名度和有价值的访问量，只有靠回头客。网站应当经常有吸引力的有价值的内容，让人能够经常访问。总之，一个不断更新的网站才会有长远的发展，才会带来真正的效益。

2. 网站运营维护的方案

网站运营维护的方案有以下几种：

（1）委托公司维护。即直接委托给网络公司维护，也就是谁给企业制作的网站就委托给谁维护。这里要考虑维护的价格问题，因为网络服务这个东西没有标准，所以要看给企业制作网站的公司的维护标准自己能否接受。如果不能接受，那就看看第二种方案。

（2）聘请专家维护。即用户聘请一个网站运营专家维护。为什么说要聘请网站运营专家而不是网页设计师，这个主要考虑网站运营专家要比网页设计师的技术全面，网站运营专家掌握的网站建设、网站推广、网络营销策划技术都是比较全面的，而网页设计师追求的只是一个网站的美观漂亮而已。有了自己的维护人员，企业可以根据自己的要求修改页面结构，可以随时美化自己的网站，而且有了网站运营人员就代表网站有了在线客服。这样的网站才有活力。

（二）网络安全的相关知识

随着电子商务应用的网络化和全球化，人们日常生活中的许多活动将逐步转移到网络上来，主要原因是电子商务网络交易的实时性、方便性、快捷性及低成本性。互联网最大的优点是消除了地域上的障碍，使得地球上的每一个人均可方便地在网上购物、通信、交流。企业用户可以通过网络进行商品信息发布、广告、销售、娱乐、客户意见反馈与交流等，同时可以直接与商业伙伴进行合同签订和商品交易；用户通过网络可以获得各种信息资源和服务。

信息技术的使用给人们的生活、工作带来了数不尽的便捷和好处。然而，计算机信息技术也和其他科学技术一样是一把"双刃剑"，当大部分人使用信息技术提高工作效率、为社会创造更多财富的同时，另外一些人却利用信息技术做着相反的事情。他们非法侵入他人的计算机系统窃取机密信息、篡改和破坏数据，给社会造成了难以估量的损失。据统计，全球约 20 秒钟就有一次计算机入侵事件发生，互联网上的网络防火墙约 1/4 被突破，约 70％的网络信息主管人员报告因机密信息泄露受到了损失。

网络安全是一个关系国家安全和主权、社会稳定、民族文化的继承和发扬的重要问题。网络安全涉及计算机技术、网络技术、通信技术、密码技术、信息安全技术、应用数学、数论、信息论等多方面。

1. 网络安全的含义

网络安全泛指网络系统的硬件、软件及其系统中的数据受到保护，不受偶然的或者恶意的原因而遭到破坏、更改、泄露，使系统连续、可靠、正常地运行，使网络服务不中断。

网络安全包括系统安全和信息安全两个部分。系统安全主要是指网络设备的硬件、操作系统和应用软件的安全；信息安全主要是指各种信息的存储、传输的安全，具体体现在保密性、完整性及不可抵赖性上。

2. 网络安全的内容

网络安全包括物理安全、逻辑安全、操作系统安全与联网安全。

（1）物理安全。物理安全是指用来保护计算机网络中的传输介质、网络设备和机房设施安全的各种装置与管理手段。物理安全包括防盗、防火、防静电、防雷击和防电磁泄漏等方面的内容。

物理上的安全威胁主要涉及对计算机或人员的访问，可用于增强物理安全的策略有很多，即将计算机系统和关键设备布置在一个安全的环境中，销毁不再使用的敏感文档，保持密码和身份认证部件的安全性，锁住便携式设备等。物理安全的实施更多地依赖行政干预手段并结合相关技术。如果没有基础的物理保护，如带锁的开关柜、数据中心等，物理安全是不可能实现的。

（2）逻辑安全。计算机网络的逻辑安全主要通过用户身份认证、访问控制、加密等方法来实现。

① 用户身份认证。身份证明是所有安全系统不可或缺的一个组件，它是区别授权用户和入侵者的唯一方法。为了实现对信息资源的保护，并知道何人试图获取网络资源的访问权，任何网络资源拥有者都必须对用户进行身份认证。当使用某些更尖端的通信方式时，身份认证特别重要。

② 访问控制。访问控制是制约用户连接特定网络、计算机与应用程序，获取特定类型数据流量的能力。访问控制系统一般针对网络资源进行安全控制区域划分，实施区域防御的策略。在区域的物理边界或逻辑边界使用一个许可或拒绝访问的集中控制点。

③ 加密。加密是指访问控制和身份验证过程中系统完全有效。在数据信息通过网络传送时，企业仍可能面临被窃听的风险。事实上，低成本和连接的简便性已使互联网成为企业内和企业间通信的一个极为诱人的媒介。同时，无线网络的广泛使用也在进一步加大网络数据被窃听的风险。加密技术用于针对窃听提供保护。它通过使信息只能被具有解密数据所需密钥的人员读取来提供信息的安全保护。

（3）操作系统安全。计算机操作系统是一个"管家婆"，它担负着自身宏大的资源管理、频繁的输入输出控制，以及不可间断的用户与操作之间的通信任务。由于操作系统具有"一权独大"的特点，所有针对计算机和网络的入侵及非法访问是以摄取操作系统的最高权力作为入侵的目的，因此，操作系统安全的内容就是采用各种技术手段和采取合理的安全策略，降低系统的脆弱性，使计算机处于安全、可靠的环境中工作。

（4）联网安全。联网安全是指保证计算机联网使用后的操作系统安全运行和计算机内部信息的安全。联网安全可以通过提供以下几个方面的安全服务来达到：

① 联网计算机用户必须很好地采取措施，确保自己的计算机不会受到病毒的侵袭；

② 访问控制服务，用来保护计算机和联网资源不被非授权使用；

③ 通信安全服务，用来认证数据机密性与完整性，以及通信的可信赖性。

3. 影响网络安全的因素

影响网络安全的因素有以下几个方面：

（1）硬件系统。网络硬件系统的安全隐患主要来源于设计，主要表现为物理安全方面的问题，包括各种计算机或网络设备，除了难以抗拒的自然灾害外，温度、湿度、静电、电磁场等也可能造成信息的泄露或失效。

（2）软件系统。软件系统的安全隐患来源于设计和软件工程中的问题。软件设计中的疏忽可能留下安全漏洞。软件系统的安全隐患主要表现在操作系统、数据库系统和应用软件上。

（3）病毒的影响。计算机病毒利用网络作为自己繁殖和传播的载体及工具，造成的危害越来越大。互联网带来的安全威胁来自文件下载及电子邮件。邮件病毒凭借其危害性强、变形种类繁多、传播速度快、可跨平台发作、影响范围广等特点，利用用户的通讯簿散发病毒，通过用户文件泄密信息，邮件已成为目前病毒防治的重中之重。

（4）配置不当。配置不当造成安全漏洞。例如：防火墙软件的配置不正确使得它起不了作用。对特定的网络应用程序，当它启动时，就打开了系列的安全缺口，许多与该软件捆绑在一起的应用软件也会被启用，除非用户禁用该程序或对其进行正确配置，否则，安全隐患始终存在。

（5）网络通信协议的影响。目前互联网普遍使用的标准主要基于 TCP/IP 协议。TCP/IP 并不是一个而是多个协议，而 TCP 和 IP 只是其中最基本也是主要的两个协议。TCP/IP 协议是美国政府资助的高级研究计划署（ARPA）在 20 世纪 70 年代的一个研究成果，目的是使全球的研究网络联在一起形成一个虚拟网络，也就是国际互联网。由于最初 TCP/IP 是在可信任环境中开发出来的成果，在协议设计的总体构想和设计的时候基本上未考虑安全问题，因此不能提供人们所需要的安全性和保密性。概括起来，TCP/IP 协议存在以下严重的安全隐患。

① 缺乏用户身份鉴别机制。由于 TCP/IP 使用 IP 地址作为网络节点的唯一标识，在互联网中，当信息分组在路由器间传递时，对任何人都是开放的，路由器仅仅搜索信息分组中的目的地址，不能防止其内容被窥视，其数据分组的源地址很容易被发现。由于 IP 地址是一种分级结构地址，其中包括了主机所在的网络，攻击者据此可以构造出目标网络的轮廓，因此使用标准 IP 地址的网络拓扑对互联网来说是暴露的。

另外，IP 地址很容易被伪造和更改，TCP/IP 缺乏对 IP 包中的源地址的真实性的鉴定和保密机制，因此，互联网上任何主机都可以产生一个带任意 IP 地址的 IP 包，从而假冒另一个主机 IP 地址进行欺骗，这样网上传输数据的真实性就无法得到保证。

② 缺乏路由协议鉴别认证机制。TCP/IP 在 IP 层上缺乏对路由协议的安全认证机制，对路由信息缺乏鉴别与保护。因此，可以通过互联网利用路由信息修改网络传输路径，误导网络分组传输。

③ 缺乏保密性。TCP/IP 数据流采用明文传输，用户账号、口令等重要信息也无一例外，攻击者可以截获含有账号、口令的数据分组从而进行攻击。这种明文传输方式无法保障信息的保密性和完整性。

④ TCP/IP 服务的脆弱性。TCP/IP 应用的主要目的是在互联网上的应用，也就是提供基于 TCP/IP 的服务。由于应用层协议位于 TCP/IP 体系结构的最顶部，因此下层的安全缺陷必然导致应用层的安全出现漏洞甚至崩溃，而各种应用层服务协议（如 DNS、FTP、SMTP 等）本身也存在安全隐患。

（6）物理电磁辐射引起的信息泄露。计算机附属电子设备在工作时能以过地线、电源线、信号线将电磁信号或谐波等辐射出去，产生电磁辐射，电磁辐射能够破坏网络中传输的数据。这种辐射的来源主要有以下几个方面：

① 网络周围电子设备产生的电磁辐射和试图破坏数据传输而预谋的干扰辐射源。

② 网络的终端、打印机或其他电子设备在工作时产生的电磁辐射泄漏，这些电磁信号在近处或远处都可以被接收下来，经过提取处理，可以恢复出厂信息，造成信息泄露。

（7）缺少严格的网络安全管理制度。网络内部的安全需要用完备的安全制度来保障，管理的失败是网络系统体系失败非常重要的原因。网络管理员配置不当或者网络应用升级不及时造成的安全漏洞、使用脆弱的用户口令、随意使用普通网站下载的软件、在防火墙内部架设拨号服务器却没有账号认证等严格限制、用户安全意识不强、将自己的账号随意转借他人或与别人共享等，都会使网络处于危险之中。

4. 网络安全威胁的来源

归纳起来，对网络安全的威胁和攻击可能来自以下几个方面：

（1）内部操作不当。系统内部工作人员操作不当，特别是系统管理员和安全管理员出现管理配置上的操作失误，可能造成重大安全事故。由于大多数的网络用户并非计算机专业人员，他们只是将计算机作为一个工具，加上缺乏必要的安全意识，使得他们可能出现一些错误的操作，比如将用户口令张贴在计算机上，使用电话号码、个人生日作为口令等。

（2）内部管理漏洞。系统内部缺乏健全的管理制度或制度执行不力，给内部工作人员犯罪留下机会，其中以系统管理员和安全管理员的恶意违规和犯罪造成的危害最大。内部人员私自安装拨号上网设备，绕过系统安全管理控制点，利用隧道技术与外部人员内外勾结犯罪，也是防火墙和监控系统难以防范的。与来自外部的威胁相比，来自内部的威胁和攻击更难防范，而且是网络安全威胁的主要来源。

（3）来自外部的威胁和攻击。一般认为，来自计算机网络系统外部的安全威胁主要包括黑客攻击、计算机病毒和拒绝服务攻击三个方面。

① 黑客攻击。黑客的行为是指涉及阻挠计算机系统正常运行或利用、借助和通过计算机系统进行犯罪的行为。根据我国现行法律的有关规定，对黑客可以给出两个定义：广义的黑客是指利用计算机技术，非法侵入或者擅自操作他人（包括国家机关、社会组织及个人）的计算机信息系统，对电子信息交流安全具有不同程度的威胁性和危害性的人；狭义的黑客是指利用计算机技术，非法侵入并擅自操作他人的计算机信息系统，对系统功能、数据或程序进行干扰、破坏，或者非法侵入计算机信息系统并擅自利用系统资源，实施金融诈骗、盗窃、贪污、挪用公款、窃取国家秘密或实施其他犯罪行为的人。

② 计算机病毒。计算机病毒是指编制者在计算机程序中插入的破坏计算机功能或数据，影响计算机使用并且能够自我复制的一组计算机指令或程序代码。

计算机病毒是一种人为制造的、在计算机运行中对计算机信息或系统起破坏作用的程序。这组程序不是独立存在的，它隐蔽在其他可执行的程序之中，既有破坏性，又有传染性和潜伏性。计算机病毒轻则影响计算机运行速度，使计算机不能正常运行；重则使计算机处于瘫痪，给用户带来不可估量的损失。

③ 拒绝服务攻击。拒绝服务攻击是一种破坏性攻击，最早的拒绝服务攻击是"电子邮件炸弹"，它的表现形式是使用户在很短的时间内收到大量无用的电子邮件，从而影响正常业务的运行，严重时会使系统死机，网络瘫痪。

二、电子商务网站运营维护的内容

（一）网站硬件维护

1. 服务器维护

服务器维护包括：裸机系统安装、覆盖或升级安装；迅速准确判断系统故障，区分故障类型；操作系统故障解决；硬件维修或更换；内部邮件服务器故障解决；其他故障解决；安装补丁；系统参数调整；垃圾文件及注册表清理；内存管理优化；磁盘管理优化；启动选项优化；操作系统配置；网络配置。

服务器在电子商务网络中是非常重要的，服务器运行得正常与否，决定了整个网站的状态、功能能否实现。在一个功能完善、客户需求量大、访问量大、下载数据量大的网站中，服务器往往不止一台，一般情况下可有多台服务器。所以，对服务器的维护主要从以下几个方面考虑：

（1）服务器的安装位置。每台服务器都应有一个可靠、固定的安装地点。

（2）启动与关闭。对服务器采取严格开机、关机的控制，保证整个计算机网络和网站的正常运行，特别是提供关键功能的服务器。

（3）系统升级。随着时间的延续，原有的计算机系统配置不能满足要求，应对其进行测试、升级等操作。

（4）故障记录与处理。由于服务器是计算机网络系统中的关键设备，它的正常与否关系到整个网站系统的状态，因此，应对服务器出现的情况进行详细的记录，特别是做好故障记录。故障记录包括时间、地点、设备编号、故障现象、故障结果、连带运行状态等。

2. 硬件设备维护

硬件设备维护包括设备的增加、设备的卸载和更换、除尘等。

（1）设备的增加。在电子商务过程中，内存和硬盘的增加是最常见的，安装应用软件、客户数据越来越多、资源库的增加，使服务器需要更多的内存和硬盘容量。在设备增加时，应注意以下几个问题：

① 增加内存前需要认定与服务器原有内存的兼容性，最好是同一品牌、规格的内存。如果是服务器专用的 ECC 内存，则必须选用相同的内存，普通的 SDRAM 内存与ECC 内存在同一台服务器上使用很可能会引起系统严重出错。

② 在增加硬盘以前，需要认定服务器是否有空余的硬盘支架、硬盘接口和电源接口，以及主板是否支持这种容量的硬盘，防止买来了设备却无法使用。

（2）设备的卸载和更换。卸载和更换设备时的问题不大，需要注意的是有许多品牌服务器机箱的设计比较特殊，需要特殊的工具或开关才能打开，在卸机箱盖的时候，需要仔细看说明书，不要强行拆卸。另外，必须在完全断电、服务器接地良好的情况下进行，即使是支持热插拔的设备也是如此，以防止静电对设备造成损坏。

（3）除尘。尘土是服务器最大的杀手，因此需要定期给服务器除尘。尤其是规模较小的电子商务网站，服务器很可能没有专用的无尘机房环境，一段时间使用下来，服务器中沉积了大量的灰尘，尤其是在炎热的夏季，对于服务器来说，灰尘甚至是致命的。除尘方法与普通 PC 机的除尘方法相同，尤其要注意的是电源的除尘。

（二）网站操作系统维护

我们知道，Windows 操作系统本身是一个非常开放又非常脆弱的系统，稍微使用不慎就可能导致系统受损，甚至瘫痪。如果经常进行应用程序的安装与卸载，也会造成系统运行速度降低、系统应用程序冲突明显增加等问题的出现。这些问题导致的最终后果就是不得不重新安装操作系统。下面介绍对 Windows 操作系统进行维护的几种方法。

1. **定期对磁盘进行碎片整理和磁盘文件扫描**

一般来说，可以使用系统自身提供的"磁盘碎片整理"和"磁盘扫描程序"来对磁盘文件进行优化，这两个工具都非常简单。在系统的开发阶段，开发了碎片整理应用程序编程接口（API），并将其内置到系统中，以确保在操作系统运行的同时，可以安全移动文件（不会发生丢失数据、系统崩溃或遭到破坏的情况）。为防止数据丢失、系统崩溃和文件破坏，Windows 2000 磁盘碎片整理程序可以和文件系统及 API 一起使用。磁盘碎片整理程序可以通过以下操作优化磁盘并保持磁盘的高效运行：

（1）查找整个磁盘中每个文件的碎片；

（2）将其连续复制到一个新位置；

（3）确保该副本是原件的精确复制；

（4）更新主文件表（MFT），以便设置新文件的位置；

（5）取消分配原位置并将其重新划分为可用空间。

要注意的是：第一，是文件系统而不是磁盘碎片整理程序负责所有的数据移动；第二，API 不支持 MFT、页面文件、FAT 目录，或独占使用打开文件（如 Windows 注册表）的碎片整理；第三，NTFS 目录可在 Windows 2000 中进行碎片整理。

2. **维护系统注册表**

我们知道，Windows 的注册表是控制系统启动和运行的最底层设置，其文件为 Windows 安装路径下的 System. dat 和 User. dat。这两个文件并不是以明码方式显示系统设置的，普通用户根本无从修改。如果你经常地安装/卸载应用程序，这些应用程序在系统注册表中添加的设置通常并不能被彻底删除，时间长了会导致系统注册表变得非常大，系统的运行速度就会受到影响。目前市面上流行的专门针对 Windows 注册表的自动除错、压缩、优化工具非常多。

3. **经常性地备份系统注册表**

对系统注册表进行备份是保证 Windows 系统可以稳定运行、维护系统、恢复系统的最简单、最有效的方法。我们知道，系统的注册表信息保存在 Windows 文件夹下，其文件名是 System. dat 和 User. dat，现在你需要做的就是对这两个文件进行备份，你可以使用 regedit 的导出功能直接将这两个文件复制到备份文件路径下，当系统出错时再将备份文件导入到 Windows 路径下，覆盖源文件即可恢复系统。

4. 清理 System 路径下的无用 DLL 文件

这项维护工作大家可能并不熟悉，但它也是影响系统快速运行的一个至关重要的因素。我们知道，应用程序安装到 Windows 中后，通常会在 Windows 的安装路径下的 System 文件夹中复制一些 DLL 文件。而当你将相应的应用程序删除后，其中的某些 DLL 文件通常会被保留下来；当该路径下的 DLL 文件不断增加时，将在很大程度上影响系统整体的运行速度。而对于普通用户来讲，进行 DLL 文件的手工删除是非常困难的。

针对这种情况，建议使用 Clean System 自动 DLL 文件扫描、删除工具，你只要在程序界面中选择可供扫描的驱动器，然后单击界面中的"Start Scanning"按钮就可以了，程序会自动分析相应磁盘中的文件与 System 路径下 DLL 文件的关联性，然后给出与所有文件都没有关联的 DLL 文件列表，此时你可单击界面中的"OK"按钮进行删除和自动备份。

5. 使用在线病毒检测工具防止病毒入侵

这涉及维护系统安全，虽然它不是非常重要的，但是如果你经常接触数据交换，使用这种工具则是非常必要的。病毒防御软件提供的效果非常好，同时使用方法也非常简单，程序会在系统启动后自动运行并提供在线监测，当发现病毒入侵系统时会给出警告信息并停止一切系统活动，此时你可以在程序给出的界面中选择杀毒或其他相关的操作。

6. 优化 Windows 本身

由于 Windows 本身的自动化程度已经很高，原则上已经不需要用户自己进行优化设置。但是在使用过程中还是总结出一些经验，这对于提高系统的运行速度也是有效的，其中包括以下一些重点：

（1）尽量少在 Autoexec.bat 和 Config.sys 文件中加载驱动程序，因为 Windows 可以很好地提供对硬件的支持，如果必要的话，删除这两个文件都是可以的。

（2）使用 FAT32。这也是一种非常好的方式，虽然 FAT32 并不能提高磁盘数据存取速度，但是它可以提供更多的磁盘可用空间，使用效果非常好。

（3）定期删除不再使用的应用程序，这非常必要。当系统中安装了过多的应用程序时，对系统的运行速度是有影响的。所以如果一个应用程序不再被使用了，就应该及时将其删除。

（4）删除系统中不再使用的字体。

（5）如果显卡速度不快，不要使用过高的显示设置和过高的显示刷新速率设置，一般 75Hz 是一个不错的选择。

（6）关闭系统提供的 CD-ROM 自动感知功能（在"系统—设备管理"项中设置）。

（7）日常使用过程中应该留意一下与自己机器有关的最新硬件驱动程序，并及时地安装到系统中，这通常是不花钱就可提高系统性能的有效方法。

（三）网站数据库维护

电子商务网站后台数据库管理和维护是网站运营维护工作中最重要的内容。我们知道，电子商务网站中的所有数据，包括商品资料、客户资料、需求数据、订货单、账单等都放在后台的数据库中，所以为了保证这些数据的安全、可靠，我们必须对数据库做一些日常性的维护工作。

1. 备份数据

（1）数据的形式。我们知道，在电子商务网站中有许多数据，包括用户应用数据、用户备份数据、系统备份数据、系统临时数据等。

① 用户应用数据是指用户运行应用软件所需数据和运行程序产生的结果数据，这些数据也是读者最熟悉和最常使用的数据。它包括种类信息，如数字、文字、声音、图片等。这些数据的特点是数量大、调用频率高、更新快、所属关系复杂等。

② 用户备份数据是指用户运行应用软件时所产生的数据和产生的结果数据的周期性备份。这些数据的特点是系统自动产生数量大，人为备份数据没有规律且冗余。

③ 系统备份数据是指系统程序运行过程中，特别是在对系统调整时自动产生的数据。这些数据的特点是数量大、无规律，在特殊时候由系统调用。

④ 系统临时数据是指系统程序运行过程中自动产生的，主要用于改善系统运行状态的数据文件。这些数据的特点是数量大。

（2）数据存放的位置。不同的数据存放在计算机中的不同区域，这些区域为系统区、基础程序区、应用程序区、用户数据区、备份区等。图 7 - 1 所示的是硬盘资源分配情况。

① 系统区是指存放操作系统程序和与系统有直接关系的程序的区域。系统区存放系统运行时系统管理和维护的数据，以及软件之间相互协调的中间软件，这些程序是整个系统的基础和核心，是所有应用软件的运行环境。

② 基础程序区是指存放各类为应用程序运行提供支

图 7 - 1　硬盘资源分配

持的程序的区域。这些程序自身有着强大的功能，同时需要复杂的管理和维护，其本身具备了应用软件功能和提供服务功能的双重功能，作为一般应用软件用户，不涉及这方面软件的维护。

③ 应用程序区是指存放各类用户直接应用的程序的区域。这些程序自身有着强大的安全体系，一般不需要或很少由系统管理员维护，可由用户直接调用和管理。

④ 用户数据区是指存放各类用户的数据的区域。这些数据是由用户待处理的数据和程序处理完毕的数据组成，还有一些中间数据。这个区域往往由用户按自身的需求加以管理和维护，绝大部分工作可以由用户来承担。

⑤ 备份区是指存放需要备份的各种数据的区域。这些数据是由以上各类软件运行时出现的各种故障需要备份时的数据组成。

以上这些分区的建立，可以对计算机系统软件和数据按照应用的目的、应用的程度、应用的水平和管理人员的分工区别对待、区别处理，按照不同的要求实现不同的管理。

（3）备份形式。数据备份的形式有：实时备份、功能差异备份、指定日期备份、副本备份等。

① 实时备份是指随时备份的形式。我们知道，在系统进行工作时，有相当多的信息在每时每刻地发生变化，系统依赖这些数据。这些数据备份的形式如图 7 - 2 所示。

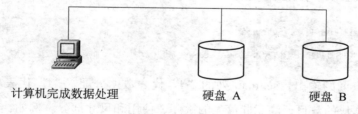

计算机完成数据处理　　　　　　硬盘 A　　　　硬盘 B

图 7 - 2　实时备份

② 功能差异备份是指计算机网络系统在运行过程中经常要实现版本的升级或系统设置的修改，这时系统往往需要针对新的功能和环境建立备份，这种备份称为功能差异备份，如图 7 - 3 所示。

③ 指定日期备份是指用户可以指定某个日期让计算机自动进行备份的形式。例如：指定每天上午 9 点进行备份，或者每周一的上午进行备份等。

④ 副本备份是指在计算机上为了避免保存数据的区域出现意外的物理损坏，往往原封不动地建立一个一样的副本，这种备份形式也称为双备份。

2. 恢复数据库数据

如果用户数据库的存储设备失效，从而数据库被破坏或不可存取，通过装入最新的

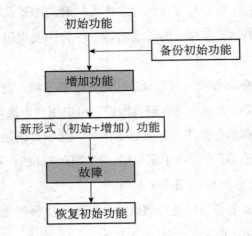

图 7 - 3　功能差异备份

数据库备份以及后来的事务日志备份可以恢复数据库。

可按如下步骤恢复数据库：

（1）如果日志存放在一个分离的设备上，用带有 NO _ TRUNCATE 选项的 DUMP TRANSACTION 命令卸出被毁坏的或者不可存取的用户数据库事务日志。

（2）用查询检查设备分配已毁坏数据库的设备使用情况，必须为同一目的赋予同样的空间块。

下面的查询显示了分配给数据库 mydb 设备的使用和尺寸情况：

```
SELECT segmap,size FROM sysusages
WHERE dbid = (SELECT dbid FROM sysdatabases WHERE name ＝"mydb")
```

（3）检查查询的输出。segmap 列的"3"代表数据分配，"4"代表日志分配。size 列代表 2K 数据块的数目。注意此信息的次序、使用和尺寸部分。例如：输出为：

```
segmap size
```

310240//实际尺寸为：20M

35120//实际尺寸为：10M

45120//实际尺寸为：10M

31024//实际尺寸为：2M

42048//实际尺寸为：4M

（4）用 DROP DATABASE 命令删除毁坏设备上的数据库。如果系统报错，用 DB-CC DBREPAIR 命令的 DROPDB 选项。

（5）删除数据库后，用 sp _ dropdevice 删除毁坏了的设备。

（6）用 DISK INIT 初始化新的数据库设备。

（7）重建数据库。用 CREATE DATABASE 命令从老的 sysusages 表拷贝所有的行，并包含第一逻辑设备。

对上例，命令为：

```
CREATE DATABASE mydb
ON datadev1 = 20, datadev2 = 10
LOG ON logdev1 = 10
```

（8）用 ALTER DATABASE 命令重建其余入口。在此例中，在 datadev1 上分配更多的空间，命令为：

```
ALTER DATABASE mydb ON datadev1 = 2
```

（9）用 LOAD DATABASE 重新装入数据库，然后用 LOAD TRAN 装入前面卸出的日志。

LOAD DATABASE 命令的语法是：

```
LOAD DATABASE database_name
FROM dump_device
```

LOAD TRANsaction 命令的语法是：

```
LOAD TRANsaction database_name
FROM dump_device
```

卸出数据库和事务日志的缺省权限归数据库所有者，且可以传递给其他用户；装载数据库和事务的权限也归数据库所有者，但不能传递。

3. 监视系统

系统管理员的另一项日常工作是监视系统运行情况，及时处理系统错误。主要有以下几个方面：

（1）监视当前用户及进程的信息。

使用系统过程：sp_who。

说明：该命令显示当前系统所有注册用户及进程信息。以下是某系统的信息：

```
SpidStatusLoginamehostnameblkdbnamecmd
1RunningSascosysv0MasterSELECT
```

```
2SleepingNULL0MasterNETWORK HANDLE

3SleepingNULL0MasterDEADLOCK TUNE

4SleepingNULL0MasterMIRROR HANDLER

5SleepingNULL0MasterHOUSEKEEPER

6SleepingNULL0MasterCHECKPOINT SLEEP
```

从左向右依次显示：进程号、当前状态、注册用户名、主机名、占用块数、数据库名以及当前命令。

如果监视时发现进程总数接近最大连接数（用系统过程 sp ＿ configure "user conn" 查看）时，应关掉不活动或无关进程，以保证系统正常运作；另外，亦可监视非法用户或用户使用不属于自己使用范围的数据库等情况。

（2）监视目标占用空间情况。

使用系统过程：sp ＿ spaceused。

说明：该过程显示行数、数据页数以及当前数据库中由某个目标或所有目标占用的空间。以下是某数据库日志表的信息：

```
NameRow_totalreserveddataIndex_sizeunused

SyslogsNot avail32KB32KB0KBNot avail
```

日常要监视的主要目标有：用户数据库、数据库日志表（syslogs）以及计费原始数据表等。如果发现占用空间过大，对日志表要进行转储；对其他目标则应扩充空间或清除垃圾数据。

（3）监视 SQL Server 统计数字。

使用系统过程：sp ＿ monitor。

说明：sp ＿ monitor 显示 SQL Server 的历史统计数字。以下是某系统的统计数字：

```
Last_runCurrent_runSeconds

May 13 2000 1:27PMMay 13 2000 3:01PM5678

CPU_busyIO_busyIdle

16(6)－0％0(0)－0％5727(5672)－99％

Packets_receivedPackets_sentPacket_errors

21(17)100(97)0(0)

Total_readTotal_writeTotal_errorsConnections

785(366)311(113)0(0)3(2)
```

依次给出该系统本次运行统计的上一次时间、本次时间、间隔秒数、CPU 占用、

I/O占用、收发包情况、系统读入写出情况等信息。

4. 保证系统数据安全

为保证系统数据的安全，系统管理员必须依据系统的实际情况，执行一系列的安全保障措施。其中，周期性地更改用户口令是比较常用且十分有效的措施。

更改用户口令是通过调用系统过程 sp＿password 来实现的。

sp＿password 的语法为：

```
sp_password caller_password,new_password[loginame]
```

其中，caller＿password 是登录口令（老口令），new＿password 是新口令，loginame 是登录名称。

（四）网站内容维护

1. 网页维护

网页维护主要包括以下几个部分：

（1）对电子邮件进行维护。在电子商务网站中，几乎所有的企业网站都有自己的联系页面，通常是管理者的电子邮件地址。经常会有一些信息发到邮箱中，企业对访问者的邮件要及时答复。所以，该邮件服务器最好设置自动回复功能，能对用户的问题细致地解答，以使访问者对网站的服务有一种安全感。

另外，对电子邮件列表也要经常进行维护，一方面要保证发送的频率，另一方面要保证邮件的内容有新意，并且最好能与收集的意见相结合。

（2）对产品信息进行维护。在电子商务网站中，几乎所有的企业网站都有自己的产品信息，对此信息必须保证其资料最新。所有产品资料，包括产品的型号、类型、规格、图片都必须保证是正确的、清楚的。当然，由于多种原因而引起这些资料信息的丢失或错误是不可避免的，因此需要对它们进行维护和更新。特别要重视客户提出的意见和建议。

另外，通过网站链接到相关的网页也可能由于种种原因而引起链接失败，因此也需要对它们进行维护。通常这些信息需要每天维护一次。

（3）对 BBS 进行维护。大部分网站需要对各种问题进行讨论，这些问题包括产品的供求关系、产品的质量、产品的潜力、产品的各种技术问题、客户所关心的各种问题等。BBS 对网站来说是很重要的一块阵地，它可以让客户自由发表意见和建议。所以，对 BBS 的实时监控尤为重要。例如：对一些色情、反动的言论要马上删除，否则会影响企业的形象。

　　企业 BBS 中可能会出现一些乱七八糟的广告，管理者也需要及时删除，否则会影响 BBS 的性质，不会再吸引浏览者。有时甚至会出现一些竞争对手的广告或诋毁企业形象的言论，更需要及时删除，同时，要收集一些相关资料在 BBS 中发表，以保证 BBS 的科学性、实用性和学术性。

　　（4）对客户意见进行维护。每一个网站都有与客户进行沟通的渠道，网站交互式栏目中肯定也会收到很多客户的意见，这些意见需要在第一时间及时给予反馈，并及时处理一些事务性问题，如产品的维修、调换、检测、安装等，这样才能保证企业的形象。

　　2. 网页的更新与检查

　　网页的更新与检查主要包括以下几个部分：

　　（1）专人专门维护新闻栏目。电子商务网站中的新闻栏目是一个企业的宣传窗口，是提升企业形象的重要途径。在这个栏目中，一方面要反映企业、业界动态，让访问者觉得这是一个可以发展的企业、有前途的企业；另一方面也要在网上收集相关资料放置到网站上，以吸引同类客户，并使他们产生兴趣。

　　所以，新闻栏目需要由专人负责、专人管理、专人维护，这样可以保证此栏目的质量，并吸引更多的浏览者点击该栏目。

　　（2）时常检查相关链接。我们知道任何一个电子商务网站不可能将全部的内容都放在主页上，都需要使用链接进行。对于链接是否连通，可以通过测试软件对网站中所有的网页链接进行测试，但最好还是用手工的方法进行检测，这样才能发现问题。尤其是网站的导航栏目，可能经常出问题，因此，在网页正常运行期间也要经常使用浏览器查看测试页面，查缺补漏，精益求精。

　　（3）时常检查日志文件。网页更新最有用的依据是系统的日志文件记录，通过对 Web 服务器的日志文件进行分析和统计，能够有效掌握系统运行情况以及网站内容受访问的情况，加强对整个网站及其内容的维护和管理。

　　（4）时常检查客户意见。网页更新也与客户意见有着直接的关系，应经常浏览客户的意见。例如：有的客户希望网站论坛中加入一个音乐论坛，还希望在网站中出售的 DVD 音乐中加入试听页面。这些改进企业的网站完全有能力做到。

　　通过不断地整理、更新与增加栏目和内容，网站将会一天天地丰富、成熟起来。另外，每次更新都不要忘了在公告栏中发布最新消息，这样一方面增加了公告栏的内容，另一方面提升了企业的形象。

　　3. 网页布局更新

　　网页布局大致可分为"国"字型、拐角型、标题正文型、左右框架型、上下框架型、综合型、封面型、Flash 型、变化型等几种类型。

对主页布局的更新是所有更新工作中最为重要的，因为人们很重视第一印象。对主页的更新宜采用重新制作的方法，不过对于网站的 CI 是不能变动的。

4. 网站升级

在网页维护的同时，也要做好网站的升级工作。网站升级的主要工作包括以下几个方面：

（1）网站应用程序的升级。网站应用程序经过长时间的使用和运行，难免会出现一些问题，如泄露源代码、注册用户信息、网站管理者信息等，这些问题都会产生很严重的后果，轻者使服务器停机，重者有法律纠纷，甚至使整个网站瘫痪。所以，管理人员一定要对应用程序进行监控，一旦出现错误和问题，马上进行维护，必要时对应用程序进行升级。

（2）网站后台数据库的升级。网站后台数据库是每一个电子商务网站所必需的，也是使用非常频繁的。一般情况下，开始时网站都使用比较小的数据库，如 Windows 下的 Access、DBF、MYSQL 数据库，这些数据库对于大批量的数据访问会存在服务器停机的风险。当发现访问量很大、网站响应变慢时，就要考虑对数据库进行升级了。

（3）服务器软件的升级。服务器软件随着版本的升高，性能和功能都有所提高，适时地升级服务器软件能提高网站的访问质量。例如：Windows NT 的 IIS、Linux 下的 Apache 等 Web 服务器都可以适时地升级其软件。

（4）操作系统的升级。一个稳定、强大的操作系统也是服务器性能的保证，应该根据操作系统的性能情况不断升级操作系统。例如：Windows 的 Update 升级、Linux 的内核升级。但要注意的是，操作系统的升级具有一定的危险性，需要把握好度。

【任务实施】

任务一　电子商务网站文件安全与保护

■ 任务目的

学生学会保护文件安全的方法和技巧。

■ 任务要求

（1）了解文件安全机理。

（2）掌握保护文件安全的方法与技巧。

（3）掌握 Office 文件的保密方法与技巧。

（4）掌握 Office 文件的解密方法与技巧。

■ 任务内容

寻找电子商务网站网页文件保护的方法和技巧，即加密方法和解密方法。

■ 任务步骤

（1）在网上搜索保护 Office 文件的方法。

（2）保护一个 Word 文件，保护一个网页文件。

（3）在网上搜索解开 Office 文件密码的方法。

（4）下载解密软件。

（5）解开经保密的 2 个文件。

■ 任务思考

（1）如何保护 Word 文件？

（2）如何解密 Word 文件？

（3）如果保密文件的密码超过 6 个字母能解密吗？解密的方法是什么？

■ 任务报告

1. 任务过程

目的要求：

任务内容：

任务步骤：

2. 任务结果

结果分析：

（可以使用表格方式、图形方式或者文字方式。）

3. 总结

通过任务一的实施，总结自己对保护文件安全过程中的问题了解了多少，掌握了多少，还有哪些问题需要进一步掌握。

任务二　电子商务网站防火墙配置

■ 任务目的

学生能掌握防火墙的配置，熟悉路由器的包过滤技术，掌握访问控制列表的分类及其特点，掌握访问控制列表的应用。

■ 任务要求

（1）熟悉路由器的包过滤技术。

（2）掌握访问控制列表的分类及各自特点。

（3）掌握访问控制列表的应用，灵活设计防火墙。

（4）按任务内容的要求写出实训报告，并回答思考题。

■ 任务内容

在实际的企业电子商务网站中，为了保证信息安全和权限控制，都需要分别对网站的用户群进行权限控制，有的可以访问，有的不可以。这些设置往往都是在整个网络的出口或入口（一台路由器上）进行的。所以，在实验室里用一台路由器（RTA）模拟整个企业网，用另一台路由器（RTB）模拟外部网。

■ 任务步骤

（1）准备交换机2台、路由器2台、标准网线2条、计算机2台。

（2）每6名同学为一组，实训组网如图7-4所示。

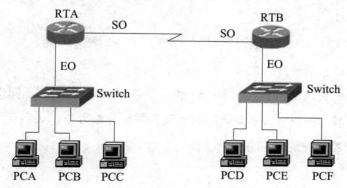

图7-4　实训组网图

（3）规则网络地址。已知路由器 A 以太网的网段为 202.0.0.0/24，路由器 B 以太网的网段为 202.0.1.0/24，路由器之间的网段为 192.0.0.0/24，按照图 7-4 的组网图建立实验环境，规则地址填入表 7-1 中。

表 7-1 规则地址

	RTA	RTB
SO（IP/MASK）		
EO（IP/MASK）		

（4）主机地址填入表 7-2 中。

表 7-2 主机地址

	PCA	PCB	PCC	PCD	PCE	PCF
IP/MASK						

（5）访问控制列表（Access Control List，ACL）。ACL 既是控制网络通信流量的手段，也是网络安全策略的一个组成部分，路由器根据指令列表的内容决定接收或放弃数据包。配置 ACL 的过程包括：

① 配置 IP 地址；

② 启用路由协议（RIP）；

③ 设置防火墙：

④ 启用防火墙；

⑤ 设置默认情况；

⑥ 定义 ACL；

⑦ 应用 ACL。

■ **任务思考**

（1）如果要实现在 RTB 上完成同样的功能，请写出配置命令。（将 display current-configuration 的显示结果自制在下方）

（2）从上面的实训可以看出 inbound 和 outbound 两个方向的不同作用以及使用不同接口的配置差异，所以在设置防火墙时，我们需要仔细分析，灵活运用，选择最佳接口、最简单的配置完成最完善的功能。

■ **任务报告**

1. **任务过程**

目的要求：

任务内容：

任务步骤：

2. **任务结果**

结果分析：

（可以使用表格方式、图形方式或者文字方式。）

3. **总结**

通过任务二的实施，总结自己对防火墙配置过程中的问题了解了多少，掌握了多少，还有哪些问题需要进一步掌握。

【项目训练】

一、填空题

1. 电子商务网站运营维护的意义有：_____、_____、_____、_____。

2. 网络安全泛指网络系统的_____、_____及其系统中的_____受到保护，不受_____的或者_____的原因而遭到破坏、_____、_____，使系统连续、可靠、正常地_____，使网络服务不_____。

3. 对网络安全的威胁和攻击可能来自_____、_____，以及来自外部的威胁和攻击，包括_____、_____、_____。

4. 对网站操作系统进行维护的方法有：_____、_____、_____、_____、_____。

5. 网站网页维护包括_____维护、_____维护、_____维护、_____维护等。

6. 网站升级包括_____升级、_____升级、_____升级、_____升级等。

二、思考题

1. 简述网站运营维护的方案。
2. 简述网络安全的内容。
3. 简述网络硬件设备维护的内容。
4. 简述网站对产品信息维护的内容。
5. 简述网站对客户意见维护的内容。

参考文献

［1］张传玲，王红红．电子商务网站运营与管理．北京：北京大学出版社，2009.

［2］赵守香．网站运营与管理．北京：清华大学出版社，2015.

［3］李洪心，王东．电子商务网站建设．2 版．北京：电子工业出版社，2015.

［4］薛万欣．电子商务网站建设．北京：北京交通大学出版社，2015.

［5］陈孟建．电子商务网站建设与管理．2 版．北京：清华大学出版社，2009.

［6］王宏宇，张学兵．电子商务网络技术．武汉：武汉理工大学出版社，2010.

［7］陈孟建．网络营销与策划．2 版．北京：人民邮电出版社，2012.

［8］温明剑．电子商务网络技术基础．北京：清华大学出版社，2010.

［9］陈孟建．电子商务网络安全与防火墙技术．北京：清华大学出版社，2011.

［10］吴伟定，姚金刚，周振兴．网站运营直通车．北京：清华大学出版社，2012.

［11］李洪心，刘继山．电子商务网站建设．北京：机械工业出版社，2013.

［12］谢丽丽．电子商务网站建设．北京：电子工业出版社，2008.

［13］李建忠等．电子商务网站建设与维护．北京：清华大学出版社，2014.

［14］朱美芳，钱娟．电子商务网站建设完整案例教程．北京：中国水利水电出版社，2011.

［15］李怀恩．电子商务网站建设与完整实例．北京：化学工业出版社，2009.

［16］白东蕊，岳云康．电子商务概论．2 版．北京：人民邮电出版社，2013.

［17］方玲玉，李念．电子商务基础与应用．北京：电子工业出版社，2010.

信息反馈表

尊敬的老师：

　　您好！为了更好地为您的教学、科研服务，我们希望通过这张反馈表来获取您更多的建议和意见，以进一步完善我们的工作。

　　请您填好下表后以电子邮件、信件或传真的形式反馈给我们，十分感谢！

一、您使用的我社教材情况

您使用的我社教材名称			
您所讲授的课程		学生人数	
您希望获得哪些相关教学资源			
您对本书有哪些建议			

二、您目前使用的教材及计划编写的教材

	书名	作者	出版社
您目前使用的教材			
	书名	预计交稿时间	本校开课学生数量
您计划编写的教材			

三、请留下您的联系方式，以便我们为您赠送样书（限1本）

您的通信地址			
您的姓名		联系电话	
电子邮件（必填）			

我们的联系方式：

地　　址：苏州工业园区仁爱路158号中国人民大学苏州校区修远楼

电　话：0512-68839319　　　　　　传　真：0512-68839316

E-mail：huadong@crup.com.cn　　　邮　编：215123

网　址：www.crup.com.cn/hdfs